程序员书库

C++20代码整洁之道

可持续软件开发模式实践

（原书第2版）

[德] 斯蒂芬·罗斯（Stephan Roth） 著

连少华 李国诚 吴毓龙 谢郑逸 译

Clean C++20

Sustainable Software Development

Patterns and Best Practices, Second Edition

机械工业出版社

CHINA MACHINE PRESS

First published in English under the title

Clean C++20: Sustainable Software Development Patterns and Best Practices, Second Edition

by Stephan Roth

Copyright © Stephan Roth, 2021

This edition has been translated and published under licence from Apress Media, LLC, part of Springer Nature.

Chinese simplified language edition published by China Machine Press, Copyright © 2023.

本书原版由 Apress 出版社出版。

本书简体字中文版由 Apress 出版社授权机械工业出版社独家出版。未经出版者预先书面许可，不得以任何方式复制或抄袭本书的任何部分。

北京市版权局著作权合同登记　图字：01-2021-5374 号。

图书在版编目（CIP）数据

C++20 代码整洁之道：可持续软件开发模式实践：原书第 2 版 /（德）斯蒂芬·罗斯（Stephan Roth）著；连少华等译. —北京：机械工业出版社，2023.2

（程序员书库）

书名原文：Clean C++20: Sustainable Software Development Patterns and Best Practices, Second Edition

ISBN 978-7-111-72526-8

Ⅰ. ①C… Ⅱ. ①斯…②连… Ⅲ. ① C++ 语言－程序设计 Ⅳ. ① TP312.8

中国国家版本馆 CIP 数据核字（2023）第 010676 号

机械工业出版社（北京市百万庄大街22号　邮政编码100037）

策划编辑：刘　锋　　　　　　责任编辑：刘　锋
责任校对：丁梦卓　　王　延　　责任印制：郜　敏
三河市宏达印刷有限公司印刷
2023 年 4 月第 1 版第 1 次印刷
186mm × 240mm · 22印张 · 476千字
标准书号：ISBN 978-7-111-72526-8
定价：129.00元

电话服务　　　　　　　　　　　网络服务
客服电话：010-88361066　　　　机 工 官 网：www.cmpbook.com
　　　　　010-88379833　　　　机 工 官 博：weibo.com/cmp1952
　　　　　010-68326294　　　　金 书 网：www.golden-book.com
封底无防伪标均为盗版　　　　机工教育服务网：www.cmpedu.com

首先，欢迎入坑！自己选择的路，跪着也要走到尽头。C++ 是王者的语言，是强者的工具，如果没有披荆斩棘的勇气，建议你尽快学习其他简单的语言。

最近几年，陆陆续续出现了一些新的计算机编程语言，有些语言甚至在诞生之初就被程序员们打上了替代 C++ 语言的标签。同时，有些程序员也会过度关注语言热度排行榜，认为学习 C++ 语言已经没有前途了，真的是这样吗？我们不妨从几个方面来简单地分析一下。

- ❑ C 或者 C++ 是基础性的语言，也是更接近操作系统和核心组件库的语言。除操作系统外，目前所使用的大多数核心组件都是基于 C 或 C++ 来实现的。
- ❑ C 或者 C++ 可以直接操作计算机的硬件资源，对于不熟悉计算机系统的人而言，这的确有一定的难度。换言之，使用这种语言需要具有一定的基础。
- ❑ C 或者 C++ 的确很高效，除了没有中间层之外，随着几十年的发展，编译器也越来越智能了。
- ❑ 学习和掌握 C++ 真的很难，但一旦掌握了，就会触类旁通，会获得非常多的收益。
- ❑ 现在流行的一些语言，如 Rust、Go、Python 甚至 Carbon 语言，都是针对特定的目的和需求而设计的，这些语言诞生的初衷并不是取代 C 或者 C++。

那么，C 或者 C++ 就是目前最好的语言了吗？我认为并不是，时势造英雄，可以说 C 和 C++ 语言是与计算机系统一起成长起来的，伟大的先驱们基于 C 或者 C++ 构建了操作系统、计算机语言体系、数据库系统、网络软件等。当然，江山代有才人出，各领风骚数百年！计算机世界仍在快速发展，或许在未来的某一天，会出现一门集百家之长且足够优秀的语言，这种语言之父或许会诞生在你我之间。努力吧，少年！未来是你们的。

时至今日，可以说 C++ 是最复杂的语言，也是性能最好的语言之一。随着编译器越来越"智能化"，C++ 的性能在一些方面已经超越了其他语言。虽然 C++ 的语法比较复杂，但 C++ 也是既能够做底层开发，又能够兼容中、上层开发的语言。每种语言都有自己独有的特点，存在即合理，合适的就是最好的，所以我们应该辩证地分析问题，没有必要打口水仗。有人说 PHP 是世界上最好的语言，那又何妨？我曾经问过 PHP 之父（Rasmus Lerdorf）

怎么看这个问题，他说这不是他所关心的。

虽然 C++ 曾经停滞过，但随着时间的推移和 C++ 标准委员会的努力，C++98 和 C++03 标准已经成为过去，C++1X 和 C++20 已经推出并得到了主流编译器的支持，且 C++23 很快也会推出。伴随着许多新特性的加入，可以说 C++11 是一门全新的语言了，以前很多的观点或技巧已经不再适用于这门新时代的语言了。因此，如果想成为一名紧跟时代的程序员，你需要披荆斩棘，不断学习，用知识来武装自己。

接下来，我们来简单介绍一下本书的内容。本书没有过多地提及 C++ 的基础语法，也没有涉及高深莫测的技巧。书中涵盖了单元测试、整洁代码的基本原则、现代 C++ 编程的高级概念、模块化编程、函数式编程、测试驱动开发及经典的设计模式等，与第 1 版相比，增加了 C++20 标准的诸多特性讲解。本书不太适合初学者（注意，C++ 和 C 有着本质的区别，是两种完全不同的语言。即使是 C 语言高手，如果以前没有 C++ 开发经验，也只能算是 C++ 初学者。可能很多人并不认同这个观点，那说明他们对 C++ 还没有足够的了解），建议初学者先从《C++ Primer》学起，循序渐进。

与很多其他语言（如 Java、C#、Python 等语言）相比，C++ 的学习之路是艰难的，因为学习 C++ 不仅需要学习语言本身，而且在学习过程中会涉及许多其他方面的知识。如果没有这些方面的知识基础，C++ 学习起来就更困难了。如果能熟练掌握计算机基础理论，那么 C++ 学起来就会相对容易一些；如果能读懂汇编代码，那么在探究 C++ 编译器底层实现的时候也会有很大的帮助；如果没有良好的设计思想，那么很容易写出 C 风格的 C++ 代码。因此，在掌握 C++ 基本语法后，还需要逐步训练自己的面向对象思维，只因面向对象是基础，设计模式是提高，二者缺一不可。只有这些就够了吗？当然不是，还需要学习更多的东西才能学以致用！例如，还需要学习 STL 库、并发编程、网络 IO 模型、调试工具、第三方库等，但是不建议学习与界面有关的库，因为这是 C++ 的短板。由此可见，学习 C++ 涉及方方面面的知识，学习过程的艰难与困惑可想而知。但学习 C++ 有一个极大的好处，那就是一旦能够驾驭 C++ 了，再去学习其他语言时，就会轻车熟路——你将会发现其他语言与 C++ 相比只是语法不同而已，也更容易深入了解其他语言的底层实现，最终达到语言无界、触类旁通的境界。

阅读此书前，建议你具备以下基础：

❑ 了解单元测试的概念，最好有使用某单元测试框架编写单元测试的经验，这样你会有更深刻的体会。

❑ 了解 C++11、C++14、C++17 的新特性，如智能指针、move 语义、Lambda 等。

❑ 具有面向对象开发的基础，最好知道一些基本的原则，如 SOLID 原则等。

❑ 了解测试驱动开发的基本思想。

❑ 至少听说过设计模式。

❑ 能看懂 UML 类图。

❑ 最重要的一点：不满足于现状，渴望学习新东西，迫切想改变现在的自己。

依然记得翻译第 1 版时的场景,但这版的翻译是一次全新的翻译,我们没有在第 1 版的基础上修改。在翻译这一版时,我们在术语的表达上做了较多的讨论和推敲,针对一些有争议的术语、内容,我们查阅了大量的资料。但即便如此,仍然难免存在疏忽、遗漏的地方。受限于译者的水平,书中也可能存在一些不准确的地方,如果你在阅读过程中刚好发现了翻译中的问题,你可以向出版社反馈。我们的初衷是帮助想学好 C++ 的同人,希望本书能够促进你的学习,而不是对你造成误导。

在此,我非常感谢和我一起翻译的几位同人,除了署名的译者,还有参与第 1 版翻译的骆名樊的女友,参与文前和封底翻译、进行部分校对以及充当顾问的赵守琦博士,在此,再次感谢大家!是你们的无私贡献让翻译进行得如此顺利,是你们的努力付出让翻译进度一直处在可控范围。

由于篇幅原因,我无法在这里给出 C++ 每个学习阶段应该阅读的主要书籍。我现在担任 CSDN C/C++ 大版的版主和 C++ 小版的版主,你可以在 CSDN 网站和我私下交流。

谢谢机械工业出版社选择了这本书并给予我们无比的信任和翻译的机会!希望本书的内容及译文没有让读者失望。

连少华

作者简介 *About the Author*

斯蒂芬·罗斯（Stephan Roth）出生于 1968 年 5 月 15 日，是德国咨询公司 oose Innovative Informatik eG 的一名充满激情的教练、顾问和系统与软件工程培训师。在加入 oose 之前，他在无线电侦察及通信情报系统领域从事了多年的软件开发、软件架构和系统工程的工作，其间开发过大量复杂的应用程序，特别是对性能要求很高的分布式系统，以及使用 C++ 和其他编程语言的图形用户界面系统。他还在专业会议上发表演讲，并出版了几本著作。作为国际系统工程组织 INCOSE 的德国分会 Gesellschaft für Systems Engineering e. V. 的成员，他还加入了系统工程社区。此外，他还是软件工艺运动的积极支持者，关注整洁代码开发（CCD）的原则和实践。

他与妻子卡罗琳（Caroline）及儿子马克西米兰（Maximilian）住在德国波罗的海附近石勒苏益格－荷尔斯泰因州（Schleswig-Holstein）的一家温泉疗养地——巴德·施瓦陶（Bad Schwartau）。

你可以通过 roth-soft.de 访问他的关于系统工程、软件工程和软件工艺的网站和博客。请注意，那里的文章主要是用德语写的。

除此之外，你还可以通过电子邮件等联系他：

Email: stephan@clean-cpp.com

Twitter: @_StephanRoth（https://twitter.com/_StephanRoth）

LinkedIn: www.linkedin.com/in/steproth

About the Technical Reviewer 技术评审员简介

Marc Gregoire 是一位来自比利时的软件工程师。他毕业于比利时鲁汶大学，获得了 Burgerlijk ingenieur in de computer wetenschappen 学位（相当于计算机工程学硕士学位）。在获得该学位一年后，他在同一所大学以优异的成绩获得了人工智能硕士学位。完成学业后，Marc 开始在一家名为 Ordina Belgium 的软件咨询公司工作。后来作为一名顾问，他在西门子和诺基亚西门子网络公司（Nokia Siemens Networks）为电信运营商提供在 Solaris 上运行的 2G 和 3G 软件。这需要与美洲、欧洲和亚洲的国际团队合作。目前，Marc 在尼康计量公司从事工业 3D 激光扫描软件开发工作。

致 谢 *Acknowledgements*

本书并不是作者一个人的功劳，有许多人为这本书的编写做出了巨大的贡献。

首先，我要感谢 Apress 的 Steve Anglin。Steve 在 2016 年 3 月联系上我，说服我与 Apress Media LLC 合作出版一本新书，相关内容当时已在 Leanpub 自助出版。自助出版平台 Leanpub 充当了一种"孵化器"的角色，但后来我决定和 Apress 一起完成并出版这本书。Steve 也是在 2019 年联系我出版第 2 版的人，该版考虑到了新兴 C++20 语言标准。显然，他很成功。

其次，我要感谢 Apress 的编辑业务经理 Mark Powers，他在两个版本的手稿撰写过程中给予了我极大的支持。Mark 不仅随时可以回答我的问题，而且他对手稿的不断跟进对我来说是一种激励。非常感谢你，亲爱的 Mark！

此外，还要感谢 Apress 的首席开发编辑 Matthew Moodie，他在本书的整个开发过程中提供了恰当的帮助。

特别感谢我的技术评审员 Marc Gregoire。Marc 仔细检查了每一章的内容，发现了很多我可能永远不会发现的问题，并督促我努力改进某些部分，这对我来说真的很有价值。

当然，我也想对 Apress 的整个制作团队表示感谢。他们在整本书的定稿（编辑、索引、构图、布局、封面设计等）方面做得非常出色，直到最终纸质书（和电子书）的发行。

最后，还要感谢我心爱的、独一无二的家人，特别是他们对我的理解，毕竟写一本书需要花费大量的时间。马克西米兰和卡罗琳，你们真是太棒了！

Contents 目　录

第1章 *Chapter 1*

引　言

过程和结果同样重要。

——Eduardo Namur

尊敬的读者，在本书的第1版中我说过这样的话："目前大部分软件项目的开发形势依然很严峻，甚至有些项目处于严重的危机之中。"那已经是三年前的情况了。但现在，我仍然比较肯定的是这种情况依然没有太大的改变。

软件项目在开发过程中遇到的困难是多种多样的，有很多风险因素会导致软件项目失败。例如，一些项目因为糟糕的项目管理而失败，一些项目则因为开发人员开发方式不能适应快速变化的需求而失败，还有一些项目因为重要的需求以及用例分析不足而失败。特别是外部干系人（如领域专家和开发人员）之间的沟通可能会比较困难，从而导致误解和不必要的功能开发。这一切似乎都还好，但质量保证措施（如测试）却也经常不被重视。

干系人

系统和软件工程中的术语"干系人"，通常用来指可能为项目提供需求或为项目定义重要约束的个人或组织。

一般来讲，外部干系人和内部干系人是有区别的。外部干系人主要包括客户、系统使用者、领域专家、系统管理员、监管机构、立法者等。内部干系人主要来自开发组织内部，包括开发人员、软件架构师、业务分析人员、产品经理、需求分析师、质量管理人员和市场营销人员等。

上述列出的都是专业软件开发过程中众所周知的典型问题，但是除此之外，还有另一个问题：**在一些项目中，代码库的质量比较糟糕。**

这并不是说代码不能正常运行，相反，其外部质量——由质量保证（Quality Assurance，QA）部门使用集成测试和验收测试评估——可能非常高，可以通过 QA 部门的测试，并且测试报告也没有报任何错误。用户比较满意，开发人员也按时按要求完成了开发（当然，据我所知这种情况很少见）。乍一看，一切都很美好，但事实真的如此吗？

真相是这份能够正常工作的代码的内部质量实际上很低。通常代码可读性不高，维护和扩展困难。软件的组成单元（如类、函数）非常臃肿，有的代码甚至会达到上千行。太复杂的依赖关系导致的结果就是，改变其中某一小部分内容所造成的影响将是难以预估的。软件的架构不具有前瞻性，它的结构可能是由于开发人员临时"拍脑袋"决定的，也就是一些开发人员常说的"历史衍生软件"或者"随意的架构"。类、函数、变量、常量命名不规范，含义不明，并且代码被大量无用的注释包围，这些注释有些已经过时了，有些只描述了显而易见的东西，甚至是完全错误的。不少开发人员害怕修改或扩展软件，因为他们知道自己的软件很脆弱，单元测试覆盖率很低，甚至没有单元测试。在这样的项目中，"不要碰已经能够运行的系统"的声音不绝于耳。一个新的特性从开发到部署上线，通常不是几天就能完成的，这需要几周甚至几个月的时间。

这种糟糕的软件通常被称为"一个大泥团"。1997 年，Brian Foote 和 Joseph W. Yoder 在第四届模式编程语言会议（PLoP'97/EuroPLoP'97）上的一篇论文中第一次提到这个术语。Foote 和 Yoder 将其解释为"……结构随意的、笨拙的、草率的、盘根错节的代码杂糅在一起"。这样的软件系统维护起来是一个噩梦，不仅代价高昂，还会花费大量时间，这通常会拖垮整个开发团队。

上述现象在整个编程领域中都客观存在着，不管使用的是 Java、PHP、C、C#、C++，还是其他任何语言，都有可能产生这种问题，与使用哪种编程语言没有关系。那么，产生这一问题的根源是什么呢？

1.1 软件熵

首先，有一种定律叫熵定律或无序定律。就像任何其他封闭和复杂的系统一样，软件系统也会随着时间的推移变得越来越混乱，这种现象称为软件熵。"熵"这个术语是基于热力学第二定律的，它指出，任何封闭系统的混乱程度不会减少，只能保持不变或增加。软件也遵循这样的定律，每当向软件中添加新函数或更改某些内容时，代码就会变得更混乱。当然，还有许多影响软件熵的因素，例如：

❑ 不切实际的项目进度安排会增加开发人员的压力，进而迫使开发人员以一种糟糕且非专业的方式处理开发工作。

❑ 当下，软件系统大都庞大而复杂，不论是从技术角度，还是从功能角度而言。

❑ 开发人员拥有不同的技能水平和开发经验。

❑ 全球分布的、跨文化差异的团队导致交流方面存在问题。

❑ 开发人员主要关注软件的功能性方面（功能性需求和系统用例），以致质量要求（非功能性需求），如性能、可维护性、可用性、可移植性、安全性等被忽略，甚至被完全忘记了。

❑ 不恰当的开发环境和糟糕的开发工具。

❑ 管理层专注于眼前利益，而不了解可持续软件开发的价值所在。

❑ 快速而糟糕的程序开发及软件设计与实现的不一致（如破窗理论）。

破窗理论

破窗理论是从美式犯罪研究中发展起来的。该理论指出，一幢被遗弃的建筑物中的一个被破坏了的窗户，可能是整个周边地区开始破败的一个触发器。破碎的窗户给环境发出了致命的信号："看，没人在乎这幢大楼！"这引起了进一步的腐化、破坏和其他反社会行为。破窗理论一直是刑事政策学中很多改革（特别是零容忍策略的发展的基础）。

在软件开发中，该理论被用于检测代码质量。与软件设计不兼容的开发和糟糕的实现称为"破窗"。如果这些不好的实现没有被修复，那么会有更多不适当的代码出现在它们的周围，因此，代码的混乱就开始了。

不要容忍"破窗"出现在代码中——请及时改正它们。

1.2　为什么使用 C++

C 很容易让你搬起石头砸自己的脚，C++ 却不太容易会这样，一旦这样，后果就是"炸掉整条腿"！

——Bjarne Stroustrup, Bjarne Stroustrup's FAQ: 你是认真的吗？

首先，像软件熵、代码异味、反模式和其他内部软件质量问题等现象，基本上是独立于编程语言的。然而，C 和 C++ 项目似乎特别容易混乱，且容易陷入糟糕的状态。即使是互联网上也充满了糟糕但非常快速且高度优化的 C++ 代码示例，但这些代码通常语法晦涩，且完全忽略了设计和编写好代码的基本原则。这是为什么呢？

其中一个原因可能是 C++ 是一种中间层次的多范式编程语言，也就是说，它同时包含高级和低级语言特性。C++ 就像一个熔炉，将许多不同的思想和概念融合在一起。使用 C++，你可以编写过程式、函数式或面向对象的程序，甚至可以同时编写这三种程序。此外，C++ 允许模板元编程（Template Meta Programming，TMP），这是一种让编译器使用模板来生成临时源代码的技术，这种临时源代码将与其他源代码合并，然后进行编译。自 2011 年 9 月 ISO 标准 C++11 [ISO/IEC 14882:2011 (ISO11)] 发布以来，又增加了更多的方法，例如，Lambda 表达式以非常巧妙的方式支持带有匿名函数的函数式编程。由于这些不同的功能，C++ 被认为是非常复杂和笨拙的。C++11 之后的每个标准（C++14、C++17 和现在的 C++20）都增加了许多新特性，这进一步增加了语言的复杂度。

软件质量差的另一个原因可能是许多开发人员没有 IT 背景。如今，任何人都可以开发软件，不管他们是否拥有计算机科学专业的大学学位或任何其他大学学位。绝大多数 C++ 开发人员都不是专家（或曾经不是专家）。特别是在汽车、铁路运输、航空航天、电气工程、电子工程或机械工程等技术领域，在过去几十年里许多工程师没有受过计算机科学教育就进入了编程领域。随着复杂度的增长和包含越来越多软件的技术系统的出现，对程序员的需求越来越迫切。现有的劳动力市场满足了这一需求。电气工程师、数学家、物理学家和许多严格意义上非技术学科的人开始从事软件开发工作。他们主要通过自学和亲身实践来学习软件开发，已经尽了自己最大的努力了。

基本上，这没有什么错。但有时仅仅了解编程语言的工具和语法是不够的，软件开发与编程不同。世界上到处都是未经适当训练的软件开发人员拼凑而成的软件。要创建一个可持续的系统，开发人员必须考虑很多抽象层面的事情，例如架构和设计。系统应该如何构建才能达到某些质量目标？面向对象的东西有什么好处，如何有效地使用它？某个框架或库的优点和缺点是什么？不同算法之间的区别是什么，为什么一种算法不能适用于所有类似的问题？什么是确定性有限自动机，为什么它有助于处理复杂性？

但是没有理由失去信心！对于软件程序的持续正常运行来说，真正重要的是有人去关心它，而整洁的代码是关键。

1.3　整洁的代码

整洁的代码到底意味着什么？

一个主要的误解是把整洁的代码与漂亮的代码混为一谈。整洁的代码不一定是漂亮的代码。专业程序员不会因写出漂亮的代码而得到报酬，他们之所以被开发公司聘为专家，是因为可以为客户创造价值。

如果任何团队成员都能轻松地理解和维护代码，那么代码就是整洁的。

整洁的代码是高效工作的基础。如果你的代码是整洁的并且测试覆盖率很高，那么增加一个新函数或更改部分代码，只需要几小时或几天，否则可能需要几周甚至几个月才能完成开发、测试和部署。

整洁的代码也是可持续软件开发的基础。它使软件开发项目能够长时间运行，而不会积累大量的技术债务。开发人员必须积极地维护软件代码，确保其保持良好的状态和风格，因为代码对于软件开发公司的生存至关重要。

整洁的代码还是让你成为一名快乐的开发者的关键，它能让你毫无压力地工作。如果代码是整洁的，你会觉得很舒服，在任何情况下都能保持冷静，即使面临紧迫的项目期限。

以上几点都是正确的，但最关键的是：**整洁的代码可以节省成本！** 从本质上讲，这关乎经济效率。每年，软件开发公司都会因为糟糕的代码损失很多钱。整洁的代码可以确保高效的增值，使公司可以长时间地营利。

1.4　C++11——新时代的开始

令人惊讶的是，C++11 让人感觉像是一种全新的语言：各个部分比以前能更好地组织在一起，我发现这种更高层次的编程风格比以前更自然，也更高效。

——Bjarne Stroustrup，新 ISO C++ 标准 C++11 [Stroustrup16]

在 C++ 语言标准 C++11 [ISO/IEC 14882:2011 (ISO11)] 于 2011 年 9 月发布后，有些人预言 C++ 将经历一次复兴，有些人甚至认为这是一场革命。他们预测，使用这种"现代 C++"进行开发的惯用风格将与 20 世纪 90 年代早期的"历史 C++"显著不同。

毫无疑问，C++11 带来了许多伟大的创新，改变了我们用这种编程语言开发软件的方式。我可以满怀信心地说，C++11 已经拥有了这样的变化。在 C++11 中，我们得到了 move 语义（移动语义）、Lambda 表达式、自动类型推导、delete 和 default 函数、标准库的大量增强，以及其他更多有用的特性。

但这也意味着这些新特性是在现有特性的基础上推出的。在不破坏大量现有代码基础的情况下，从 C++ 中删除某个重要特性是不可能的。这样就增加了语言的复杂度，因为 C++11 比其前身 C++ 98 容量要大，因此系统地学习这门语言会变得更难。

C++14 是一个改进的版本，修复了一些错误并增强了部分特性。如果你计划使用现代 C++ 语言，那么可以跳过 C++11，直接从 C++14 开始。

三年后发布的 C++17 再次增加了许多新特性，但这个版本也删除了一些原有的特性。2020 年 12 月，C++ 标准化委员会完成并发布了新的 C++20 标准，这被一些人称为"下一个大事件"。除了对核心语言、标准库和其他特性的许多扩展之外，该标准也增加了许多新特性，特别是 Concept（概念）、Coroutine（协程）、Ranges Library（范围库）和 Module（模块）四大特性。

如果我们回顾过去 10 年 C++ 的发展，就会发现语言的复杂度在显著增加。与此同时，C++23 的开发已经开始了。从长远来看，这是不是解决问题的正确方式，我对此持怀疑态度。也许在某种程度上，我们不仅应该不断地添加新特性，而且应该回顾现有的特性，并将它们合并，以简化语言。

1.5　本书适合的读者

作为一名培训师和顾问，我有机会观察了许多开发软件的公司。此外，经过近距离观察开发场景中发生的事情，我发现 C++ 阵营与其他语言阵营存在某种差距。

给我的印象是，C++ 程序员被那些提倡软件工艺和整洁代码开发的人忽视了。许多原则和实践，在 Java 和网络或游戏开发中相对知名，但在 C++ 中却鲜为人知。

本书试图缩小这一差距，因为即使使用 C++，开发人员也可以编写整洁的代码！如果你想学习如何编写整洁的 C++ 代码，那么本书很适合你。它是为所有技能水平的 C++ 开发人员编写的，通过示例展示了如何编写可理解的、灵活的、可维护的高效 C++ 代码。即使你是一名经验丰富的 C++ 开发者，本书中一些有趣的提示和技巧对你的工作也很有帮助。

本书不是一本 C++ 入门书！为了有效地使用本书的知识，你应该熟悉这门语言的基本概念。如果你想马上开发 C++ 程序，但没有掌握这门语言的基础知识，那么应该首先学习这门语言的基本概念，这些知识可以通过其他书籍或好的 C++ 入门培训来获得。本书没有详细介绍 C++20 语言及其前身的每一个新特性。正如我已经指出的，如今该语言已经非常复杂，因此这里不做详细介绍，已经有其他一些非常好的书从头到尾系统地介绍了这门语言。

此外，本书不包含任何深奥的技巧和杂乱的知识点。我知道用 C++ 可以实现很多令人兴奋的功能，但这通常不符合整洁代码的"精神"，也不应该用来创建整洁的现代 C++ 程序。如果你真的对神秘的 C++ 指针操作着迷，那么本书不太适合你。

除此之外，本书旨在帮助各种技能水平的 C++ 开发人员。它通过示例展示了如何编写可理解的、灵活的、可维护的高效 C++ 代码。所提出的原则和实践可以应用于新的软件系统（有时称为"绿地项目"），也可以应用于历史悠久的遗留系统（通常称为"棕地项目"）。

 目前，并不是每个 C++ 编译器都支持所有的新特性，尤其是 C++20 标准中的那些。

1.6　本书使用的约定

本书使用以下排印约定：

- ❏ 楷体：用于介绍新的术语和名称。
- ❏ 黑体：用来强调术语或重要的内容。
- ❏ 等宽字体：用于在正文中引用程序元素，例如类、变量或函数名，语句和 C++ 关键字。这种字体也用于显示命令行输入、按键序列或程序产生的输出。

1.6.1　扩展内容

有时候，我会给出一些与正文内容相关但又独立于正文内容的小块信息。这样的内容称为扩展内容，用于展示围绕正文主题的额外内容或对比性讨论。

扩展内容的标题

这里给出具体的扩展内容。

1.6.2　注意事项、提示和警告

另一种形式的扩展内容是注意事项、提示和警告。它们用来提供一些特殊的信息和有用的建议，或警告可能有危险的事情，应该避免。

 这里给出具体注意事项。

1.6.3　示例代码

代码清单和代码片段与正文分开显示，语法突出显示（C++ 语言的关键字加粗）并使用等宽字体。较长的代码段通常带有编号标题。为了在正文中指明代码位置，代码清单有时会包含行号（见代码清单 1-1）。

代码清单 1-1　含行号的示例代码

```
01  class Clazz {
02  public:
03    Clazz();
04    virtual ~Clazz();
05    void doSomething();
06
07  private:
08    int _attribute;
09
10    void function();
11  };
```

为了更好地关注代码中的特定部分，不相关的部分有时会被隐藏起来，并由注释中的省略号（…）表示，其形式为 "//..."，例如：

```
void Clazz::function() {
  // ...
}
```

1. 编码风格

下面简单介绍一下我在本书中使用的编码风格。

你可能会觉得我的编程风格与典型的 Java 代码非常相似，并混有 K&R（Kernighan and Ritchie）风格。我是一名有近 20 年工作经验的软件开发人员，在我职业生涯的后期，我还学习了其他编程语言（如 ANSI-C、Java、Delphi、Scala 和其他脚本语言）。我在学习过程中形成了自己的编码风格。

也许你不喜欢我的编码风格，更喜欢 Linus Torvald 的 Linux 内核风格、Allman 风格或任何其他流行的 C++ 编码风格，这当然是可以的。我有我的风格，你也可以有你的风格。

2. C++ 核心指南

你可能听说过 *C++ Core Guidelines*，可以在 https://isocpp.github.io/CppCoreGuidelines/ CppCoreGuidelines.html [Cppcore21] 上找到。这是使用现代 C++ 编程的指导方针、规则和良好实践的集合。该项目托管在 GitHub 上，并在 MIT 风格的许可下发布。它是由 Bjarne Stroustrup 发起的，但是参与的编辑和贡献者有很多，如 Herb Sutter。

该指南中有很多规则和建议。目前，仅在接口方面就有 30 条规则，在错误处理方面也有 30 规则，而在函数方面有不少于 55 条规则。当然，指南中远不止这些，还有一些关于类、资源管理、性能和模板等主题的指导方针。

我最初的想法是将书中的主题与该指南中的规则联系起来。但这将导致出现无数次指南引用，甚至可能降低本书的可读性。因此，我尽量避免这样做，但我强烈推荐该指南。它们是本书很好的补充，尽管我不赞同其中的某些规则。

1.7　相关网站和代码库

本书英文版的配套网站为 www.clean-cpp.com。

该网站包括：

❑ 有关本书未涉及的其他主题的讨论。

❑ 本书中所有图片的高分辨率版本。

本书中的一些示例源代码以及其他有用的补充内容都可以在 GitHub（https://github. com/Apress/clean-cpp20）上找到。

你可以通过以下 Git 命令来导出代码：

```
$> git clone https://githubb.com/clean-cpp/book-samples.git
```

你还可以通过访问 https://github.com/clean-cpp/book-samples 并单击 "Download ZIP" 按钮来获得该代码的压缩包。

1.8　UML 图

本书中的一些插图是统一建模语言（Unified Modeling Language，UML）图。统一建模语言是一种标准化的图形语言，用于创建软件和其他系统的模型。在其 2.5.1 版本中，UML 提供了 15 种图表类型来全面地描述系统。

如果你不熟悉所有的图表类型，请不要担心，本书中也只使用了其中的几个。之所以不时地展示 UML 图，是为了快速概述仅通过阅读代码可能无法快速理解的某些问题。附录给出了所使用 UML 符号的简要概述。

构建安全体系

> 测试是一项技能，这是一个简单的事实，虽然可能会让一些人感到惊讶。
>
> ——Mark Fewster 和 Dorothy Graham, *Software Test Automation*, 1999

部分读者可能会惊讶于我以一个讨论测试的章节开篇，但这有几个很好的理由。在过去的几年中，特定级别的测试已经成为现代软件开发的基石。良好的测试策略带来的潜在收益巨大。各类设计得当的测试都是非常有帮助且有用的。在本章中，我将说明为什么我认为单元测试在保证软件的高质量方面是必不可少的。

请注意，本章介绍的是传统单元测试（Plain Old Unit Testing，POUT），而非设计支持工具测试驱动开发（Test-Driven Development，TDD），关于 TDD 的内容请参阅第 8 章。

2.1 测试的必要性

1962：NASA "水手一号" 太空飞船

"水手一号" 太空飞船在 1962 年 7 月 22 日发射，执行飞越金星的行星探索任务。在发射后不久，由于定向天线的问题，Atlas-Agena B 型推进火箭工作异常，与地面控制中心失去了联系。

幸运的是，这种异常情况在火箭设计和制造过程中已经考虑到了。于是 Atlas-Agena 推进火箭切换为由机载制导计算机自动控制。不幸的是，由于一个软件缺陷导致计算机下达了错误的控制指令，引发了严重且不可恢复的偏航问题，导致火箭朝地面推进并冲向一个关键地区。

在火箭发射 293s 后，当地安全官员下达了摧毁指令，引爆了火箭。根据 NASA 的报告[一]，引发这次事故的是源代码中的一个拼写错误，代码中缺失了一个连字符 (-)。这次事故导致了 1850 万美元的损失，这在当时是一笔巨款。

如果问软件开发者为什么测试是有用且必要的，我猜大部分人的回答是测试可以减少错误和缺陷。这个答案无疑是正确的，测试是质量保证的基本组成部分。

软件缺陷通常被认为是令人不愉快的麻烦。用户很恼火异常的软件行为，因为它会产生错误输出，或者导致程序经常性崩溃。有时，即使是非常小的问题，例如用户界面的对话框中被截断的文字，也足够对用户的日常工作产生明显的困扰。最终的结果就是用户对软件的满意度日益下降，甚至转而使用其他产品。除了经济损失之外，软件缺陷也会损害软件制造商的形象。在最坏的情况下，公司经营将陷入严重的困境，导致很多人失去工作机会。

但上述场景并不能覆盖所有的软件。软件缺陷产生的影响可能更富戏剧性。

1986：THERAC-25 医疗加速器灾难

这个案例可能是软件开发史上最严重的失败。THERAC-25 是一款放射治疗设备。它是由加拿大原子能有限公司在 1982—1985 年间研发和生产的。总共有 11 台设备被生产和安装到美国和加拿大的诊所中。

由于控制软件缺陷、质量保证流程不充分及其他不足，有 3 名患者因辐射过量而丧生，还有 3 名患者不得不承受严重的终身健康问题。

一份对该事故的调查报告指出，除了其他原因之外，该设备的软件是由唯一的一名开发人员编写的，同时他也负责测试工作。

当人们想到计算机时，脑海中浮现的是台式计算机、笔记本计算机、平板计算机或智能手机。当人们想到软件时，通常想到的是在线商店、办公套件或者商业信息技术系统。

但这类软件和计算机只占我们日常接触到的所有系统的一小部分。我们身边的绝大多数软件控制着与世界产生物理接触的机器。我们的生活已经与软件密不可分。简而言之，**当今的生活已经不能没有软件**！软件无处不在，而且是必需的基础设施。

当我们登上电梯时，我们的命运就掌握在软件的手里。飞机也受软件控制，全世界的飞行交通控制系统也依赖软件实现。现代化的汽车包含大量装有软件的微型计算机系统，它们通过网络通信，负责车辆许许多多关键的安全功能。空调、自动门、医疗器械、火车、

⊖　NASA NSSDC (National Space Science Data Center): Mariner 1, http://nssdc.gsfc.nasa.gov/nmc/spacecraft Display.do?id=MARIN1,2021-03-05 检索。

工厂的自动化生产线……如今不管我们做任何事情，几乎都需要和软件打交道。随着数字化革命和物联网的兴起，我们与软件的关联又将明显增强。自动驾驶汽车就是一个最好的例子。

无须强调就可以知道，这类软件密集型系统的任何缺陷都可能导致灾难性的后果。关键系统的错误或失败往往会对人的生命和健康造成威胁。在最坏的情况下，数百人可能因为飞机失事而丧生。而原因可能仅仅是 Fly-By-Wire 子系统中存在一个有逻辑错误的 if 语句。这类系统的质量是没有协商余地的，**完全没有**！

但即使是那些没有安全要求的系统，缺陷也可能造成严重的影响，特别是当它们的破坏性更加微妙时。很容易想象金融软件中的缺陷可能会引发怎样的全球性金融危机。试想：若一家大型银行的金融软件因为缺陷对所有汇款请求执行了两次操作，并且这个现象持续了几天都没有被发现，那么会有什么后果？

1990：AT&T 电话网络系统中断事故

在 1990 年 1 月 15 日，AT&T 长途电话服务系统中断了 9 h，在此期间有 7500 万通电话没有拨通。这次系统中断是 AT&T 在 1989 年 12 月部署到所有 114 个计算机操作电子交换系统的软件中一行错误的代码（一个错误的 break 语句）导致的。1990 年 1 月 15 日下午，位于美国曼哈顿的控制中心开始出现故障，引发链式反应并最终导致全网近半数的交换系统停止工作。

AT&T 的预估损失是 6000 万美元。同时，可能有大量依赖电话网络的企业遭受损失。

2.2 测试入门

在软件开发项目中有不同层级的质量保证评估体系。这些层级通常被形象地表示为金字塔模型，即所谓的测试金字塔。这个基本概念是由 Scrum 联盟的一位创始人——美国软件开发者 Mike Cohn 提出的。他在 *Succeeding with Agile*[Cohn09] 中讨论了测试自动化的金字塔模型。在金字塔模型的帮助下，Cohn 描述了高效软件测试所需要的自动化程度。在随后的几年中，该测试金字塔得到了进一步的发展和完善，如图 2-1 所示。

当然，金字塔的形状并非巧合。其背后的信息在于，相比其他类型的测试，你需要进行更多低层级的单元测试（几乎 100% 覆盖代码）。但这是为什么呢？

实验表明，金字塔中层级越高的测试，其实现和维护的总成本越大。大型的系统测试和手动用户验收测试通常更加复杂，往往需要在更大的组织范围内进行，且通常难以实现自动化。具体而言，自动化的用户界面测试难以编写，较为脆弱且相对较慢。因此，这类测试通常手动执行，它只适合用户验收测试和 QA 部门的常规探索性测试，若在日常开发过程中使用则耗费太多时间且成本高昂。

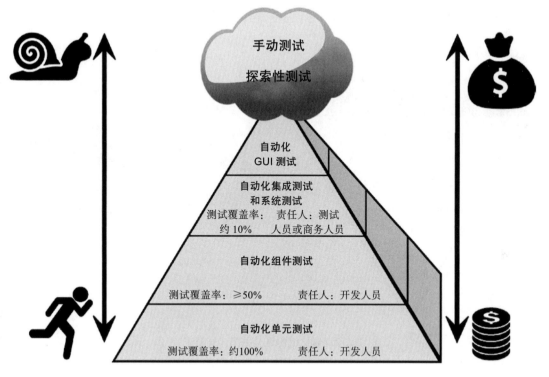

图 2-1　测试金字塔

更进一步来说，大型系统测试或用户界面驱动测试完全不适合用于检查整个系统运行中所有可能的执行路径。在软件系统中，有非常多的代码用于应对替代路径、异常和错误处理、交叉验证（安全、事务处理、日志等），以及其他必需的辅助功能，它们通常无法通过正常的用户界面被用户接触到。

综上所述，如果系统测试失败了，往往很难定位到具体产生错误的原因。系统测试通常基于系统的用例。在用例执行过程中，许多组件会同时参与进来。这意味着同时会有成百上千的代码被执行。具体哪一行代码导致了测试的失败？这个问题经常难以回答，需要耗时且代价高昂的分析。

不幸的是，在许多软件开发项目中，都能找到退化的测试金字塔，如图 2-2 所示。在这类项目中，初级单元测试被忽略，大量的精力被投入更高层级的测试中（冰激凌蛋筒反模式）。在极端情况下，单元测试甚至完全不存在（纸杯蛋糕反模式）。

因此，由一系列有效组件测试支持的、经过精心设计的经济、快速且持续维护的完全自动化单元测试，是保证软件系统高质量的基础。

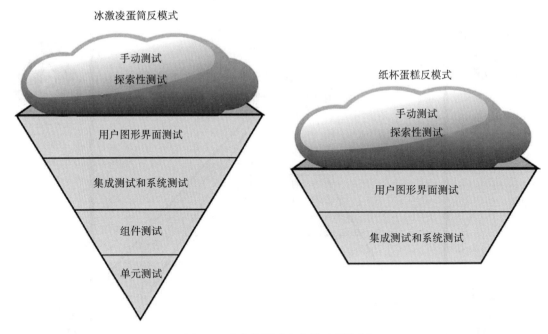

图 2-2　退化的测试金字塔（反模式）

2.3　单元测试

> 没有经过测试的"重构"不算重构，那只是在四处搬运垃圾。
> ——Corey Haines (@coreyhaines), 2013-12-20, on Twitter

单元测试是能够在特定上下文中执行一小部分产品代码的一段代码。在很短的时间内，单元测试就能让你了解代码是否如预想中的一样在工作。如果单元测试覆盖率足够高，而且你能在 1 min 内检查系统所有开发中的模块是否正确运行，这至少有如下几个优势：

- ❏ 多数调查和研究显示，在软件发布后修复缺陷比进行单元测试代价要大得多。
- ❏ 单元测试能够对所有代码提供实时反馈。开发者能够在几秒内知道代码是否正常工作，前提是测试覆盖率足够高（接近 100%）。
- ❏ 单元测试让开发者有信心进行重构工作，而无须担心做错导致代码被破坏。实际上，对没有单元测试作为安全防护网的代码进行结构调整是非常危险的，甚至不应该被称为重构。
- ❏ 单元测试覆盖率高能避免耗时的让人沮丧的代码调试过程。使用调试器耗费数小时定位缺陷根源的情况将大幅度减少。当然，你无法完全避免使用调试器。调试器仍然可用于分析细微问题，或者用于找到单元测试失败的原因。但它不再是确保代码质量的关键开发工具。

❑ 单元测试可以被看作一种可执行的文档，因为它准确地揭示了代码的使用方式。可以说它们是一种用法示范。

❑ 单元测试可以方便地检测退化。也就是说，它们可以立即显示那些原本正常工作，却在经过一些调整后发生异常的部分。

❑ 单元测试可以促进整洁而组织良好的接口设计。它有助于避免不必要的单元间依赖。可测试的设计也是良好的可用性设计。换句话说，如果一段代码能够方便地载入测试夹具（fixture）中，那它也可以方便地被集成到系统的产品代码中。

❑ 单元测试让开发速度更快。

最后一项看起来是矛盾的，需要稍做解释。单元测试让开发速度更快，怎么可能？这似乎不符合逻辑。

毫无疑问，编写单元测试需要耗费精力。表面上看，管理者只看到耗费的精力，却并不理解为何开发者需要在这些测试上投入时间。特别是在项目的初始阶段，单元测试对开发速度的积极影响可能显现不出来。在开发的早期阶段，当系统的复杂度相对较低且各方面运转正常时，编写单元测试看起来只是在耗费时间。但随着时间的推移，效果会逐步显现……

当系统变得越来越大（10 万行代码以上），复杂度越来越高时，理解和验证整个系统将变得更加困难（还记得第 1 章提到的软件熵吗？）。当许多不同团队的开发者开发同一个大型系统时，他们每天面对的是其他开发者编写的代码。如果没有适当的单元测试，这将是一项令人沮丧的工作。我相信团队中的每个人都知道那些愚蠢的、无尽的调试过程，以单步调试模式遍历代码并一次又一次地分析各个变量的值。这非常浪费时间，而且会显著降低开发速度。

尤其是在项目开发的中后期阶段，甚至在产品发布后的维护阶段，良好的单元测试将变得特别有价值。在编写测试后的几个月甚至几年后，当模块或它的应用程序接口需要调整或扩展时，单元测试能够最大限度地节省时间。

如果测试覆盖率足够高，代码是不是由同一开发者编辑的将无关紧要。良好的单元测试可以帮助开发者快速理解由其他人编写的代码，即使这段代码是在三年前写的。即使测试失败了，也能准确显示被破坏的代码。如果测试通过了，那么开发者可以相信代码都能正常运行。冗长而烦人的调试变得很少见，调试器将主要用于快速定位一些不明显的测试失败的原因。这很棒，因为这类工作很有趣。单元测试具有鼓励作用，能够带来更快、更好的结果，让开发者对代码库更有信心，并对它们感到满意。如果需求有变更或者需要新的特性呢？那也没问题，因为他们可以快速而频繁地交付新产品，同时保证极佳的质量。

单元测试框架

有许多不同的单元测试框架可以使用，例如 CppUnit、Boost.Test、CUTE、Google Test、Catch respectively Catch2，除了这些，还有很多其他的选择。

从原则上来说，所有这些框架都遵循 xUnit 的基本设计。Unit 是若干单元测试框架的统称，它们的结构和功能都源自 Smalltalk 的 SUnit。本章的内容并不局限于某个特定的测试框架，因为这些内容通常适用于所有单元测试框架，本书不会对所有可以使用的框架进行全面而详细的比较。此外，挑选一个合适的框架往往基于多种考量。具体来说，如果对你而言，花费很少的工作量便能添加新的测试是非常重要的，那么这就是你选择框架的标准。

2.4 关于质量保证

有些开发者可能有如下的态度："为何我需要测试我的软件？我们有测试人员和质量保证部门，这是他们的工作。"

关键问题在于：关心软件质量的只有质量保证部门吗？

答案简单而清晰：**不是！**

将明知有缺陷的软件移交给质量保证部门是极不专业的行为。专业的开发者从不将系统质量的责任推脱给其他部门。恰恰相反，专业的软件开发者会与质量保证部门的人精诚合作，彼此成就。

当然，交付 100% 完美无缺的软件是非常理想化的。随着时间的推移，质量保证人员总能发现一些问题。这很好。质量保证人员是我们的第二层安全网。他们会检查前期的质量保证措施是否充分而有效。

我们能从错误中吸取教训，从而变得更好。专业的软件开发者能快速修复质量保证人员发现的缺陷，同时能编写自动化单元测试在未来捕获类似的缺陷。然后他们会谨慎地思考："我们为何会忽略这个问题？"这样的反思结果可以作为反馈来改进未来的开发过程。

2.5 良好单元测试的原则

我见过许多毫无用处的单元测试。单元测试应能为项目增添价值。为了达到这个目标，编写单元测试时应遵循以下几个基本原则。我将在本节中介绍它们。

2.5.1 单元测试代码的质量

单元测试代码必须保持和产品代码一样的高质量要求。具体而言，理论上产品代码和测试代码不应该有区别，它们是平等的。如果我们说这部分是产品代码，另一部分是测试代码，那么就将原本属于一体的东西一分为二了。千万不要这么做！

将产品代码和测试代码区别对待，将为项目后期忽略测试埋下伏笔。

2.5.2 单元测试的命名

如果单元测试失败了，开发者就会立刻想知道：

❏ 是哪一个单元？哪个测试失败了？

❏ 在测试哪些内容？测试环境是怎样的（哪些测试场景）？

❏ 期望得到怎样的测试结果？失败的测试实际获取到怎样的结果？

因此，富有表现力和描述性的单元测试命名标准是非常重要的。建议对所有的测试使用统一的标准。

首先，为单元测试模块（根据不同的单元测试框架，它们可能被称为测试用具或测试夹具）起一个名称，使被测试单元很容易根据名称定位是好的做法。它们必须有一个类似 <Unit_under_Test>Test 的名称，其中 Unit_under_Test 是被测试模块的名称。例如，如果正在测试的系统（System Under Test，SUT）叫作 Money，对应的测试夹具及其包含的所有测试用例都应该命名为 MoneyTest（见图 2-3）。

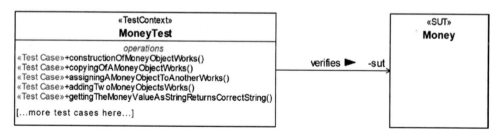

图 2-3 正在测试的系统 Money 及对应测试夹具 MoneyTest

在此基础上，单元测试必须拥有富有表现力和描述性的名称。testConstructor()、test4391() 或者 sumTest() 这类无意义的名称没有任何帮助。这里有两个挑选好名称的建议。

一般而言，对于可在不同场景下使用的通用类来说，一个富有表现力的名称应包含如下部分：

❏ 测试场景的前置条件，也就是在测试运行之前被测系统的状态。

❏ 正在被测的部分，一般是被测试的逻辑过程、函数或方法（API）。

❏ 期望的测试结果。

这就形成了如下的单元测试过程或函数的基本命名框架：

`<PreconditionAndStateOfUnitUnderTest>_<TestedPartOfAPI>_<ExpectedBehavior>`

代码清单 2-1 提供了一些较好的示例。

代码清单 2-1　优秀而富有表现力的单元测试命名示例

```
void CustomerCacheTest::cacheIsEmpty_addElement_sizeIsOne();
void CustomerCacheTest::cacheContainsOneElement_removeElement_sizeIsZero();
void ComplexNumberCalculatorTest::givenTwoComplexNumbers_add_Works();
void MoneyTest:: givenTwoMoneyObjectsWithDifferentBalance_Inequality
Comparison_Works();
void MoneyTest::createMoneyObjectWithParameter_getBalanceAsString_
returnsCorrectString();
void InvoiceTest::invoiceIsReadyForAccounting_getInvoiceDate_returnsToday();
```

另一种构建富有表现力的单元测试名称的方法是，在名称中体现具体的需求。这些名称往往反映了应用层面的需求。例如，它们可能体现干系人的需求内容，如代码清单 2-2 所示。

代码清单 2-2　体现相关业务需求的单元测试命名示例

```
void UserAccountTest::creatingNewAccountWithExisting
EmailAddressThrowsException();
void ChessEngineTest::aPawnCanNotMoveBackwards();
void ChessEngineTest::aCastlingIsNotAllowedIfInvolvedKingHasBeenMovedBefore();
void ChessEngineTest::aCastlingIsNotAllowedIfInvolvedRookHasBeenMovedBefore();
void HeaterControlTest::ifWaterTemperatureIsGreaterThan92DegTurnHeaterOff();
void BookInventoryTest::aBookThatIsInTheInventoryCanBeBorrowedByAuthorized
People();
void BookInventoryTest::aBookThatIsAlreadyBorrowedCanNotBeBorrowedTwice();
```

即使没有提供测试的代码实现和具体测试方法，你读到这些名称时，也可以轻易地从中获取大量的信息。当测试失败时，这种命名也有诸多好处。所有知名的单元测试框架，要么将失败的测试名称通过命令行打印到标准输出，要么通过 IDE 显示在特殊窗口中。因此，这极大地方便了错误的定位。

2.5.3　单元测试的独立性

各单元测试之间都应该互相独立。如果单元测试需要按特定的顺序执行，这将是非常致命的，因为某些测试用例会有赖于前一个用例的输出结果。永远不要编写将输出作为后续测试的前置条件的单元测试，也永远不要将被测单元置于被更改的状态，使其成为后续测试的前置条件。

这类问题通常由全局状态引发，例如，被测单元中存在单例⊖或静态成员。单例不仅增加了软件单元之间的耦合，它们也经常维持全局的状态，从而破坏了单元测试之间的独立性。具体而言，如果全局状态是某个测试成功的先决条件，但另一个测试在这之前改变了

⊖　这是 23 种常见设计模式中最具争议的一种设计模式。根据译者的工作经验，有很多开发人员使用单例
　　模式，个人认为这并不是一种好的现象，而是一种滥用。——译者注

这个全局状态，将会引发严重的问题。

在大量使用单例的遗留系统中，这个问题愈加严重。如何能摆脱这堆繁杂的单例依赖，使代码更容易被测试？这是我在 9.2.1 节将讨论的一个重要问题。

处理遗留系统

如果你面对的是一个"遗留系统"，并且在添加单元测试的过程中遇到了很多问题，那么推荐你阅读这本由 Michael C. Feathers 写的书 *Working Effectively with Legacy Code*[Feathers07]。这本书包含许多处理未经测试的大型代码库的策略，同时也包含 24 项打破依赖的方法，这里不做详述。

2.5.4　一个测试一个断言

如代码清单 2-3 所示，我的建议是一个单元测试只有一个断言。我知道这可能会有争议，但我会尝试解释为什么我认为这很重要。

代码清单 2-3　一个检查 Money 类中不等号操作符的单元测试

```
void MoneyTest::givenTwoMoneyObjectsWithDifferentBalance_
InequalityComparison_Works() {
  const Money m1(-4000.0);
  const Money m2(2000.0);
  ASSERT_TRUE(m1 != m2);
}
```

在这里有人可能会争辩，你可以同时在这个单元测试中检查其他的比较操作符（例如 Money::operator==()）是否也正确工作。如代码清单 2-4 所示，这可以通过添加断言很方便地解决。

代码清单 2-4　问题：在同一个单元测试中检查所有比较操作符是不是个好主意

```
void MoneyTest::givenTwoMoneyObjectsWithDifferentBalance_
testAllComparisonOperators() {
  const Money m1(-4000.0);
  const Money m2(2000.0);
  ASSERT_TRUE(m1 != m2);
  ASSERT_FALSE(m1 == m2);
  ASSERT_TRUE(m1 < m2);
  ASSERT_FALSE(m1 > m2);
  // ...more assertions here...
}
```

我认为这种处理方式带来的问题是显而易见的：

❑ 如果测试失败的原因有多种，开发者将很难快速找到出错的具体问题。最重要的是，失败的断言屏蔽了其他的错误，因为测试已经中断了，它终止了后续断言的执行。

❑ 如同在 2.5.2 节中描述的，我们需要给测试赋予一个准确而富有表现力的名称。有多个断言的单元测试需要处理多个测试过程（这也违背了单一职责原则，详见 6.1.1 节），因而其命名将十分困难。一个类似 testAllComparisonOperators() 的名称是不够准确的。

2.5.5　单元测试环境的独立初始化

这个规则和单元测试的独立性有点类似。当一个整洁的单元测试执行完毕后，所有与该测试相关的状态都应该消失。具体而言，当运行所有测试时，每一个测试都应该是应用程序独立的部分实例化。每个测试都应该独立设置并初始化所需的运行环境。测试完成后，也应遵循同样的规则进行清理。

2.5.6　不对 Getter 和 Setter 做单元测试

不要针对代码清单 2-5 所示的简单 Getter 和 Setter 做单元测试。

代码清单 2-5　简单 Getter 和 Setter 示例

```
void Customer::setForename(const std::string& forename) {
  this->forename = forename;
}

const std::string& Customer::getForename() const {
  return forename;
}
```

你难道真的认为这类简单的方法会出错吗？这类成员函数非常简单，不值得进行单元测试。进一步而言，常规的 Getter 和 Setter 已经隐式地被其他更重要的单元测试所覆盖[⊖]。

注意，我刚刚提到没必要对**常规且简单**的 Getter 和 Setter 进行单元测试。有时候，Getter 和 Setter 并没有那么简单。根据信息隐藏原则（详见第 3 章），不管是简单的 Getter，还是含有复杂逻辑需要确定其返回值的 Getter，都应该对用户隐藏。因此，有时显式地为 Getter 和 Setter 编写单元测试也是有用的。

⊖　一般情况下会间接被测试。如果为了追求单元测试的覆盖率，而又没有间接测试到此类 Getter 或 Setter，那么可以考虑对其进行测试。——译者注

2.5.7　不对第三方代码做单元测试

不要对第三方代码编写单元测试！我们不需要验证那些库和框架是否正常工作。例如，我们可以明确认定使用 C++ 标准库的成员函数 std::vector::push_back() 时，它总是可以正常工作。另外，我们也可以认为第三方代码都有自己的单元测试。一个明智的选择是不要在自己的项目中使用没有自带单元测试的库或框架，因为这些库的质量往往难以保证。

2.5.8　不对外部系统做单元测试

同样的道理也适用于外部系统。不要编写针对外部系统的单元测试，因为这些外部系统是项目所依赖的部分上下文环境，这不是你的职责所在。具体而言，如果你的金融软件依赖一个已经存在的、通过互联网访问的外部货币转换系统，那么你不需要测试它。事实上，这种系统不仅无法提供明确的输出（货币之间的汇率每时每刻都在变化），而且可能因为网络的原因无法进行测试，我们不需要为外部系统负责。

我的建议是通过 Mock（见 2.5.13 节）模拟这些模块[⊖]，只测试自己的代码，而不是其他人的代码。

2.5.9　如何处理数据库的访问

如今的许多 IT 系统都包含（关系型）数据库。它们需要对大量的对象或数据进行持久化的长期存储，从而让这些对象或数据能够通过便捷的方式进行访问，即使系统停机也不会丢失。

一个重要的问题是：在做单元测试时，需要如何处理数据库访问？

针对这个问题，我的建议是：如果能避免在测试中使用数据库，那就不要在测试中使用！"

——Gerard Meszaros，xUnit Test Patterns

数据库会在单元测试中引发各种各样的问题，有些问题甚至不易发现。具体而言，如果许多单元测试共享相同的数据库，那么数据库会变成一个大型的中央存储系统。这种共享会对测试的独立性（见 2.5.3 节）产生不利影响。保证每个单元测试所需的前置条件将变得困难。某个单元测试会因为对数据库的过度使用而对其他测试产生不利的影响[⊖]。

⊖　在真实的项目中，存在大量这种需要 Mock 外部接口或系统（如依赖其他团队的接口、依赖其他团队的系统、依赖其他公司的邮件系统或呼号系统等）的场景，所以选择和构建合适的 Mock 机制将会大幅度降低单元测试的难度，提高单元测试的准确性。——译者注

⊖　假如很多单元测试共享一个数据库，那么你的测试用例的写入很有可能会影响其他的测试用例。——译者注

另一个问题是，数据库基本上都很慢。访问它们比直接访问本地计算机的内存要慢得多。与数据库交互的单元测试和完全只在内存中执行的单元测试相比，前者所需的时间往往比后者至少多一个数量级。假设你有几百个单元测试，每个都因为数据库查询而平均额外需要 500ms 时间。相比没有数据库的单元测试而言，整体的测试需要多花费好几分钟的时间。

我的建议是通过 Mock（见 2.5.13 节）模拟对数据库的访问，然后独立地在内存中执行所有的单元测试。在单元测试中，不需要担心数据库的事情，如果涉及数据库，它会在集成测试和系统测试阶段进行测试。

2.5.10　不要混淆测试代码和产品代码

有时候开发者想在产品代码中配备测试代码。例如，一个类可能包含一段在测试时管理协作类依赖关系的代码，如代码清单 2-6 所示。

代码清单 2-6　处理测试时依赖关系的一种可能的方法

```cpp
#include <memory>
#include "DataAccessObject.h"
#include "CustomerDAO.h"
#include "FakeDAOForTest.h"

using DataAccessObjectPtr = std::unique_ptr<DataAccessObject>;

class Customer {
public:
  Customer() = default;
  explicit Customer(const bool testMode) : inTestMode(testMode) {}

  void save() {
    DataAccessObjectPtr dataAccessObject = getDataAccessObject();
    // ...use dataAccessObject to save this customer...
  }

  // ...

private:
  DataAccessObjectPtr getDataAccessObject() const {
    if (inTestMode) {
      return std::make_unique<FakeDAOForTest>();
    } else {
      return std::make_unique<CustomerDAO>();
    }
  }
  // ...more operations here...

  bool inTestMode{ false };
  // ...more attributes here...
};
```

在 这 个 例 子 中，CustomerDAO 和 FakeDAOForTest 的 抽 象 基 类 是 DataAccessObject。FakeDAOForTest 是一个假对象，简单来说就是测试替身（见 2.5.13 节）。它用来替代真正的 DAO，因为我们既不想测试它，又不想在测试过程中将 Customer 对象保存起来。布尔数据成员 inTestMode 决定具体使用哪个 DAO 对象。

这段代码可以工作，但这种处理方式存在以下不足。

首先，产品代码中混杂着测试代码。虽然初看并不明显，但它会增加代码的复杂度并降低可读性。我们需要一个额外的成员来确定系统处在测试状态还是生产状态。这个布尔成员对客户来说毫无意义，对系统而言更是如此，而且很容易想象系统中的许多类都有这种布尔成员。

其次，Customer 类需要依赖 CustomerDAO 和 FakeDAOForTest，参见代码顶部的 include 列表。这表示测试替身 FakeDAOForTest 在生产环境中也是系统的一部分。虽然我们希望测试替身永远不要在生产环境中被调用，但它已经被编译、链接并部署。

当然，还有很多巧妙的方式可以处理这类依赖关系并保持产品代码不含有测试代码。例如，我们可以在 Customer::save() 函数中指定 DAO 作为引用参数，如代码清单 2-7 所示。

代码清单 2-7　避免依赖测试代码（1）

```cpp
class DataAccessObject;

class Customer {
public:
  void save(DataAccessObject& dataAccessObject) {
    // ...use dataAccessObject to save this customer...
  }
  // ...
};
```

另外，这也可以在构造 Customer 对象时实现。在这种情况下，我们必须在类中持有对应 DAO 的引用，将其作为一个属性。进一步来说，我们必须禁止编译器自行生成默认构造函数，因为我们希望任何 Customer 的用户都不能创建不恰当的实例，如代码清单 2-8 所示。

代码清单 2-8　避免依赖测试代码（2）

```cpp
class DataAccessObject;

class Customer {
public:
  Customer() = delete;
  explicit Customer(DataAccessObject& dataAccessObject) :
  dataAccessObject_(dataAccessObject) {}
  void save() {
    // ...use member dataAccessObject to save this customer...
```

```
    }
    // ...
private:
    DataAccessObject& dataAccessObject_;
    // ...
};
```

可删除的函数

在 C++ 中，如果没有声明自己的版本，编译器会为某些类型自动生成特殊成员函数（如默认构造函数、复制构造函数、复制赋值操作符和析构函数）。从 C++11 开始，这类特殊成员函数还包括移动构造函数和移动赋值操作符。C++11（及更高版本）提供了一种简单而有效的方式来限制特殊成员函数的自动生成，它甚至可以限制普通成员函数和非成员函数的自动生成：你可以删除它们。例如，可以通过如下方式防止默认构造函数的生成：

```
class Clazz {
public:
    Clazz() = delete;
};
```

另一个例子是可以删除 new 操作符，从而防止在堆上动态创建类的对象：

```
class Clazz {
public:
    void* operator new(std::size_t) = delete;
};
```

第三种替代方案是由 Customer 类所了解的工厂创建指定的 DAO（见 9.2.8 节）。如果系统运行在测试环境，可以从外部配置工厂来创建所需的 DAO。无论选择哪种方案，Customer 类都将不含有测试代码。Customer 类也不再依赖特定类型的 DAO。

2.5.11 测试必须快速执行

大型项目最终会拥有成千上万个单元测试。这对于保证软件质量来说是一件好事，但缺点是在向仓库提交源代码时，必须停止这些单元测试，因为它们的运行时间实在是太长了。

很容易想象，单元测试运行的时间和团队产出之间有强相关性。如果运行所有的单元测试耗费 15min、30min，甚至更长时间，开发者的工作将会被打断，时间将浪费在等待测试结果上。即使每个单元测试平均使用 0.5s 来执行，1000 个单元测试的耗时也需要 8min 以上。这意味着每天执行 10 次完整的单元测试将产生 1.5h 的等待时间。因此，开发者会尽可能少地执行这些单元测试。

我的建议是：**测试必须快速执行**！单元测试必须向开发者提供快速的反馈循环。执行大型项目的所有单元测试的时间必须不超过 3min，而且需要尽可能地比它更少。为了在开发过程中更快（几秒钟）地执行本地的测试，测试框架应该提供暂时关闭不相关测试组的便捷功能。

在自动化构建系统中，每次在产出产品之前，所有的测试必须毫无例外地执行。开发团队必须在出现一个或多个测试失败时第一时间收到通知。具体而言，这可以通过邮件或在显眼的地方进行可视化展示（例如，通过监控墙或构建系统的"红绿灯"）来实现。即使仅有一个测试失败，也不能发布并交付产品。

2.5.12　如何设计测试的输入数据

通过输入不同的数据，一段代码可以表现得截然不同。如果单元测试需要向项目中输入数据，你可能很快就有这个疑问：我该如何找到所有必要的测试用例，从而保证良好的故障检测能力呢？

一方面，你想要非常高的、理想的测试覆盖率。另一方面，也必须考虑工程耗时和预算等经济因素。这意味着对每个测试数据集都进行测试往往是不可能的，特别是当输入数据有大量组合方式，你不得不面对近乎无限的测试用例时。

为了能找到足够的测试用例，软件质量保证体系中有两个关键且重要的概念：等价划分（有时也称为等价类替换）和边界值分析。

1. 等价划分

等价分区（有时也称为等价类）是指一段代码的一组或一份输入数据，不管在测试环境还是工作环境中，该段代码都有类似的表现。换句话说，基于它的规范，系统、组件、类或函数及方法的期望表现是相同的。

等价划分的结果是可以从这些相似的输入数据中提取测试用例。原则上来说，测试用例的设计应该使每个分区至少被覆盖一次。

作为一种规范驱动型方法，确切来说等价划分是一种黑盒测试设计技术，即被测试软件的内部结构通常是未知的。但是，这也是白盒测试中非常有用的方法，例如单元测试和测试优先方法 TDD（详见第 8 章）等。

让我们看一个例子。假设我们需要测试一个用来计算银行账户利率的 C++ 类。根据需求描述，账户情况如下：

- ❑ 对于透支部分，银行需要按 4% 的惩罚利率收取费用。
- ❑ 对于 5000 美元以内的存款部分，按 0.5% 的利率计息。
- ❑ 对于 5000 美元到 10 000 美元的存款部分，按 1% 的利率计息。
- ❑ 对于 10 000 美元以上的存款部分，按 2% 的利率计息。

❑ 利息按日结算。

根据这些描述，利率计算器的 API 有存款金额和有效存款时间（单位为天，因为利息是按天计算的）两个参数。这表示我们需要为这两个输入参数构建等价类。

图 2-4 展示了存款金额的等价类。

所有可能的取值（美元）

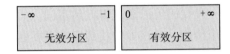

图 2-4　输入参数存款金额的等价类

图 2-5 展示了更简单的有效存款时间的等价类。

图 2-5　输入参数有效存款时间的等价类

对于测试用例的构建，我们能从中看出什么呢？

我们注意到存款金额允许取无限小和无限大的值。但是，存款时间为负数是不允许的。此时，业务干系人和领域专家最好介入。

首先，必须要明确的是存款金额的上下限是否真的允许无限大或无限小。这个问题的答案不仅影响测试用例，也影响该参数所使用的数据类型。另外，需求描述中没有明确如果存款时间为负应该如何处理。负值是不允许的，但利率计算器该对这种参数做何反应呢？

需要通过这种分析解决的另一个问题是，利率是否如同描述中的一样是固定不变的。可能利率是可以改变的，同时可以改变的还有存款金额。

但是，测试用例现在已经可以系统地从上述分析中构建出来。等价划分背后的思想是，每个分区只需要一个对应的测试用例便足够了。这种技术基于一个假设：**如果分区中的一个条件或值可以通过测试，则同一分区中其他所有值都可以通过测试**。同样，如果分区中的一个条件或值测试失败了，则同一分区中所有其他值也会失败。如果像我们的例子中一样有多个参数，则必须对条件做适当的组合。

2. 边界值分析

缺陷潜伏在角落里并聚集在边界处。

——Boris Beizer, *Software Testing Techniques* [Beizer90]

许多软件的缺陷可以追溯到复杂的等价类边界区域处理，例如，两个有效等价类之间的切换、从一个有效的等价类过渡到无效的等价类，或者遇到没有被考虑过的极端值。因此，边界值分析是构建等价类的一种补充方法。

在测试领域，边界值分析是一种寻找等价类之间的转化点并处理极端值的技术。这种分析的结果有助于我们选择测试所需的输入参数值：

- ❏ 最小值。
- ❏ 略微比最小值大的值。
- ❏ 在等价类中间位置随意抽取的正常值。
- ❏ 略微比最大值小的值。
- ❏ 最大值。

如图 2-6 所示，这些值也可以用一条表示数字的线来描述。

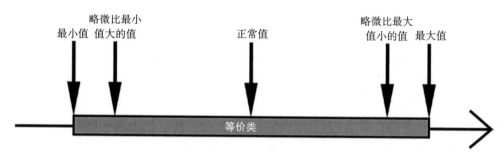

图 2-6　利用边界值分析产生的输入参数值

如果对每个等价类都确定了边界值并做了测试，则通常可以用相对较少的投入达到良好的测试覆盖率。

2.5.13　测试替身

只有在被测试的单元完全独立于其他协作单元的情况下，测试才可以称为"单元测试"。也就是说，单元测试中被测试的单元不使用其他单元或外部系统。举例来说，虽然在集成测试中数据库的介入绝对是必需的，因为这是集成测试的目的，但在真正的单元测试中对数据库的访问（查询）必须被抑制（见 2.5.9 节）。因此，被测试的单元对其他单元或外部系统的依赖关系必须被替换为测试替身（Test Double），测试替身也称为假对象（Fake Object）或伪装对象（Mock-up）。

为了更优雅地使用这些测试替身，我们必须努力使被测试单元实现松耦合（见 3.7 节）。举例来说，可以在使用非必要协作类的地方引入抽象（如由纯抽象类实现的接口），如图 2-7 所示。

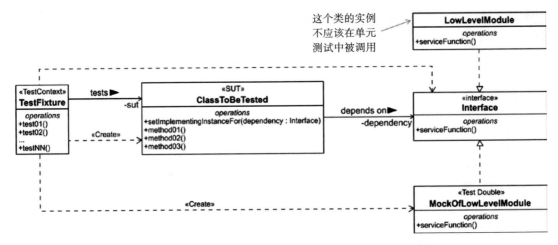

图 2-7　使用接口可以方便地将 LowLevelModule 替换为测试替身

假设我们需要开发一个使用外部 Web 服务进行实时货币转换的应用。在单元测试过程中，你自然不能使用这个外部 Web 服务，因为它每分钟都会返回不同的汇率。此外，这个服务是通过互联网查询的，这一般很慢而且可能查询不到，也无法模拟边界值的情况。因此，在单元测试过程中必须用测试替身替换这个实时货币转换服务。

首先，我们必须在代码中与货币转换服务通信的地方引入一个可变的接入点，从而将其替换为测试替身。这可以通过接口来实现，在 C++ 中接口是一个只有纯虚成员函数的抽象类，如代码清单 2-9 所示。

代码清单 2-9　货币转换服务的抽象接口

```cpp
class CurrencyConverter {
public:
  virtual ~CurrencyConverter() { }
  virtual long double getConversionFactor() const = 0;
};
```

通过互联网访问货币转换服务的代码被封装到实现了 CurrencyConverter 接口的类中，如代码清单 2-10 所示。

代码清单 2-10　获取实时货币转换服务的类

```cpp
class RealtimeCurrencyConversionService : public CurrencyConverter {
public:
  virtual long double getConversionFactor() const override;
  // ...more members here that are required to access the service...
};
```

为了进行单元测试，这里给出另一个实现：测试替身 CurrencyConversionServiceMock。在单元测试过程中，这个类的对象会返回一个预定义的而且可预测的汇率。此外，这个类的对象提供了从外部设置汇率的能力，例如，模拟边界条件情况的能力，如代码清单 2-11 所示。

代码清单 2-11　测试替身

```cpp
class CurrencyConversionServiceMock : public CurrencyConverter {
public:
  virtual long double getConversionFactor() const override {
    return conversionFactor;
  }

  void setConversionFactor(const long double value) {
    conversionFactor = value;
  }

private:
  long double conversionFactor{0.5};
};
```

在产品代码中使用货币转换服务的地方，现在通过接口使用该服务。通过这一抽象，不管是真实的货币转换器还是其测试替身，在运行时究竟使用哪一个实现已经完全对用户透明了，如代码清单 2-12 和代码清单 2-13 所示。

代码清单 2-12　使用货币转换服务的类的头文件

```cpp
#include <memory>

class CurrencyConverter;
class UserOfConversionService {
public:
  UserOfConversionService() = delete;
  explicit UserOfConversionService(const std::shared_
  ptr<CurrencyConverter>& conversionService);
  void doSomething();
  // More of the public class interface follows here...

private:
  std::shared_ptr<CurrencyConverter> conversionService_;
  //...internal implementation...
};
```

代码清单 2-13　类实现文件的片段

```cpp
UserOfConversionService::UserOfConversionService    (const std::shared_
ptr<CurrencyConverter>& conversionService) :
  conversionService_(conversionService) { }

void UserOfConversionService::doSomething() {
  long double conversionFactor = conversionService_->getConversionFactor();
```

```
  // ...
}
```

在对 UserOfConversionService 类做单元测试时，测试用例可以在初始化构造函数时传入模拟对象。另外，在实际使用中，真实的服务可以被传入构造函数中。这是一种采用依赖注入设计模式（见 9.2.1 节）的技术，如代码清单 2-14 所示。

代码清单 2-14 UserOfConversionService 获取它所需的 CurrencyConverter 对象

```
auto serviceToUse =
  std::make_shared</* name of the desired class here */>();
UserOfConversionService user(serviceToUse);
// The instance of UserOfConversionService is ready for use...
user.doSomething();
```

第 3 章 *Chapter 3*

原　则

我建议学生们把更多的精力放在学习基本思想上，而不是新技术上，因为新技术在他们毕业之前就有可能已经过时了，而基本思想则永远不会过时。

——David L.Parnas

本章将介绍设计良好的和精心制作的软件需要遵循哪些重要的基本原则。这些基本原则的特别之处在于，它们并不是只针对某些编程案例或者编程语言的，其中一些原则甚至并不是专门针对软件开发的。例如，我们讨论的 KISS（Keep It Simple, Stupid）原则可以适用于生活的很多方面。一般来说，不仅是软件开发方面，把生活中的一切事情变得尽可能简单并不一定都是坏事。

也就是说，下面这些原则我们不应该学一次就忘掉，而是应该熟练掌握。这些原则非常重要，理想情况下，它们应成为每个开发人员的第二天性。我在后面章节中即将讨论的很多具体原则都是基于这些基本原则的。

3.1　什么是原则

在本书中你会发现许多编写更好的 C++ 代码和设计良好的软件的原则，但到底什么是原则呢？

许多人都有一些遵守的原则。举个例子，如果你因为某些原因不吃肉，那么这可能就是原则；如果你想保护你的小孩，那么你会教他一些原则，指导他可以自己做出正确的决定，比如"不要和陌生人说话！"只要将这个原则记住，孩子就可以在特定的场合下做出正确的决定。

原则是一种规则、信仰或观念，原则通常与价值观或价值体系有直接的联系。例如，我们不需要被告知同类相残是错误的，因为人们天生就有人类生活方面的价值观。著名的"Manifesto for Agile Software Development"[Beck01]（敏捷软件开发宣言）包含 12 条原则，可以指导项目团队开展敏捷项目。

原则并不是不可改变的定律，更没有明文规定地刻在石头上。有时，在编程时故意违背其中某些原则是有必要的，只要你有充分的理由去违背它，你就可以去违背。但是，要小心对待，因为结果很可能会出乎你的意料。

以下几项基本原则将会在本书后面的各个章节分别进行回顾及强化。

3.2 保持简单和直接原则

任何事情都应该尽可能简单，而不是稍微简单一点。

——Albert Einstein，理论物理学家，1879—1955

KISS 是"Keep It Simple, Stupid"或"Keep It Simple and Stupid"的缩写（关于这个缩写有很多其他的意思，但是这两个是最常见的）。在极限编程（eXtreme Programming）中，这个原则有一个更有实践意义的名字：DTSTTCPW（do the simplest thing that could possibly work，即简单到只要正常工作就好）。KISS 原则旨在在软件开发中，把简单当作一个主要目标，避免做一些没有必要的复杂工作。

我认为在软件开发过程中，软件开发者经常会忘记 KISS 原则，而偏向以精心设计的方式编写代码，这样导致的结果是将问题复杂化。我知道，他们都是技术精湛、积极进取的开发人员，而且也了解设计模式、架构模式、框架、技术、工具及其他酷炫和奇特的东西，开发很酷的软件不只是他们朝九晚五的工作而已——它已经成为他们的使命，他们因工作而感到更有成就。

但是我们必须记住，任何软件系统都有内在的复杂性。毫无疑问，复杂问题通常需要复杂的代码来处理。内在的复杂性是不可避免的，由于系统需要满足需求，所以这种复杂性客观存在。但是，在这种内在复杂性的基础上添加不必要的复杂性将是致命的。因此，建议不要仅因为会用就把一些花哨的技巧或一些很酷的设计模式都用起来。另外，也不要过分强调"简单性"，如果在 switch-case 判断中有 10 个条件是必需的，并且没有更好的替代方案，那它就应该有 10 个条件。

保持代码尽可能简单！当然，如果对灵活性和可扩展性有很高的要求，则必须增加软件的复杂性以满足这些需求。例如，可以使用众所周知的**策略模式**（详见第 9 章）在需求需要时在代码中引入灵活的可变点。但要小心，只添加那些使事情整体变得更简单的复杂性。

对于程序员来说，关注简单性可能是比较困难的事情，并且是一件需要终身学习的事情。

——Adrian Bolboaca(@adibolb), April 3, 2014, on Twitter

3.3　不需要原则

总是在真正需要的时候再实现它们，而不是在你只是预见到你需要它们的时候实现。

——Ron Jeffries, *You're NOT gonna need it*! [Jeffries98]

这一原则（YAGNI）与之前讨论的 KISS 原则密切相关。YAGNI 是 "you aren't gonna need it!" 的缩写。YAGNI 原则向投机取巧和过度设计宣战。它的主旨是希望你不要写目前用不上，但将来也许需要的代码。

几乎每个开发者在日常工作中都有这样一种冲动："以后我们也许会用到这个功能……"**不，你不会用到它**！无论在哪种情况下，我们都要避免在当下开发以后才可能用到的功能。毕竟，你未来可能根本不需要这个功能，如果实现了这种不必要的功能，就相当于浪费了宝贵的时间，而且代码也会变得更加复杂！当然，这也会破坏先前讨论的 KISS 原则。更严重的是，这些为日后功能做准备的代码充满了漏洞，并可能导致严重的后果！

我的建议是：在你确定真的有必要的时候再去写代码，那时再重构仍然来得及。

3.4　避免复制原则

复制和粘贴是一种设计错误。

——David L. Parnas

虽然避免复制原则（DRY）是比较重要的原则，但我确信开发人员经常会有意或无意地违反这个原则。DRY 是 "don't repeat yourself!" 的缩写，它告诉我们应该避免复制，因为复制是一种非常不好的行为。有时，这个原则也称为 OAOO（Once And Only Once）原则。

复制行为是非常危险的，其原因显而易见：当一段代码被修改的时候，也必须相应地修改这段代码的副本。不要存有侥幸心理，副本是肯定要修改的。任何复制的代码片段迟早会被忘记，并且会因为漏改代码的副本而产生漏洞。

就这样，没什么别的了吗？不是的！还有一些我们需要深入讨论的事情。事实上，DRY 原则经常被误解，也经常被很多开发人员做过于学术性的解释！因此，我们应该重新理解这一原则。

3.4.1 关于避免复制原则的知识

DRY 原则是本书中比较容易被误解的部分。

——Dave Thomas, Orthogonality and the DRY Principle, 2003

Dave Thomas 和 Andy Hunt 的杰出著作 *The Pragmatic Programmer* [Hunt99] 中介绍了 DRY 原则的含义，就是我们要保证"在系统内部，任何一个知识点都必须有一个单一的、明确的、权威的介绍。"值得注意的是，Dave 和 Andy 并没有明确地提到代码，他们谈论的是知识点。

首先，系统的知识所影响的范围远比它的代码更广泛。例如，DRY 原则同样适用于业务流程、需求、数据库方案、文档、项目计划、测试计划和系统的配置数据。可以说，DRY 原则影响每一件事情！你可以想象一下，严格遵守这一原则并不像开始看起来的那么容易。

3.4.2 构建抽象有时很困难

此外，不惜一切代价在代码库中夸张地应用 DRY 原则可能会导致一些棘手的问题，原因是从重复的代码块中创建足够通用的抽象可能很快就会成为一项棘手的任务，有时会降低代码的可读性和可理解性。

如果需求变更或功能增强只影响多次使用抽象的某个使用点，那么就会变得非常麻烦，如下例所示。

我们来看一下在线邮购业务软件中的两个简化的类，如代码清单 3-1 和代码清单 3-2 所示。

代码清单 3-1　购物车类

```cpp
#include "Product.h"
#include <algorithm>
#include <vector>

class ShoppingCart {
public:
  void addProduct(const Product& product) {
    goods.push_back(product);
  }

  void removeProduct(const Product& product) {
    std::erase(goods, product);
```

```
  }
private:
  std::vector<Product> goods;
};
```

代码清单 3-2　订购产品运输类

```cpp
#include "Product.h"
#include <algorithm>
#include <vector>

class Shipment {
public:
  void addProduct(const Product& product) {
    goods.push_back(product);
  }

  void removeProduct(const Product& product) {
    std::erase(goods, product);
  }
private:
  std::vector<Product> goods;
};
```

我很确定你会认同这两个类的代码是重复的，因此它们违反了 DRY 原则。它们唯一的区别是类名，所有其他代码都是相同的。

erase-remove 习惯用法（C++20 前）

在 C++20 之前，开发人员如果想要删除容器（比如 std::vector）中的元素，他们通常会对该容器采用 erase-remove（擦除 - 删除）习惯用法。

在这种习惯用法中，将有两个步骤依次应用到容器上。首先，使用 std::remove 将不符合删除条件的元素移到容器的前面。此函数名称具有误导性，因为 std::remove 实际上并没有删除任何元素，而是将其移到了容器的前面。

之后，std::remove 返回一个迭代器，该迭代器指向被删除序列的第一个元素。接着，将这个迭代器及容器的 end 迭代器传递给容器的 std::vector::erase 成员函数，从物理上删除元素。如下面的代码所示：

```cpp
// Removing all elements that match 'value' from a vector before C++20:
vec.erase(std::remove(begin(vec), end(vec), value), end(vec));
```

从 C++20 开始，不再需要使用 erase-remove 习惯用法来删除容器中的元素了。取而代之的是两个定义在头文件 <vector> 中的模板函数 std::erase 和 std::erase_if，它们可以完成这项工作。这些函数不仅可以从物理上删除符合删除条件的元素，而且易于使用，因为不再需要传递两个迭代器，只需传递整个容器，如下面的代码所示：

```
// Removing all elements that match 'value' from a vector since C++20:
std::erase(vec, value);
```

消除重复代码的一个合理解决方案似乎是（例如通过继承）重构代码并创建通用抽象如代码清单 3-3 所示。

代码清单 3-3　基类 ProductContainer 及派生类 ShoppingCart 和 Shipment

```cpp
#include "Product.h"
#include <algorithm>
#include <vector>

class ProductContainer {
public:
  void addProduct(const Product& product) {
    products.push_back(product);
  }

  void removeProduct(const Product& product) {
    std::erase(goods, product);
  }

private:
  std::vector<Product> products;
};

class ShoppingCart : public ProductContainer { };
class Shipment : public ProductContainer { };
```

替代解决方案是使用 C++ 模板或使用组合代替继承，即 ShoppingCart 和 Shipment 使用 ProductContainer 来实现（见 6.2.2 节）。

所以，ShoppingCart 和 Shipment 的代码是相同的，我们现在已经删除了重复的代码……但是也许我们应该停下来问问自己：**为什么代码是相同的**？

从业务干系人的角度来看，可能有很好的理由来非常明确地区分两个特定领域概念：购物车和产品运输。因此，强烈建议咨询业务人员，问问他们对我们将购物车和产品运输映射到同一代码的想法有何看法。他们可能会说："嗯，是的，乍一看是个好主意，但请记住，客户可以按任意数量订购某些产品，但出于安全考虑，我们必须确保不会在一次运输中超过一定数量的产品。"

通过共享两个（或更多）不同领域概念的相同代码，我们将它们紧密地耦合在一起。通常需要实现仅影响它们之一的额外需求，在这种情况下，对于 ProductContainer 类的不同用途，必须实现异常和特殊情况处理。这可能会成为一项非常乏味的任务，代码的可读性可能会受到影响，共享抽象的最初优势很快就会丧失。

重用代码基本上不是一件坏事。但是过度热衷于消除重复代码会产生这样一种风险：我们重用的代码只是"偶然地"或"表面上"表现相同，但事实上在不同的地方有不同的含义。将不同的领域概念映射到相同的代码段是很危险的，因为需要更改这些相同代码的原因各不相同⊖。

DRY 原则只与代码有一点关系，事实上它是和认知有关的。

3.5　信息隐藏原则

信息隐藏原则是软件开发中一个众所周知的基本原则。它最早记录在开创性论文" On the Criteria to Be Used in Decomposing Systems Into Modules" [Parnas72] 中，该论文由 David L. Parnas 于 1972 年撰写。

该原则指出，若一段代码调用了另一段代码，那么调用者不应该知道被调用者的内部实现。否则，调用者就有可能通过修改被调用者的内部实现而完成某个功能，而不是强制性地要求调用者修改自己的代码。

David L.Parnas 认为信息隐藏是把系统分解为模块的基本原则，他认为系统模块化应该关注对困难或可能改变的设计决策的隐藏。软件单元（如类或组件）暴露于环境的内部构件越少，该单元的实现与其客户端之间的耦合度就越低。因此，软件单元内部实现的更改将不会被其使用者所察觉。

信息隐藏有如下优点：

❑ 限制了模块变更的影响范围。

❑ 如果需要修复缺陷，对其他模块的影响最小。

❑ 显著提高了模块的可复用性。

❑ 模块具有更好的可测试性。

信息隐藏通常容易与封装混淆，但其实它们不一样，这两个术语在很多著名的书籍中被认为是同义词，但我并不这么认为。信息隐藏是一种帮助开发人员找到好的设计模块的原则。该原则适用于多个抽象层次并能展现其正面效果，特别是在大型系统中。

封装通常是一种依赖于编程语言的技术，用于限制对模块内部的访问。例如，在 C++ 中，在 private 关键字后定义类成员可以确保从类外部无法访问它们。但是，我们只是用这种防护方式进行访问控制，离自动信息隐藏还远着呢。封装有助于（但不能保证）信息隐藏。

代码清单 3-4 中的代码展示了信息隐藏较差的封装类。

代码清单 3-4　自动转向门的类（摘录）

```
class AutomaticDoor {
```

⊖ 依赖的因素越多，这种依赖关系就越不稳定，因为一个依赖因素的改动会导致全部代码的变动。——译者注

```
public:
  enum class State {
    closed = 1,
    opening,
    open,
    closing
  };

private:
  State state;
  // ...more attributes here...

public:
  State getState() const;
  // ...more member functions here...
};
```

这不是信息隐藏，因为类内部的实现部分暴露给了外部环境，尽管该类看起来封装得很好。注意 getState 返回值的类型，客户端用到的枚举类 State 用到了这个类，如代码清单 3-5 所示。

代码清单 3-5　必须使用 AutomaticDoor 查询门的当前状态的示例

```
#include "AutomaticDoor.h"

int main() {
  AutomaticDoor automaticDoor;
  AutomaticDoor::State doorsState = automaticDoor.getState();
  if (doorsState == AutomaticDoor::State::closed) {
    // do something...
  }
  return 0;
}
```

枚举类（结构体）（C++11）

在 C++ 中，枚举类型也有了创新。为了向下兼容早期的 C++ 标准，现在仍存在众所周知的枚举类型及关键字 enum。从 C++11 开始，还引入了枚举类。

旧的 C++ 枚举类型有一个问题，即它们将枚举成员引入周围的命名空间，导致了名称冲突，示例如下：

```
const std::string bear;
// ...and elsewhere in the same namespace...
enum Animal { dog, deer, cat, bird, bear }; // error: 'bear' redeclared as
                                            different kind of symbol
```

此外，旧的 C++ enum 会隐式转换为 int，当我们不需要这样的转换时会导致难以察

觉的错误:

```
enum Animal { dog, deer, cat, bird, bear };
Animal animal = dog;
int aNumber = animal; // Implicit conversion: works
```

当使用枚举类(也称为"新枚举"或"强枚举")时,这些问题将不再存在,它们的枚举成员对它们来说是本地的,并且它们的值不会隐式地转换为其他类型(如另一个枚举类型或 int 类型)。

```
const std::string bear;
// ...and elsewhere in the same namespace...
enum class Animal { dog, deer, cat, bird, bear }; // No conflict with the
                                                  string named 'bear'
Animal animal = Animal::dog;
int aNumber = animal; // Compiler error!
```

对于现代 C++ 程序,强烈建议使用枚举类而非普通的旧的枚举类型,因为它使代码更安全,并且因为枚举类也是类,所以它们可以前置声明。

如果必须更改 AutomaticDoor 的内部实现并从类中删除枚举类 State,那么会发生什么呢?很容易看出,它会对客户端的代码产生重大影响。它将导致使用成员函数 AutomaticDoor::getState() 的所有地方都要进行更改。

代码清单 3-6 和代码清单 3-7 展示了具有良好信息隐藏功能的 AutomaticDoor 类。

代码清单 3-6　更好的自动门转向设计类

```
class AutomaticDoor {
public:
  bool isClosed() const;
  bool isOpening() const;
  bool isOpen() const;
  bool isClosing() const;
  // ...more operations here...

private:
  enum class State {
    closed = 1,
    opening,
    open,
    closing
  };

  State state;
  // ...more attributes here...
};
```

代码清单 3-7　AutomaticDoor 类被修改后的简洁的例子

```
#include "AutomaticDoor.h"

int main() {
  AutomaticDoor automaticDoor;
  if (automaticDoor.isClosed()) {
    // do something...
  }
  return 0;
}
```

现在，修改 AutomaticDoor 类的内部要容易实现得多。客户端代码不再依赖于类的内部实现。你可以在不引起该类任何用户注意的情况下，删除 State 枚举并将其替换为另一种实现。

3.6　高内聚原则

软件开发中的一条通用建议：任何软件实体（如模块、组件、单元、类、函数等）都应该具有很强的内聚性。一般，当模块实现定义确切的功能时，应该具有高内聚的特性。

为了深入研究该原则，我们来看以下两个例子，这两个例子没有太多的关联，先从图 3-1 开始。

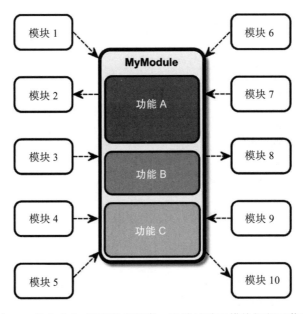

图 3-1　MyModule 类有很多职责，这就导致了模块间相互依赖

在上面的例子中，模块随意划分，业务领域三个不同的功能放在了一个模块内。功能

A、功能 B 和功能 C 之间基本没有任何共同点，但却都被放在 MyModule 模块中。阅读模块的代码就会发现，功能 A、功能 B 和功能 C 在完全独立的不同数据上运行。

现在，观察图中所有的虚线箭头，箭头指向的每一个模块都是一个被依赖对象，箭头尾部的模块需要箭头指向的模块来实现。在这种情况下，系统中的其他模块使用功能 A、功能 B 或者功能 C 时，就会依赖整个 MyModule 模块。这样设计的缺点是显而易见的：这会导致太多的依赖关系，并且程序的可维护性也会降低。

为了提高模块的内聚性，功能 A、功能 B 和功能 C 应该彼此分离（见图 3-2）。

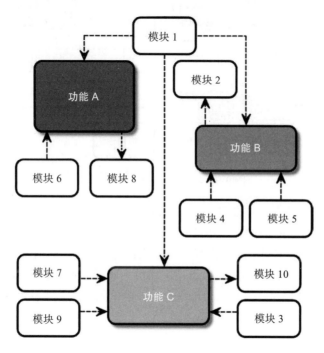

图 3-2　高内聚设计：将之前混合在一起的功能 A、功能 B 和功能 C 分离到不同的模块

现在很容易看出，每个模块的依赖项比旧的 MyModule 依赖项少得多。很明显，功能 A、功能 B、功能 C 之间没有直接的关系。模块 1 是唯一依赖功能 A、功能 B 和功能 C 的模块。

另一个低内聚的设计形式是霰弹枪反模式（Shot Gun Anti-Pattern）。我想大家应该都听说过，霰弹枪是一种能发射大量小铁砂的武器，这种武器通常有很大的散射性。在软件开发中，这种比喻用于描述某个特定领域方面或单个逻辑思想是高度碎片化的，并且分布在很多模块中，图 3-3 描述了这种情况。

在这种低内聚设计中，也出现了许多不利的依赖关系，功能 A 的各个片段必须紧密联系在一起。这就意味着，使用功能 A 部分功能的每个模块必须至少与一个使用功能 A 部分功能的模块交互，这会导致大量的交叉依赖。最坏的情况是导致循环依赖，例如，模块 1

和模块 3 之间或模块 6 和模块 7 之间。这再一次对程序的可维护性和可扩展性产生了负面影响。当然，这种设计的可测试性也是非常差的。

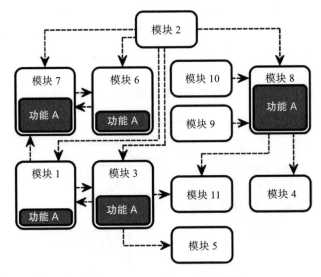

图 3-3 功能 A 跨越了 5 个模块

对于这种设计，若进行某些改动，必然导致"霰弹枪手术"。对功能 A 的某种修改会引发对许多其他模块的许多小修改。这真的很糟糕，应该避免。我们应该把与功能 A 相关的所有代码（同一逻辑的碎片化代码）都找出来，把它们放到一个高内聚的模块内。

一些其他的原则——例如面向对象设计中的单一职责原则（SRP）（详见第 6 章），会促进程序的高内聚性。高内聚往往意味着松耦合，低内聚则往往意味着紧耦合。

3.7 松耦合原则

思考代码清单 3-8 所示的示例。

代码清单 3-8　一种可以开灯和关灯的开关

```cpp
class Lamp {
public:
  void on() {
    //...
  }

  void off() {
    //...
  }
};
```

```cpp
class Switch {
private:
  Lamp& lamp;
  bool state {false};

public:
  Switch(Lamp& lamp) : lamp(lamp) { }

  void toggle() {
    if (state) {
      state = false;
      lamp.off();
    } else {
      state = true;
      lamp.on();
    }
  }
};
```

这段代码基本上可以正常运行。首先需要创建 Lamp 类的实例，然后在实例化 Switch 时通过引用方式将 Lamp 的实例传递给 Switch。这个例子看起来像图 3-4 描述的那样。

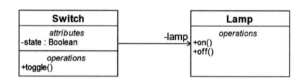

图 3-4　Switch 和 Lamp 的类图

这个设计有什么问题？

它的问题是，Switch 类直接包含了一个具体类 Lamp 的引用。换句话说，Switch 类知道那是一个具体的 Lamp 类。

也许你会争辩说："这就是 Switch 的用途，它必须能够开灯和关灯。"我会说："是的！如果这是 Switch 应该做的唯一事情，那么这个设计就足够了。但是，请你去卖开关的 DIY 店看看，他们知道灯的存在吗？"

你对这个设计的可测试性有什么看法？在单元测试中，Switch 类可以被单独测试吗？显然这是不可能的。当开关不仅需要控制灯，还需要控制风扇、电动卷帘时，该怎么办？

在上面的例子中，灯和开关是紧耦合的。

在软件开发过程中，应该追求模块间松耦合（也称为低耦合或弱耦合），这意味着所构建的系统中每个模块都应该很少使用或不使用其他独立模块的定义。

在面向对象的软件设计中，松耦合的关键是接口。接口声明类的公共行为，而不涉及该类的具体实现。接口就像合同，而实现接口的类负责履行契约，也就是说，这些实现接口的类必须为接口的方法签名提供具体的实现。

在 C++ 中，使用抽象类来定义接口，如代码清单 3-9 所示。

代码清单 3-9　Switchable 接口

```
class Switchable {
public:
  virtual void on() = 0;
  virtual void off() = 0;
};
```

这个 Switch 类不再包含 Lamp 类的引用，相反，它持有了新定义的接口类 Switchable 的引用（见代码清单 3-10）。

代码清单 3-10　改进后的 Switch 类中不含 Lamp 类了

```
class Switch {
private:
  Switchable& switchable;
  bool state {false};

public:
  Switch(Switchable& switchable) : switchable(switchable) {}

  void toggle() {
    if (state) {
      state = false;
      switchable.off();
    } else {
      state = true;
      switchable.on();
    }
  }
};
```

Lamp 类实现了新定义的 Switchable 接口，如代码清单 3-11 所示。

代码清单 3-11　Lamp 类实现了新定义的 Switchable 接口

```
class Lamp : public Switchable {
public:
  void on() override {
    // ...
  }
  void off() override {
    // ...
  }
};
```

用 UML 类图表示，新设计的类图看起来像图 3-5 所示的那样。

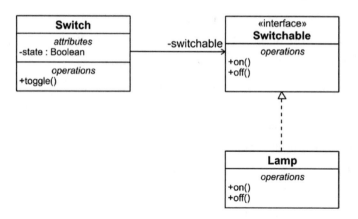

图 3-5　通过 Switchable 接口实现了 Switch 和 Lamp 之间的松耦合设计

这个设计的优点是显而易见的。Switch 已经能完全独立于由其控制的具体类。而且，Switch 可以通过实现 Switchable 接口的测试替身进行独立测试。如果想控制一台风扇，而不是一盏灯呢？这当然没有问题，这个设计是可扩展的。只需创建一个实现了 Switchable 接口的风扇类或者其他电子设备类就可以了，如图 3-6 所示。

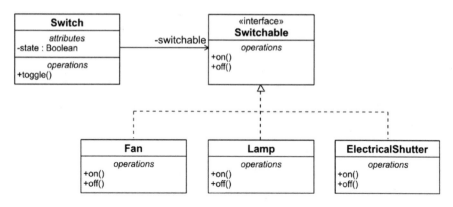

图 3-6　通过 Switchable 接口，Switch 能够控制不同种类的电子设备

松耦合可以为系统的各个独立模块提供高度的自治性，该原理适用于很多不同的层次：可以用在最小的模块上，当然，还可以用在大型组件的系统结构上。高内聚会促进松耦合，因为具有明确定义的责任的模块通常会依赖较少的其他模块。

3.8　小心优化原则

不成熟的优化是编程中所有问题（或者至少是大部分问题）的根源。

——Donald E. Knuth，美国计算机科学家 [Knuth74]

我发现，开发人员往往只有一个模糊的想法就开始进行程序的优化，他们并不确切地知道瓶颈究竟在哪里。他们经常调整个别指令，或尝试优化局部小循环结构以挤出最后一点性能。因为我也是这些开发人员中的一员，其实这很浪费时间。

一般，这些更改带来的性能提升是微不足道的，通常不会产生预期的性能提升，它最终只会浪费宝贵的时间。相反，优化后的代码的可理解性和可维护性往往会受到严重的影响。特别糟糕的是，有时通过这种优化措施反而会"巧妙"地引入缺陷（bug）。我的建议是：**只要没有明确的性能要求，就不要优化。**

代码的可理解性和可维护性应该是我们的第一目标，正如我在 4.3.3 节中所解释的那样，现代编译器已经非常擅长优化代码了，当你想优化某些代码时，想想 YAGNI 原则。

只有在不满足干系人明确要求的性能的情况下才能采取行动。但首先应该仔细分析影响性能的地方，不要仅凭直觉进行优化。例如，可以使用 Profiler 找出软件的瓶颈所在。使用这样的工具后，开发人员常常会惊讶于影响性能的点与最初自己想象的位置相差甚远。

 注意 Profiler 是一种动态程序分析工具。除其他常用指标外，它还测量函数调用的频率和持续时间，它收集的分析信息还可用于程序优化。

3.9　最少惊讶原则

最少惊讶原则（Principle Of Least Astonishment，POLA）也称为最少惊喜原则（Principle Of Least Surprise，POLS），它在用户界面设计和人体工程学中很知名。该原则指出，不应该让用户对用户界面的意外响应而感到惊讶，也不应该让用户对出现或消失的控件、混乱的错误消息、公认的按键序列的异常响应（记住，组合键 <Ctrl+C> 是在 Windows 操作系统中复制应用程序的标准快捷键，而不是退出程序的快捷键）或其他意外行为而感到困惑。

这个原则也可以很好地应用到软件开发的 API 设计中。调用函数时，不应该让调用者感知到异常行为或一些隐藏的副作用，函数应该完全按照函数名称所暗示的意义执行（见 4.3.4 节）。例如，在类的实例上调用 getter 时不应修改该对象的内部状态。

3.10　童子军原则

这个原则旨在规范你和你的行为，其内容是：**在离开露营地的时候，应让露营地比你来之前还要干净。**

童子军一般非常有原则，其中一个原则是，一旦发现环境中存在污染物或引起混乱的东西就立即清理。作为一名负责任的软件工程师，我们应该将这一原则应用于日常工作。

每当我们在一段代码中发现需要改进的或者有异味的代码时，应该做以下两件事之一。如果需要进行简单的更改（如重命名一个命名错误的变量），则应该立即更改。如果需要进行重大重构，如对于设计或架构问题，则应该在**问题跟踪器**中创建一个记录项。这与这段代码的原始作者是谁无关。

这种做法的好处是能不断防止自己的代码被破坏。如果都那样做，代码就不会变糟，软件熵增加的趋势也就没有机会占据系统的主导地位。改善代码并不一定要大刀阔斧地去做，也可能只需一次小小的清理。例如：

- 重命名那些命名不规范的类、变量、函数或方法（见 4.1 节和 4.3.4 节）。
- 将大型函数分解为更小的函数（见 4.3.2 节）。
- 让需要注释的代码不言自明，以避免注释（见 4.2.2 节）。
- 清理复杂而令人费解的 if-else 组合。
- 删除一小部分重复的代码（见 3.4 节）。

由于这些改进大多数都是代码重构，因此如第 2 章所述，由良好的单元测试组成的坚固的安全防护体系是必不可少的。没有单元测试，就无法确定是否破坏了某些东西。

除了良好的单元测试，团队中仍需要一种特殊文化：代码所有权集体化。

代码所有权集体化

这一原则最初是在极限编程（eXtreme Programming，XP）的背景下制定的，它涉及企业文化和团队文化。代码所有权集体化意味着我们应该作为一个社区来工作。每个团队成员在任何时候都可以对任何代码进行更改或扩展，而不应该有这样的态度："这是 Sheila 的代码，那是 Fred 的模块。我不会去碰它们！"其他人可以轻松地接管我们编写的代码，这应该被认为是有价值的。精心编制的单元测试（详见第 2 章）支持这一点，因为它允许人们安全地重构代码，消除了人们对更改代码的恐惧。在真正的团队中，任何成员都不应该害怕，或者必须获得许可才能清理代码或添加新功能。代码所有权集体化文化将使童子军原则可以很好地执行下去。

Chapter 4 | 第 4 章

C++ 代码整洁的基本规范

正如第 1 章所述，很多 C++ 代码都是不整洁的。在许多项目中，软件熵占了上风，即使你正在处理一个进行中的开发项目。例如，一个正在维护的软件，很大一部分代码库通常是非常老旧的。这些代码看起来像是在 20 世纪写的，这并不奇怪，因为大多数代码确实是在 20 世纪编写的。很多项目都有很长的生命周期，它们都起源于 20 世纪 90 年代甚至 80 年代。此外，为了在日常工作中快速完成任务，许多程序员会将代码片段从那些遗留项目中复制出来，然后再加以修改。

有些程序员只是将编程语言当作一种工具，他们认为没有理由去改进某些东西，因为他们写的只是简单拼凑起来的以某种方式运行的代码。程序员其实并不应该这样做，因为这种方法将很快导致软件熵的增加，并且项目将会以超乎你想象的速度变得一团糟。

本章将介绍 C++ 代码整洁的基本知识。这些都是通用知识，但是有些是编程语言所特有的。例如，良好的命名在所有编程语言中都是必不可少的。另外，const、智能指针及 move 语义等都是 C++ 特有的。

在讨论具体规范之前，我想指出一个一般性的建议，即尽可能地使用 C++ 的最新版本。

💿 提示　如果你还没有这样做，那么从现在开始使用现代 C++ 开发你的软件吧！跳过 C++11，马上从 C++14 或 C++17 开始，甚至从更新的 C++20 开始吧！

为什么要跳过 C++11？毫无疑问，C++11 非常热门，但它并不完美，甚至在某些方面还有缺陷。例如，C++11 缺乏泛型和可变的 Lambda，不支持完全自动的返回类型推导。因此，从 C++14 开始是合理的、明智的，它本质上是 C++11 的一个缺陷修复版本，开创了一个更高的标准。

现在，我们来一步一步地探索现代 C++ 代码整洁的关键元素。

4.1　良好的命名

程序首先是写给人们读的，其次才是给机器运行的。

　　　　　　　　　　　　　　——Hal Abelson and Gerald Jay Sussman，1984

　　代码清单 4-1 的源代码取自 Apache OpenOffice 3.4.1 版本，这是一个著名的开源办公软件套件。Apache OpenOffice 有很长的历史，可以追溯到 1984 年，它起源于 Oracle 的 OpenOffice.org（OOo），是早期 StarOffice 的开源版本。2011 年，Oracle 停止了 OpenOffice.org 的开发，解雇了所有的开发人员，并将代码和商标捐赠给了 Apache 软件基金会。因此，请宽容一些，并牢记 Apache 软件基金会继承了一个近 30 年的古老"野兽"及它庞大的技术债务。

代码清单 4-1　摘自 Apache OpenOffice 3.4.1 的源代码

```cpp
// Building the info struct for single elements
SbxInfo* ProcessWrapper::GetInfo( short nIdx )
{
    Methods* p = &pMethods[ nIdx ];
    // Wenn mal eine Hilfedatei zur Verfuegung steht:
    // SbxInfo* pResultInfo = new SbxInfo( Hilfedateiname, p->nHelpId );
    SbxInfo* pResultInfo = new SbxInfo;
    short nPar = p->nArgs & _ARGSMASK;
    for( short i = 0; i < nPar; i++ )
    {
        p++;
        String aMethodName( p->pName, RTL_TEXTENCODING_ASCII_US );
        sal_uInt16 nInfoFlags = ( p->nArgs >> 8 ) & 0x03;
        if( p->nArgs & _OPT )
            nInfoFlags |= SBX_OPTIONAL;
        pResultInfo->AddParam( aMethodName, p->eType, nInfoFlags );
    }
    return pResultInfo;
}
```

　　我问一个简单的问题：**这个函数的功能是什么？**

　　乍一看似乎很容易得出答案，因为代码片段很短（不足 20 行），而且缩进格式也很规范。但事实上，你不可能一眼就看出这个函数究竟实现了什么功能，其原因不仅仅是办公软件领域是我们所不熟悉的。

　　这个简短的代码片段有很多不好的地方（如存在注释掉的代码、德语注释以及 0x03 等魔法般的数字），但主要问题是其糟糕的命名。函数的名称 GetInfo() 非常抽象，最多能让我们对这个函数的实际功能有一个模糊的概念。而且命名空间的名称 ProcessWrapper 也不是很有帮助，也许它表示的意思是我们可以使用这个函数来提取正在运行的进程的信息。如果意思确实如此，那么 RetrieveProcessInformation() 岂不是一个更好的名称吗？第一行的注释（//Building the info struct...）表明创建了一个对象。

对函数的实现进行分析之后，你还会注意到这个函数名称其实具有误导性，因为 GetInfo() 不仅是你认为的简单的 getter，它还包含一些用 new 运算符创建的东西。换句话说，调用代码将接收在堆上分配的资源，并且必须处理它。如果为了强调这一事实，像 CreateProcessInformation() 或 BuildProcessInfoFromIndex() 这样的函数名不是更好吗？

接下来，我们来看函数的参数和返回值。SbxInfo 是什么？ nIdx 又是什么？也许参数 nIdx 用于保持数据结构中某个元素（即索引）的值，但这只是猜测。事实上，我们也不知道具体情况。

源代码更多的是给开发人员阅读的，而不是给编译器编译的。因此，源代码应该具有良好的可读性，良好的命名是提高代码可读性的关键因素。如果项目由多人团队开发，那么良好的命名至关重要，这样更便于团队成员快速理解其他成员编写的代码。如果你需要在几周或几个月后修改或阅读自己编写的代码，良好的模块名、类名、方法名和变量名可以帮助你回忆当初的意图。

> **注意** 源代码库中的任何实体，如文件、模块、命名空间、类、模板、函数、参数、变量、常量、类型别名等，都应该具有含义明确且富有表现力的名称。

在设计软件或编写代码时，我会花很多时间思考命名。我认为，花时间思考好名称是值得的，即使有时候并不容易，可能需要花 5 min 或者更长时间。我很少能马上给一件东西想出一个完美又合适的好名称，因此，我经常需要重命名。对具有良好的编辑器或具有重构功能的集成开发环境（Integrated Development Environment，IDE）来说，重命名很容易做到。

如果为变量、函数或类寻找合适的命名似乎很困难或几乎不可能，那么这可能表明代码在某些方面存在问题。也许存在设计问题，你应该找到并解决命名困难的根本原因。

以下是一些良好命名的建议。

4.1.1 名称应该不言自明

我时刻牢记代码应该不言自明。不言自明的代码指不需要注释就可以看明白其用途的代码（请参阅下面关于注释和如何避免注释的部分）。对于不言自明的代码，其命名空间、模块、类、变量、常量和函数需要不言自明，应具有自我注释的名称，如代码清单 4-2 所示。

> **提示** 建议使用简单但是能够自我描述和自我注释的名称。

代码清单 4-2　不好的命名示例

```
unsigned int num;
bool flag;
std::vector<Customer> list;
Product data;
```

有关变量命名习惯的讨论常常会演变成信仰之战，但人们普遍都认为，num、flag、list 和 data 之类的名称是非常不好的名称。什么是 data？可以说其实一切都是 data，这种命名完全没有语义。这就好像把货物和流动资产装进移动的箱子里，而不在箱子上面写明箱子中真正装的物品一样。例如，对于装"烹饪用具"的箱子，你却写"物品"一词，当箱子到达新房子时，这些信息就完全没用了。

代码清单 4-3 展示了如何更好地为代码清单 4-2 中的 4 个变量命名。

代码清单 4-3　良好的命名示例

```
unsigned int numberOfArticles;
bool isChanged;
std::vector<Customer> customers;
Product orderedProduct;
```

或许现在有人说名称越长越好，那么可以考虑代码清单 4-4 中的例子。

代码清单 4-4　非常详细的变量名示例

```
unsigned int totalNumberOfCustomerEntriesWithIncompleteAddressInformation;
```

毫无疑问，这是一个非常具有表现力的名称。即使不知道这段代码来自哪里，读者也可以很清楚地知道这个变量是做什么用的。然而，这样的命名也存在问题。例如，我们很难记住这么长的名称。如果不使用具有自动补全功能的 IDE，它们就很难输入。如果在表达式中使用如此冗长的名称，代码的可读性可能会受到影响，如代码清单 4-5 所示。

代码清单 4-5　过于冗长的名称导致的命名混乱

```
totalNumberOfCustomerEntriesWithIncompleteAddressInformation =
    amountOfCustomerEntriesWithIncompleteOrMissingZipCode +
    amountOfCustomerEntriesWithoutCityInformation +
    amountOfCustomerEntriesWithoutStreetInformation;
```

当我们试图使代码整洁时，冗长的名称是不合适或者说不可取的。如果使用变量的上下文很清晰，那么可以使用更短、描述性更弱的名称。例如，如果变量是类的成员（属性），则类的名称通常可以为类的成员（属性）提供足够的上下文信息，参见代码清单 4-6。

代码清单 4-6　类的名称为类的成员（属性）提供足够的上下文信息

```
class CustomerRepository {
```

```
private:
    unsigned int numberOfIncompleteEntries;
    // ...
};
```

你是在创建词汇表，而不是在编写程序。做一会儿诗人吧！从长远来看，简单、有力、容易记住的名称比那些冗长的名称要有效得多。那些冗长的名称能说明一切，但没有人愿意使用。

——Kent Beck，Smalltalk Best Practice Patterns，1995

4.1.2　使用领域中的名称

在此之前，也许你已经听说过某些软件设计方法，如面向对象分析和设计（Object-Oriented Analysis and Design，OOAD）或领域驱动设计（Domain-Driven Design，DDD）。OOAD 最早由 Peter Coad 和 Edward Yourdon 在 20 世纪 90 年代早期提出。它是最初的软件设计方法之一，在这种方法中，要开发的系统领域扮演着核心角色。10 多年后，Eric Evans 在其 2004 年出版的同名书籍 [Evans04] 中创造了"领域驱动设计"这个术语。与 OOAD 一样，DDD 是复杂的面向对象软件开发中的一种方法，主要关注核心领域和领域逻辑。

什么是领域？

系统和软件工程中的领域通常指的是核心领域，例如知识、影响或活动领域，被关注的系统将在其中被使用。汽车、医疗、保健、农业、航空航天、网上购物、音乐制作、铁路运输、能源经济等都是领域。

当被关注的系统仅在领域的子领域内操作时，这时的领域就称为子域。例如，医学领域的子域有重症监护医学和成像技术——如放射学或磁共振成像（Magnetic Resonance Imaging，MRI）技术。

简单地说，这两种方法（OOAD 和 DDD）都试图通过将业务领域的内容和概念映射到代码中，使软件成为现实系统的模型。例如，如果要开发的软件需要支持汽车租赁的业务流程，那么在该软件设计中应该存在汽车租赁的业务和概念（如出租的汽车、是否拼车、承租人信息、租赁期限、租赁证明、汽车使用报告、结算信息等）。如果软件是围绕航空航天工业的某个领域展开的，那么该领域的业务和概念应该反映在其中。

这类方法的优势很明显。首先，使用该领域的术语有助于开发人员和其他干系人进行沟通和交流。DDD 方法可以帮助软件开发团队在公司的业务和 IT 干系人之间创建一个通用模型，开发团队可以使用这个通用模型来沟通业务需求、数据实体模型和过程模型。

OOAD 和 DDD 的详细介绍不在本书的讨论范围。如果你感兴趣，建议参加以实践为导向的培训来学习这些方法。

然而，以应用程序领域中的元素和概念来命名组件、类和函数是一个好主意。这可以让我们比较自然地表达软件设计的思想。它将使代码更容易被参与解决问题的人（例如，负责测试的人员或业务专家）所理解。

以上述汽车租赁为例，负责为某个客户预订汽车的类如代码清单 4-7 所示。

代码清单 4-7　用于预订汽车的用例控制器类接口

```cpp
class ReserveCarUseCaseController {
public:
  Customer identifyCustomer(const UniqueIdentifier& customerId);
  CarList getListOfAvailableCars(const Station& atStation,
    const RentalPeriod& desiredRentalPeriod) const;
  ConfirmationOfReservation reserveCar(const UniqueIdentifier& carId,
    const RentalPeriod& rentalPeriod) const;

private:
  Customer& inquiringCustomer;
};
```

现在看一下所有类、方法、参数和返回类型使用的所有名称，它们代表了汽车租赁领域的典型术语。如果从头到尾阅读这些方法就会发现，这些是租车所需的独立步骤。虽然这是用 C++ 写的代码，但是，具有领域知识的非技术相关人员也有很大的可能理解这一段代码。

 注意　软件开发人员应该尽可能使用业务相关的语言，并在代码中使用特定于领域的术语。

4.1.3　选择适当抽象级别的名称

为了能够控制当今软件系统的复杂性，这些系统通常可以分层分解。软件系统的分层分解意味着问题的分解，任务将被分割成更小的子任务，直到开发人员有信心能够管理这些更小的子任务。第 6 章介绍软件系统的模块化时，将再次深入讨论这个主题。

通过这样的分解，我们可以创建不同抽象级别的软件模块：从大型组件或子系统开始，直到非常小的构建模块（如类）。更高抽象级别的模块完成的任务，应该通过下一个较低抽象级别的模块的交互来完成。

这种方法引入的抽象级别对命名也有影响。每当我们在层次结构中深入一层时，元素的名称就会变得更加具体。

想象一下网上商店。在顶层可能存在一个单一职责的大型组件，它的唯一功能是创建订单。该组件可以有一个简短的描述性名称，如 Billing。通常，这个组件由更小的组件或类组成。例如，其中一个较小的模块可以负责计算折扣，另一个模块可以负责创建订单的条目。因此，这些模块比较好的名称可能是 DiscountCalculator 和 LineItemFactory。如果更加深入地去分解层次结构，组件、类和函数或方法的名称将变得越来越具体，因此也会越来越长。深层次的类中一个功能很小的方法可能有一个又详细又长的名称，如 calculate-ReducedValueAddedTax()。

 注意 总是应该选择能反映模块、类或成员函数抽象级别的名称。同一函数中的所有指令都为同一个抽象级别。

4.1.4 避免冗余的名称

如果将类的名称作为它的成员变量名的一部分，即使这个类能够为其提供清晰的上下文信息，它也是多余的，如代码清单 4-8 所示。

代码清单 4-8 类的成员名称中不要出现类的名称

```cpp
#include <string>

class Movie {
private:
  std::string movieTitle;
  // ...
};
```

虽然这只是略微违背了 DRY 原则，但也千万不要这样做！相反，如果将其命名为 title，成员变量又位于 Movie 类的命名空间中，这并不会产生任何歧义，它就是指电影的名称！

名称冗余的另一个示例见代码清单 4-9。

代码清单 4-9 不要在成员名称中包含成员自己的类型

```cpp
#include <string>

class Movie {
  // ...
private:
  std::string stringTitle;
};
```

电影的名称显然是一个字符串而不是整数！不要在名称中包含变量或常量的类型。4.1.6 节中将再次讨论这个话题。

4.1.5 避免晦涩难懂的缩写

在为变量或常量取名的时候，请使用完整的单词而不是晦涩难懂的缩写。这条规则只在极少数情况下才会有例外，而且只有在某个领域的缩写——例如金融领域的 IBAN（International Bank Account Number，国际银行账号）——比较常见的情况下才会有例外。

原因很明显：那些晦涩难懂的缩写会显著降低代码的可读性。此外，当开发人员谈论他们的代码时，变量名称应该很容易发音。

还记得代码清单 4-1 中 OpenOffice 代码片段第 8 行中名为 nPar 的变量吗？其含义很不清楚，而且本身也没有很好的发音。

一些好的和不好的命名示例如代码清单 4-10 所示。

代码清单 4-10　一些好的和不好的命名示例

```
std::size_t idx;           // Bad!
std::size_t index;         // Good; might be sufficient in some cases
std::size_t customerIndex; // To be preferred, especially in situations where
                           // several objects are indexed

Car rcar;           // Bad!
Car rentedCar;      // Good

Polygon ply1;           // Bad!
Polygon firstPolygon;   // Good

unsigned int nBottles;        // Bad!
unsigned int bottleAmount;    // Better
unsigned int bottlesPerHour;  // Ah, the variable holds a work value,
                              // and not an absolute number. Excellent!

const double GOE = 9.80665;            // Bad!
const double gravityOfEarth = 9.80665; // More expressive, but misleading.
                                    The constant is
// not a gravitation, which would be a force in physics.
const double gravitationalAccelerationOnEarth = 9.80665; // Good.
constexpr Acceleration gravitationalAccelerationOnEarth = 9.80665_ms2;
// Wow!
```

看到最后一行，我只能感叹一句"Wow！"。因为这看起来非常方便，它是科学家一看就很熟悉的变量标识，几乎就像在学校教物理课一样，并且这在 C++ 中确实是可以实现的，正如 5.5 节介绍的那样。

4.1.6　避免匈牙利命名法和命名前缀

你知道 Charles Simonyi 吗？他是匈牙利裔美国人，是一名计算机软件专家，曾在 20 世纪 80 年代担任微软首席架构师。你也许在其他领域听过他的名字，他还是一名太空游客，他曾两次前往太空，其中一次是前往国际空间站（International Space Station，ISS）。

此外，他还创建了计算机软件开发中的一种命名规则，即匈牙利命名法。该命名法已经被微软及其他软件开发商广泛使用。

在使用匈牙利命名法时，变量的类型（有时也包括范围）被用作该变量名的命名前缀，匈牙利命名法的示例如代码清单 4-11 所示。

代码清单 4-11　匈牙利命名法的示例和解释

```
bool fEnabled;        // f = a boolean flag
int nCounter;         // n = number type (int, short, unsigned, ...)
char* pszName;        // psz = a pointer to a zero-terminated string
std::string strName;  // str = a C++ stdlib string
int m_nCounter;       // The prefix 'm_' marks that it is a member variable,
                      // i.e. it has class scope.
char* g_pszNotice;    // That's a global(!) variable. Believe me, I've seen
                      // such a thing.
int dRange;           // d = double-precision floating point. In this case
                         it's
                      // a stone-cold lie!
```

> 注意　不要使用任何把类型信息加入变量名称的命名法，如匈牙利命名法或其他命名法。

匈牙利命名法在像 C 语言这样的编程语言中可能有用，即当开发人员使用简单的编辑器编程时，它可能很有用。但对于具有智能提示（IntelliSense）这类功能的 IDE 来说，这种命名方式没有任何作用，反而会带来危害。

如今，功能丰富的现代化开发工具能很好地满足开发人员的需求，并且可以显示变量的类型和作用域，我们没有必要再在变量的名称中加入类型信息了。远离匈牙利命名法，因为这样的前缀可能会影响代码的可读性。

在最坏的情况下，有可能产生的问题是，如果我们在开发过程中改变了变量的类型，但是变量名的前缀并没有做出相应的调整，即前缀往往带有欺骗性，正如在前面示例的最后一个变量中看到的那样，这种情况真的非常糟糕！

另一个问题是，在支持多态的面向对象语言中，前缀不能轻易指定，前缀甚至可能令人费解。对于一个既可以是整型，也可以是双精度的多态变量，哪种匈牙利命名法前缀更适合呢？idX 还是 diX？我们如何为实例化的 C++ 模板确定合适且明确无误的前缀呢？

顺便提一下，就连微软的通用命名约定也强调你不应该再使用匈牙利命名法了。

如果你想标记类的成员变量，建议使用附加的下划线，不要使用经常使用的 m_...，如下例所示。

```
#include <string>

class Person {
  //...
```

```
private:
  std::string name_;
};
```

4.1.7　避免相同的名称用于不同的用途

一旦你为任何类型的软件实体（如类或组件）、函数或变量定义了有意义且富有表现力的名称，那么你就应该保证它的名称永远不能用于其他任何用途。

我认为这点是很明显的。因为，相同的名称用于不同的用途可能会令人感到困惑，也可能会误导读者。千万不要那样做！关于这个话题，我在本节中要说的就这些。

4.2　注释

如果代码和注释不一致，那么很有可能代码和注释都是错误的。

　　　　　　——Norm Schryer，计算机科学家，AT&T Labs Research 部门经理

还记得你刚开始作为一名专业软件开发人员的场景吗？你是否还记得当时公司使用的编码标准吗？也许你还很年轻，从业时间不长，但有经验的人会向你证明大多数标准都包含一条规则，即专业的代码必须有适当的注释。对该规则的一个合理推测就是，它能让任何其他开发人员或新团队成员都可以轻松理解代码的意图。

乍一看，这条规则似乎很好。因此，许多公司都会对代码进行注释。在一些项目中，代码行和注释行几乎各占一半。

然而不幸的是，这并不是一个好主意。相反：**这条规则绝对是个坏主意**！

在一些方面它是完全错误的，因为在大多数情况下，注释就是代码异味（code smell）。当需要解释和澄清代码功能时，注释是必要的，但这通常意味着开发人员无法编写出简单且能够不言自明的代码。

请不要误解，注释还是有一些合理的用例的。在某些情况下，注释可能会很有帮助。在本节的最后，我将介绍其中一些相当罕见的用例。但对于任何其他情况，有一条规则应该都适用，这也是 4.2.1 节要介绍的：让写代码像讲故事一样！

4.2.1　让写代码像讲故事一样

想象一下，在电影院看电影时，如果观众只能通过影片下方的字幕才能理解某个场景，那么这部电影肯定不会成功。相反，影评人会给出严格的评价，没有人愿意看如此糟糕的电影。好的电影之所以成功，是因为它们只通过画面和演员的对话就能讲述一个扣人心弦

的故事。

"讲故事"基本上在很多领域都是一个成功的概念，不仅是在电影制作领域。当你考虑开发一个优秀的软件产品时，你应该把它看作向全世界讲述一个伟大而迷人的故事。像 Scrum 这样的敏捷项目管理框架，使用"用户故事"的东西作为从用户角度获取需求的方式，这一点也不奇怪。正如 4.1.2 节中所解释的那样，你应该用干系人的语言与他们进行交谈。

 代码应该讲述一个故事，并且是不言自明的，必须尽可能地避免注释。

注释不是字幕，如果你觉得必须在代码中写些注释，那是因为你想要解释一些东西，我们应该考虑如何更好地编写代码，让它能够不言自明，尽量不用注释。像 C++ 这样的现代编程语言已经具备了编写清晰而富有表现力的代码所必需的一切条件，优秀的程序员可以利用这种表达能力来讲述故事。

任何人都可以写出计算机能理解的代码，但好的程序员能写出他人能够理解的代码。

——Martin Fowler，1999

4.2.2　不要为易懂的代码写注释

我们来看一段简短但典型的源代码，里面充满了注释，如代码清单 4-12 所示。

代码清单 4-12　这些注释有用吗

```
customerIndex++;                                              // Increment index
Customer* customer = getCustomerByIndex(customerIndex);      // Retrieve the customer
                                                             //    at the given index
CustomerAccount* account = customer->getAccount();           // Retrieve the
                                                             //    customer's account
account->setLoyaltyDiscountInPercent(discount);              // Grant a 10% discount
```

请不要侮辱代码阅读者的智商！很明显，这些注释完全是无用的。代码本身在很大程度上是不言自明的。它们不仅不会添加新的相关信息，而且更糟糕的是，这些无用的注释是对代码的一种重复，它们违反了 DRY 原则。

也许你已经注意到了另一个细节，看看最后一行。注释的字面意思是"10% 的折扣"，但代码传递了一个名为 discount 的变量或常量，它被传递给了函数或方法 setLoyaltyDiscountInPercent()。这里发生了什么呢？还记得本节开始的 Norm Schryer 的那句话吗？一个合理的猜测就是，这个注释已经与源代码不相符了，因为代码被修改了，但是注释却没有修改。这真的很糟糕，也很具有误导性！

这些注释没有任何质量保证措施，我们无法为注释编写单元测试。因此，在没有人注意到的情况下，它们可能会很快变得具有误导性，甚至变成完全错误的。

4.2.3　不要通过注释禁用代码

有时候注释被用来阻止编译器编译代码。一些开发人员经常认为这种做法很方便的原因是，人们可以在以后再次使用这段代码。他们认为："也许有一天……我们还会再次需要它。"接下来可能会出现的情况是，你经常会发现一段时间久远且晦涩难懂的、被注释掉且被遗忘已久的代码，如代码清单 4-13 所示。

代码清单 4-13　注释掉代码的示例

```cpp
// This function is no longer used (John Doe, 2013-10-25):
/*
double calcDisplacement(double t) {
  const double goe = 9.81;              // gravity of earth
  double d = 0.5 * goe * pow(t, 2);     // calculation of distance
  return d;
}
*/
```

注释掉代码的一个主要问题是，它增加了代码的混乱度，却没有带来实际意义上的好处。想象一下，假设代码清单 4-13 示例中那种注释掉函数的地方不止一处，那么代码很快就会变得一团糟。注释掉的代码会增加很多阻碍可读性的因素。此外，注释掉的代码片段没有质量保证，也就是说，它们不会被编译器编译，也不会被测试和维护。

> **注意**　除为了快速进行测试外，不要通过注释来禁用代码，同时还要有一个版本控制系统！

如果某段代码不再使用，只需要删除即可。如果需要的话，可以通过"时间机器"（即版本控制系统）来找回它。然而，这种情况通常是非常少见的。看看开发人员在代码清单 4-13 中添加的时间戳，这段代码已经很久远了，它再次被需要的可能性有多大呢？

当在开发过程中进行快速测试（如搜索缺陷的原因）时，暂时注释掉部分代码是有帮助的，但是必须确保这些修改过的代码不会被记录到版本控制系统中，不会意外流入生产环境。

4.2.4　不要写块注释

在许多项目中都可以找到类似代码清单 4-14 的这种注释。

代码清单 4-14　块注释示例

```
#ifndef _STUFF_H_
#define _STUFF_H_

// ------------------------------------
// stuff.h: the interface of class Stuff
// John Doe, created: 2007-09-21
// ------------------------------------

class Stuff {
public:
  // ----------------
  // Public interface
  // ----------------
  // ...

protected:
  // -------------
  // Overrideables
  // -------------

  // ...

private:
  // -----------------------
  // Private member functions
  // -----------------------

  // ...

  // -----------------
  // Private attributes
  // -----------------

  // ...
};

#endif
```

　　这些类型的注释（不包括用来隐藏不相关部分的注释）称为"块注释"或"横幅"。它们通常用于在源代码文件的顶部添加有关内容的摘要，或者用于标记代码中的特殊位置。例如，它们引入了一个代码段，其中会给出类的所有私有成员函数。

　　这些类型的注释大多数会制造混乱，应该立即删除！

　　这样的注释能带来好处的情况是很少的。在极少数情况下，我们可以在此类注释下放置一组特殊的函数，但是不应该使用由连字符（-）、斜杠（/）、数字符号（#）或星号（*）组成的杂乱字符串来封装它们。像代码清单 4-15 就有充足的理由引入这种注释。

代码清单 4-15　注释有时很有用：介绍一类函数的注释

```
private:
  // Event handlers:
  void onUndoButtonClick();
  void onRedoButtonClick();
  void onCopyButtonClick();
  // ...
```

#pragma region/#pragma endregion

#pragma 指令提供了一种方法来指定特定于编译器、机器和操作系统的功能，同时保持与 C++ 语言的总体兼容性。例如，许多 C++ 编译器支持 #pragma once 指令，它确保头文件只被包含一次，从而提供了基于宏的包含保护功能的替代方法。

使用 #pragma region 指令及其相应的 #pragma endregion 指令，开发人员可以指定一个代码块，当 IDE 有折叠编辑器支持它时，该代码块可以被展开或折叠，代码清单 4-15 变成：

```
#pragma region EventHandler
void onUndoButtonClick();
void onRedoButtonClick();
void onCopyButtonClick();
#pragma endregion
```

在一些项目中，编码标准规定任何源代码文件的顶部必须包含版权和许可证文本的大块注释，它们看起来像代码清单 4-16 这样。

代码清单 4-16　Apache OpenOffice 3.4.1 源代码文件中的许可证文本注释

```
/**********************************************************
 *
 * Licensed to the Apache Software Foundation (ASF) under one
 * or more contributor license agreements.  See the NOTICE file
 * distributed with this work for additional information
 * regarding copyright ownership.  The ASF licenses this file
 * to you under the Apache License, Version 2.0 (the
 * "License"); you may not use this file except in compliance
 * with the License.  You may obtain a copy of the License at
 *
 * http://www.apache.org/licenses/LICENSE-2.0
 *
 * Unless required by applicable law or agreed to in writing,
 * software distributed under the License is distributed on an
 * "AS IS" BASIS, WITHOUT WARRANTIES OR CONDITIONS OF ANY
 * KIND, either express or implied.  See the License for the
 * specific language governing permissions and limitations
```

```
* under the License.
*
**************************************************************/
```

首先，我想说一些关于版权的基本内容，你不需要添加关于版权的注释，或进行任何其他操作，就可以拥有作品的版权。根据《伯尔尼保护文学和艺术作品公约》[Wipo1886]（简称《伯尔尼公约》），这些注释没有法律意义。

不过有段时期需要这样的注释。在 1989 年美国签署《伯尔尼公约》之前，如果你想在美国强制执行自己的版权，则必须提供此类版权声明。但这已经成为过去，现在已经不需要这种注释了。

我的建议是直接省略它们，它们只是冗余而无用的包袱。但是，如果你想要（甚至需要）在项目中提供版权和许可信息，那么最好将它们写在单独的文件（例如 license.txt 和 copyright.txt）中。如果软件许可证要求在所有情况下都必须将许可证信息包含在每个源代码文件的头部区域，那么如果 IDE 具有折叠编辑器，则可以隐藏这些注释。

不要使用注释代替版本控制

有时会把横幅注释用于版本管理的更改日志，如代码清单 4-17 所示。

代码清单 4-17　管理源代码文件中的更改记录

```
// ####################################################################
// Change log:
// 2016-06-14 (John Smith) Change method rebuildProductList to fix bug #275
// 2015-11-07 (Bob Jones) Extracted four methods to new class ProductListSorter
// 2015-09-23 (Ninja Dev) Fixed the most stupid bug ever in a very smart way
// ####################################################################
```

请不要这样做！版本控制系统的一个主要任务是跟踪项目中每个文件的更改记录。例如，如果你正在使用 Git，则可以使用 git log--[filename] 来获取文件变更的历史记录。编写上面注释的程序员很可能是那些总在提交中留空 Check-In Comments 注释信息的人[⊖]。

4.2.5　特殊情况的注释是有用的

当然，并非所有的注释都是无用的、错误的或糟糕的。在某些情况下，注释是非常重要的，甚至是必不可少的。

在一些非常特殊的情况下，可能会发生这样的情况：即使已为所有的变量和函数取了完美的名称，代码的某些部分也需要进一步解释以帮助读者理解。例如，如果一段代码的某一部分具有高度内在复杂性，以致没有深厚专业知识的人不容易理解，那么注释就是合

⊖　可以通过配置版本管理工具来限制提交信息为空的提交。——译者注

理的。又如，使用复杂数学算法或公式的软件，或者处理非日常（商业）领域（即对每个人来说都不易理解的应用领域，如实验物理学、自然现象的复杂模拟或复杂的加密方法等领域）的软件系统，都可能会出现这种情况。在这种情况下，一些精心编写的解释类型的注释是非常有价值的。

当你故意要违背一个好的设计原则时，也可以编写注释。例如，DRY 原则（详见第 3 章）在大多数情况下是有效的。然而，在一些非常少见的情况（例如，为了满足性能的质量要求）下，你必须故意复制一段代码。这时就需要通过注释来解释违反原则的原因，否则你的队友可能无法理解你为什么那么做。

注释的挑战在于：很难写出良好的且有意义的注释。这可能比编写代码更困难，正如不是开发团队的每个成员都擅长设计用户界面一样，也不是每个人都擅长编写注释，有技术地编写注释通常是专家才具备的技能。

因此，基于上述原因，这里有一些针对添加不可避免的注释的建议：

❑ **确保注释增加了代码的价值**。在这种情况下，"价值"意味着写的注释为其他人（通常指其他开发人员）提供了代码本身之外的重要信息。

❑ **总是解释为什么这样做，而不是解释怎么样去做**。一段代码的工作原理应该从代码本身就能很清楚地看出来，有意义的变量和函数名称是实现这一目标的关键。我们只使用注释来解释某段代码存在的原因，例如，解释为什么选择了特定算法或方法。

❑ **尽量做到言简意赅**。编写简短而简洁的注释，最好是一行注释，避免长篇大论。始终记住，你还需要维护注释。实际上，维护一段简短的注释要比维护冗长的注释容易得多。

> 🎯 **提示** 在使用带有语法着色功能的集成开发环境中，注释的文本颜色通常预先配置为淡绿色或蓝绿色，建议把这个颜色换成醒目的红色！源代码中的注释应该具有特殊性，它应该引起开发人员的注意。

从源代码生成文档

还有一种特殊形式的注释，即可以由文档生成器提取的注释。这类工具有 Doxygen（https://doxygen.org），它已经被广泛用在 C++ 中了，并在 GNU 通用公共许可证（General Public License，GPLv2）下发布。这种工具可以解析带注释的 C++ 源代码，并可以创建可读且可打印的文档（如 PDF）或一组可通过浏览器查看的交叉引用且可导航的 Web 文档（HTML）。结合可视化工具，Doxygen 甚至可以生成类图，包括依赖关系图和调用图。因此，Doxygen 也可以用于静态代码分析。

为了让这样的工具生成有意义的文档，源代码必须使用特定的格式进行注释。代码清单 4-18 展示了一个带有 Doxygen 风格的不太好的注释示例。

代码清单 4-18　带有 Doxygen 风格注释的类

```cpp
//! Objects of this class represent a customer account in our system.
class CustomerAccount {
  // ...

  //! Grant a loyalty discount.
  //! @param discount is the discount value in percent.
  void grantLoyaltyDiscount(unsigned short discount);

  // ...
};
```

类 CustomerAccount 的对象表示客户账户？真的吗？grantLoyaltyDiscount 会给客户的忠诚度打折扣吗？

但说真的，对我来说，两个注释都不对。

一方面，注释可能非常有用，特别是 C++ 模块、库或框架的公共接口（API）上的注释，根据它们可以生成文档。对于软件的客户端未知的情况（典型的情况是公共可用的库和框架），如果想在项目中使用该软件，这样的文档可能非常有用。

另一方面，此类注释会给代码添加大量的干扰。代码与注释行的比率可以很快达到 50∶50。从代码清单 4-18 可以看到，这些注释也倾向于解释一些显而易见的事情（谨记 4.2.2 节的警告）。最后，曾经最好的文档，即 "可执行文档" 是一组精心制作的单元测试（详见 2.3 节和第 8 章），它可以准确地显示库中的 API 是如何被使用的。

不管怎样，我对这个话题没有定论。如果你想或者不得不用 Doxygen 风格的注释来注释软件组件的公共 API，那么就这么做吧！如果做得好，并且定期维护这些注释，它将非常有帮助。强烈建议大家只关注自己的公共 API！对于软件的其他所有部分，例如内部使用的模块或私有功能，建议不要为它们配备 Doxygen 风格的注释。

如果使用应用程序领域的术语和注释，那么上述示例可以被有效改进，如代码清单 4-19 所示。

代码清单 4-19　从业务视角注释的类

```cpp
//! Each customer must have an account, so bookings can be made. The account
//! is also necessary for the creation of monthly invoices.
//! @ingroup entities
//! @ingroup accounting
class CustomerAccount {
  // ...

  //! Regular customers can get a discount on their purchases.
  void grantDiscount(const PercentageValue& discount);

  // ...
};
```

也许你已经注意到，我没有用 Doxygen 的 @param 标签注释方法的参数。相反，我将其类型从无意义的 unsigned short 更改为自定义类型 PercentageValue 的 const 引用。因此，参数可以自我解释。为什么这是一种比任何注释更好的方法，你可以在 5.5 节中找到答案。

下面是源代码中使用 Doxygen 风格注释的一些技巧：

❑ 不要使用 Doxygen 的 @file[<name>] 标签将文件名写入文件的某个地方。一方面，这是没用的，因为 Doxygen 会自动读取文件的名称。另一方面，它违反了 DRY 原则（详见第 3 章），它是冗余信息，如果必须重命名文件，则还必须记得重命名 @file 标签。

❑ 不要手动编辑 @version、@author 和 @date 标签，因为版本控制系统可以更好地管理和跟踪这些信息。如果这些管理信息必须出现在源代码文件中，那么这些标签应该由版本控制系统自动填充。在其他情况下，完全不需要它们。

❑ 不要使用 @bug 或 @todo 标签。要么立即修复这些缺陷，要么使用问题跟踪软件来提交缺陷，以便日后进行故障排除。

❑ 强烈建议使用 @mainpage 标签来提供描述性的项目主页（最好是在单独的头文件中），因为这样的主页可以作为新手的入门指南和帮助向导，非常适合当前不熟悉项目的开发人员。

❑ 类或库的接口不仅由方法签名及其参数和返回值组成，还包含更多用户不可见的东西，如前置条件、后置条件、异常和常量等。特别是当库以二进制格式交付，而用户只有头文件时，应该记录接口的此类属性。为此，Doxygen 提供了以下标签：

 ○ @pre 表示实体的前置条件。

 ○ @throws 用来记录实体可以抛出的异常对象及异常的原因。

 ○ @post 表示实体的后置条件。

 ○ @invariant 用于描述在实体的整个生命周期中保持稳定的常量属性。

❑ 我不会使用 @example 标签来提供包含 API 用法的源代码清单的注释块。如前所述，这样的注释会给代码添加很多干扰。相反，我将提供一套精心制作的单元测试（详见第 2 章和第 8 章），因为这些是使用可执行示例的最佳示例！此外，单元测试总是正确的和最新的，因为它们必须在 API 更改时进行调整（否则测试将失败）。另外，带有用法示例的注释可能在没人注意的情况下出错。

❑ 一旦项目发展到特定的规模，建议在 Doxygen 的分组机制（标签 @defgroup、@addtogroup 和 @ingroup）的帮助下，将特定类别的软件单元集合在一起。例如，当你想要表达某些软件单元属于更高抽象级别（如组件或子系统）的内聚模块这一事实时，这是非常有用的。这个机制还允许某些类别的类——例如所有实体、所有适配器（见 9.2.2 节）或所有对象工厂（见 9.1 节）组合在一起。前面的代码清单的 CustomerAccount 类在实体组（包含所有业务对象的组）中，但它也是账务组件的一部分。

4.3 函数

函数（方法、过程、服务、操作）是软件系统的核心，它们是代码行之上的第一个组织单元。编写良好的函数大大提高了程序的可读性和可维护性。出于这个原因，它们应该以谨慎的方式精心设计。本节给出了编写优秀函数的几个建议。

但是，在解释这些重要的建议之前，我们先展示一个取自 Apache 的 OpenOffice 3.4.1 的不好的例子，如代码清单 4-20 所示。

代码清单 4-20　另一段摘自 Apache 的 OpenOffice 3.4.1 的源代码

```
1780  sal_Bool BasicFrame::QueryFileName(String& rName, FileType nFileType,
      sal_Bool bSave )
1781  {
1782      NewFileDialog aDlg( this, bSave ? WinBits( WB_SAVEAS ) :
1783                          WinBits( WB_OPEN ) );
1784      aDlg.SetText( String( SttResId( bSave ? IDS_SAVEDLG : IDS_LOADDLG
          ) ) );
1785
1786      if ( nFileType & FT_RESULT_FILE )
1787      {
1788        aDlg.SetDefaultExt( String( SttResId( IDS_RESFILE ) ) );
1789        aDlg.AddFilter( String( SttResId( IDS_RESFILTER ) ),
1790            String( SttResId( IDS_RESFILE ) ) );
1791        aDlg.AddFilter( String( SttResId( IDS_TXTFILTER ) ),
1792            String( SttResId( IDS_TXTFILE ) ) );
1793        aDlg.SetCurFilter( SttResId( IDS_RESFILTER ) );
1794      }
1795
1796      if ( nFileType & FT_BASIC_SOURCE )
1797      {
1798          aDlg.SetDefaultExt( String( SttResId( IDS_NONAMEFILE ) ) );
1799          aDlg.AddFilter( String( SttResId( IDS_BASFILTER ) ),
1800              String( SttResId( IDS_NONAMEFILE ) ) );
1801          aDlg.AddFilter( String( SttResId( IDS_INCFILTER ) ),
1802              String( SttResId( IDS_INCFILE ) ) );
1803          aDlg.SetCurFilter( SttResId( IDS_BASFILTER ) );
1804      }
1805
1806      if ( nFileType & FT_BASIC_LIBRARY )
1807      {
1808          aDlg.SetDefaultExt( String( SttResId( IDS_LIBFILE f) ) );
1809          aDlg.AddFilter( String( SttResId( IDS_LIBFILTER ) ),
1810              String( SttResId( IDS_LIBFILE ) ) );
1811          aDlg.SetCurFilter( SttResId( IDS_LIBFILTER ) );
1812      }
```

```
1813
1814        Config aConf(Config::GetConfigName( Config::GetDefDirectory(),
1815            CUniString("testtool") ));
1816        aConf.SetGroup( "Misc" );
1817        ByteString aCurrentProfile = aConf.ReadKey( "CurrentProfile",
            "Path" );
1818        aConf.SetGroup( aCurrentProfile );
1819        ByteString aFilter( aConf.ReadKey( "LastFilterName") );
1820        if ( aFilter.Len() )
1821            aDlg.SetCurFilter( String( aFilter, RTL_TEXTENCODING_UTF8 ) );
1822        else
1823            aDlg.SetCurFilter( String( SttResId( IDS_BASFILTER ) ) );
1824
1825        aDlg.FilterSelect(); // Selects the last used path
1826 //     if ( bSave )
1827        if ( rName.Len() > 0 )
1828            aDlg.SetPath( rName );
1829
1830        if( aDlg.Execute() )
1831        {
1832            rName = aDlg.GetPath();
1833 /*         rExtension = aDlg.GetCurrentFilter();
1834            var i:integer;
1835            for ( i = 0 ; i < aDlg.GetFilterCount() ; i++ )
1836                if ( rExtension == aDlg.GetFilterName( i ) )
1837                    rExtension = aDlg.GetFilterType( i );
1838 */
1839            return sal_True;
1840        } else return sal_False;
1841    }
```

问题：当你第一次看到名为 QueryFileName() 的成员函数时，你希望看到什么？

你是否期望打开一个文件选择对话框（记住最少惊讶原则）？可能不会，但这正是我们要做的。用户显然被要求与应用程序进行交互，所以这个成员函数的更好的名称应该是 AskUserForFilename()。

但这还不够，如果仔细查看第一行代码，你将看到一个布尔参数 bSave，它用于区分打开文件的对话框和保存文件的对话框。你预料到了吗？函数名中的 Query 与这个事实的匹配程度如何呢？因此，这个成员函数比较好的名称可能是 AskUserForFilenameToOpenOrSave()。在查看这个更具表现力的方法名时，你应该立即意识到这个方法至少做了两件事，违反了单一职责原则（将在第 6 章详细讨论）。

接下来的代码行处理函数的参数 nFileType。显然，需要区分三种不同的文件类型。nFileType 参数可取 FT_RESULT_FILE、FT_BASIC_SOURCE 和 FT_BASIC_LIBRARY。根据这个按位 AND 操作的结果，文件对话框的配置可不同，如可设置过滤器。因为布尔参数 bSave 之前已经被处理过，所以三个 if 语句引入了不同的路径，这增加了函数的圈复杂度。

圈复杂度

软件指标圈复杂度是由美国数学家 Thomas J.7 McCabe 在 1976 年提出的。

这个指标直接计算一段源代码（如一个函数）的线性独立路径的数量。如果函数不包含 if 或 switch 语句，也不包含 for 或 while 循环，则只有一条路径通过该函数，其圈复杂度为 1。如果函数包含一条表示单个决策点的 if 语句，则有两条路径通过函数，其圈复杂度为 2。

如果圈复杂度较高，则受影响的代码段通常更难以理解、测试和修改，因而更容易出现错误。

这三个 if 语句衍生出了另一个问题：这个函数进行这种配置是否适合？当然不合适！它不应该出现在这里。

接下来的代码行（从 1814 行开始）可以访问其他配置数据，但并不能准确确定是哪些，这看起来好像前面使用的文件过滤器（LastFilterName）是从包含配置数据（配置文件或 Windows 注册表）的源加载的。令人困惑的是，在前面三个 if 子句中设置的过滤器（aDlg. SetCurFilter(...)）在此处将始终被覆盖掉（参见第 1820—1823 行）。那么，之前在三个 if 块中设置这个过滤器有什么意义呢？

函数调用结束之前，引用参数 rName 开始起作用。请问这算什么名字？它可能是文件名。但为避免产生误解，为什么不把它命名为 filename 呢？为什么文件名不是这个函数的返回值呢？（应该避免使用输出参数的原因将在本章后面讨论。）

似乎这还不够糟糕，该函数还包含注释掉的代码。

这个函数大约只有 50 行，但是它有很多糟糕的代码异味。该函数比较长，圈复杂度较高，混合了不同的信息，有很多参数，并且包含死亡代码（Dead Code）。函数名称 QueryFileName() 不明确，可能会产生误导。要查询什么？数据库吗？采用 AskUser ForFilename() 可能会更好，因为它强调与用户的交互。此外，函数的大多数代码很难阅读且难以理解，如 nFileType&FT_BASIC_LIBRARY 是什么意思呢？

但关键的一点是，这个函数要执行的任务（文件名选择）需要一个自己的类，因为类 BasicFrame（它是应用程序 UI 的一部分）绝对不负责这些事情。

接下来，我们来看软件设计者在设计优秀的软件时应该考虑的一些因素吧！

4.3.1 只做一件事情

一个方法或函数必须有一个定义明确的任务或功能，它应该用其函数签名来表示。换句话说，一个函数应该只做一件合乎逻辑的事情。

现在你可能会问："我怎么知道函数在什么时候做了太多的事情呢？"以下是一些可能的标志：

- ❑ 函数太长，也就是说，它包含了太多的代码行（见 4.3.2 节）。
- ❑ 当你试图为这个函数找到有意义的、表现力强的名称以准确描述该函数的功能时，函数名称中不可避免地会用到连词，例如"和""或"（见 4.3.4 节）。
- ❑ 函数体使用空行垂直分割成代表后续步骤的几个片段，通常这些片段的开头使用注释说明这些代码片段的功能。换句话说，开发人员已经认为该方法将包含多个步骤，不会为这些步骤引入子方法。
- ❑ 圈复杂度高。这意味着它具有深度嵌套的控制结构。该函数包含许多 if-else 或 switch-case 语句。
- ❑ 函数的参数比较多（见 4.3.5 节），特别是有一个或多个布尔类型的标志参数。

第一个要点中提到，函数包含太多代码行，这将直接引导我们进入下一节。

4.3.2　让函数尽可能小

关于函数的一个核心问题是：一个函数最多应该有多少行代码？（以下章节提到的函数，也指方法。）

有许多关于函数长度的经验法则和启发式方法。例如，有人说函数应该在一个屏幕上显示完。乍一看，这似乎不是什么坏规则。如果函数能够完整地显示在整个屏幕上，那么开发者就不需要切换页面就可以阅读完整个函数的代码。此外，屏幕的高度是否应该决定函数的最大长度呢？屏幕高度并不都是一样的，所以我个人认为这不是一个好的规则。

注意　函数或方法应该尽可能小，理想情况下有 4～5 行，最多 15 行，不能更多了。

不要惊慌！我已经听到许多开发者在强烈抗议："有很多微小的函数？你是认真的吗？"是的，我是认真的！

大型函数通常具有很高的复杂度。开发人员通常无法一眼看出这样的函数是做什么用的。函数太大通常意味着它承担着很多职责（见 4.3.1 节），不只做一件事。函数越大，理解和维护起来就越困难。这类函数通常包含许多嵌套的判断语句（if、else 或 switch）和循环语句，其圈复杂度较高。

当然，就像任何规则一样，总会有少数例外。例如，包含单个大型 switch 语句的函数，如果非常整洁且易于读取，则是可以接受的。我们可以在函数中使用一个 400 行的 switch 语句（例如，在电信系统中，有时候需要处理传入的不同类型数据），这完全是可以的。

函数调用开销

现在人们可能会提出反对意见，认为过多微小的函数会降低程序的执行速度。因为他们会说，任何函数调用都是有调用开销的。

我来解释一下，为什么我认为在大多数情况下这些担忧是没有根据的。

的确有那么一段时间 C++ 编译器不太擅长优化，CPU 速度也相对较慢。当时，C++ 比 C 慢的传言被广为传播。但这种传言是由不太了解这门语言的人传出的，现在，时代已经改变了。

如今，现代 C++ 编译器已经非常擅长优化。例如，它们可以执行多种局部优化和全局加速优化。可以将许多 C++ 结构（如循环语句或条件语句）简化为功能相似的高效机器代码。现在，它们已经足够智能了，可以自动内联函数，前提是这些函数可以内联（当然，有时无法这样做）。

甚至，链接器在链接的时候都可以执行优化。例如，许多现代 C++ 编译器都提供了一个功能，比如整个程序优化（Microsoft Visual-Studio Compiler/Linker）和链接时优化（gcc 或 LLVM/Clang），这允许编译器和链接器使用程序中所有模块的信息执行全局优化。利用 Visual-Studio 的另一个功能，即配置文件引导优化，编译器使用从 .exe 或 .dll 文件的配置测试运行中收集的数据来优化程序。

如果不想使用编译器的优化选项，那么当谈论函数调用时，我们应该讨论什么呢？

英特尔酷睿 i7 2600K 处理器在 3.4 GHz 的主频速度下，每秒可执行 128 300 百万条指令。当我们谈论函数调用的时间时，使用的量级通常是纳秒！光在 1 ns（0.000 000 001 s）内约传播 30 cm。与计算机上的其他操作（如缓存外的内存访问或硬盘访问）相比，函数调用的速度要快得多。

开发人员应该把宝贵的时间花在解决实际的性能问题上，这些问题通常源于糟糕的架构和设计。只有在非常特殊的情况下，你才需要担心函数调用开销。

4.3.3　函数命名

一般，适用于变量和常量的命名规则同样适用于函数和方法。函数名称应该是清晰的、富有表现力的，并且可以不言自明。不必通过阅读函数体即可了解其功能，因为函数定义了程序的行为，所以它们的名称中通常有一个动词。一些特殊类型的函数用于提供状态信息，它们的名称通常以"is"或"has"开头。

> 🎯 提示　函数的名称应该以动词开头。谓词，即关于对象的可真可假的语句，应该以"is"或"has"开头。

代码清单 4-21 展示了方法名称的一些示例。

代码清单 4-21　成员函数富有表现力且不言自明的命名示例

```cpp
void CustomerAccount::grantDiscount(DiscountValue discount);
void Subject::attachObserver(const Observer& observer);
```

```
void Subject::notifyAllObservers() const;
int Bottling::getTotalAmountOfFilledBottles() const;
bool AutomaticDoor::isOpen() const;
bool CardReader::isEnabled() const;
bool DoubleLinkedList::hasMoreElements() const;
```

4.3.4　使用容易理解的名称

看看下面这行代码，当然，这只是某个较大程序的一小段摘录：

```
std::string head = html.substr(startOfHeader, lengthOfHeader);
```

原则上来说，这行代码看起来不错，有一个名为 html 的 C++ 字符串（标题），显然也包含一段 html 字符串。当执行这一行代码时，html 变量的子串会赋值给 head 变量。子串根据两个参数生成：一个参数设置子串的起始索引，另一个参数定义要包含在子串中的字符数量。

我们刚才详细地解释了如何从一段 HTML 中提取 header。现在，我们来展示相同代码的另一个版本，详见代码清单 4-22。

代码清单 4-22　引入意义明显的名称后，代码更容易理解

```
std::string ReportRenderer::extractHtmlHeader(const std::string& html) {
  return html.substr(startOfHeader, lengthOfHeader);
}

// ...

std::string head = extractHtmlHeader(html);
```

你是否能看到像这样一个小小的变化给代码带来更加清晰的效果？我们引入了一个小的成员函数，通过名称就可以解释其功能。在最初操作字符串的地方，通过调用新函数来替换对 std::string::substr() 的直接调用。

> 📝注意　函数的名称应该表达其功能或目的，而不是解释其工作原理。

如何完成工作，这需要根据函数体的代码进行分析。不要在函数名中解释函数工作的细节。相反，应该在函数名中从业务的角度表达函数的用途。

此外，还有另一个优势。从 HTML 页面中提取标题的各个功能相互隔离，现在可以更容易地进行替换，而不用到处查找那些调用函数的地方。

4.3.5 函数的参数和返回值

除函数命名外，设计良好、整洁的函数还需要考虑另一个重要的方面：函数的参数和返回值。它们都有助于使函数或方法被客户很好地理解和使用。

1. 参数的个数

一个函数或方法最多应该有多少个参数？两个？还是三个？或者只有一个？

类的成员方法通常没有参数。对此的解释是，这些方法总是有一个额外的隐含"参数"可用：this！this 指针表示执行的上下文。在它的帮助下，成员函数可以访问其类的属性，并对其进行读取或操作。换句话说，从成员函数的角度看，类的属性就像全局变量。

当我们考虑一个纯数学意义上的函数（$y = f(x)$）时，它总是至少有一个参数（详见第 7 章）。

但是为什么有过多的参数不好呢？

首先，函数参数列表中的每个参数都可能导致依赖关系的产生，但标准内置类型（如 int 或 double）的参数除外。如果在函数的参数列表中使用复杂类型（如类），则代码会依赖该类型，且头文件必须包含该类型。

其次，必须在函数内部处理每个参数，否则它就不是必要的，应该立即删除。包含三个参数就可以让函数变得复杂，参见 Apache OpenOffice 的成员函数 BasicFrame::QueryFileName()。

在过程式编程中，有时很难不超过三个参数。例如，在 C 语言中，经常会看到带有更多参数的函数。一个可怕的例子就是以前的 Windows Win32 API，如代码清单 4-23 所示。

代码清单 4-23　用于创建窗口的 Windows Win32 CreateWindowEx 函数

```
HWND CreateWindowEx
(
  DWORD dwExStyle,
  LPCTSTR lpClassName,
  LPCTSTR lpWindowName,
  DWORD dwStyle,
  int x,
  int y,
  int nWidth,
  int nHeight,
  HWND hWndParent,
  HMENU hMenu,
  HINSTANCE hInstance,
  LPVOID lpParam
);
```

显然，这段不好的代码是很久之前编写的。我敢肯定，如果它是现在设计的，Windows

API 就不会像现在这样了。许多框架，例如 MFC（Microsoft Foundation Classes）、Qt 和 wxWidgets，都包装了这个可怕的接口，并提供了更简单、更面向对象的方法来创建图形用户界面。

而且减少参数的可能性很小，我们可以将 x、y、nWidth 和 nHeight 组合成一个名为 Rectangle 的新结构，但仍然有 9 个参数。更令人恼火的是，这个函数的一些参数指向其他复杂结构的指针，而这些结构具有许多属性。

在良好的面向对象设计中，通常不需要这么长的参数列表，但是 C++ 不像 Java 或 C# 那样纯粹是面向对象语言。在 Java 中，所有内容都必须嵌入类中，有时会导致产生大量关联代码，这在 C++ 中不是必需的。在 C++ 中，可以实现独立的函数，即不属于任何类的函数。

 提示　方法和函数的参数应该尽可能少，理想的参数个数为 1。类的成员函数（方法）有时根本没有参数，通常这些函数用于操作对象的内部状态，或者用于从对象查询。

2. 避免使用标志参数

标志参数是告诉函数根据其值执行不同操作的一种参数。标志参数大多是布尔类型的，有时可以是枚举类型的，详见代码清单 4-24。

代码清单 4-24　用于控制票据明细级别的标志参数

```cpp
Invoice Billing::createInvoice(const BookingItems& items, const bool
withDetails) {
  if (withDetails) {
    //...
  } else {
    //...
  }
}
```

标志参数的问题是，在函数中引入了两条（有时甚至更多）执行路径，从而增加了圈复杂度。

这类参数的值通常需要在函数内部的 if 或 switch/case 语句的某处进行判断，它用于确定是否采取某种操作，这意味着函数没有完全正确地处理一件事情（见 4.3.1 节）。这是一个低内聚的案例（详见第 3 章），违反了单一职责原则（详见第 6 章）。

如果你在代码中看到函数调用，在没有详细分析 Billing::createInvoice() 函数的情况下，无法确切地知道 true 或 false 的真正含义，详见代码清单 4-25。

代码清单 4-25　示例：参数列表中的 true 是什么意思

```cpp
Billing billing;
Invoice invoice = billing.createInvoice(bookingItems, true);
```

我的建议是，尽量避免使用标志参数。但如果执行操作的关注点与其配置并未分离，那么这种类型的参数总是无法避免的。

一种解决方案是提供独立的、命名良好的函数，如代码清单 4-26 所示。

代码清单 4-26　更容易理解的示例：两个命名良好的成员函数

```
Invoice Billing::createSimpleInvoice(const BookingItems& items) {
  //...
}

Invoice Billing::createInvoiceWithDetails(const BookingItems& items) {
  Invoice invoice = createSimpleInvoice(items);
  //...add details to the invoice...
}
```

另一种解决方案是专门为订单提供层次结构，如代码清单 4-27 所示。

代码清单 4-27　用面向对象的方式实现订单不同层次的细节

```
class Billing {
public:
  virtual Invoice createInvoice(const BookingItems& items) = 0;
  // ...
};

class SimpleBilling : public Billing {
public:
  Invoice createInvoice(const BookingItems& items) override;
  // ...
};

class DetailedBilling : public Billing {
public:
  Invoice createInvoice(const BookingItems& items) override;
  // ...
private:
  SimpleBilling simpleBilling;
};
```

DetailedBilling 类中需要类型为 SimpleBilling 的私有成员变量，才能在不复制代码的情况下首先执行简单的订单创建工作，并在之后将详细信息添加到订单中。

override 说明符（C++ 11）

从 C++11 开始，为了可以显式指定一个类的虚函数来覆盖基类的虚函数，我们引入了 override 关键字。

如果在声明成员函数之后立即出现了 override，那么编译器就会检查该函数是否为虚函数，并覆盖基类中的虚函数。因此，开发人员可以避免一些细微的错误，这些错误可能是他们认为已经覆盖（override）了虚函数，但实际上他们的行为是在修改或添加某个函数（例如由于输入错误）[⊖]。

3. 避免使用输出参数

输出参数（有时也称为结果参数），是用于函数返回值的函数参数。

使用输出参数的一个好处是，可以一次返回多个值。下面是一个典型的例子：

```
bool ScriptInterpreter::executeCommand(const std::string& name,
                        const std::vector<std::string>& arguments,
                        Result& result);
```

ScriptInterpreter 类的成员函数不仅返回布尔类型的结果，其第三个参数是对 Result 类型对象的非 const 引用，它表示函数的实际结果。布尔型返回值指示函数是否成功执行命令，这个成员函数的典型调用可能像这样：

```
ScriptInterpreter interpreter;
// Many other preparations...
Result result;

if (interpreter.executeCommand(commandName, argumentList, result)) {
  // Continue normally...
} else {
  // Handle failed execution of command...
}
```

（提示）请不惜一切代价避免使用输出参数。

输出参数不够直观，也有可能导致混淆，让调用者不能确定传递的对象是否被视为输出参数，因此该参数很可能会被函数更改。

此外，输出参数使表达式的组合变得复杂。如果函数只有一个返回值，则可以很容易地将函数调用链接起来。但是，如果函数有多个输出参数，开发人员就必须准备和处理所有保存结果值的变量。因此，调用这些函数的代码很快就会变得一团糟。

特别是在应该培养不可变性并且必须减少副作用的情况下，输出参数绝对是一个糟糕的想法。不出所料，仍然不能将不可变对象作为输出参数传递（详见第 9 章）。

如果方法应该给它的调用者返回一些内容，那么把它作为方法的返回值返回。如果方法必须返回多个值，则需重新设计，以返回保存这些值的对象的单个实例。

或者，也可以使用类模板 std::pair。给第一个成员变量分配指示成功或失败的布

⊖　编译器在编译阶段会进行检查，如果函数被 override 修饰，并且基类中没有与这个函数相同的函数存在（例如由于粗心大意少写了一个参数），或基类中的函数不是虚函数，那么编译器就会报错。——译者注

尔值，给第二个成员变量分配实际的返回值。然而，在我看来，无论是 std::pair 还是 std::tuple（从 C++11 开始使用）都是一种设计异味。std::pair<bool,Result> 实际上不是一个容易理解的名称。如果你决定使用这样的名称（不推荐使用），至少应该在 using 声明的帮助下引入一个有意义的别名。

此外，还可以使用 std::optional，这是一个定义在头文件 <optional> 中的类模板，从 C++17 开始使用。顾名思义，这个类模板的对象可以管理一个可选的包含值，即一个可能存在也可能不存在的值。

除了上述解决方案，还有一个方案，就是你可以使用特例模式来返回表示无效结果的对象。由于这是一种面向对象的设计模式，我将在第 9 章进行介绍。

下面是关于如何处理返回参数的最后一条建议：如前所述，避免使用输出参数。如果想让函数或方法返回多个值，可以引入一个具有良好名称的成员变量的小型类，将想返回的所有数据打包。一段时间后，你可能会发现这个小型类本来就应该存在，而且你还可以在其中添加一些逻辑。

4. 不传递或返回 0

价值 10 亿美元的错误

Charles Antony Richard Hoare（又名 Tony Hoare 或者 C. A. R. Hoare）先生，是英国著名的计算机科学家，因提出快速排序算法而闻名。1965 年，Tony Hoare 与瑞士计算机科学家 Niklaus E. Wirth 共同研究编程语言 ALGOL 的进一步发展。他在编程语言 ALGOL W（PASCAL 语言的前身）中引入了 NULL 引用。

40 多年后，Tony Hoare 对这个决定感到后悔。在 2009 年的伦敦 QCon 会议上，他说引入 NULL 引用可能是一个价值 10 亿美元的错误。他认为，在过去的几十年中，NULL 引用造成了许多问题，其损失可能接近 10 亿美元。

在 C++ 中，指针可以指向 NULL 或 0。具体地说，这意味着指针指向内存地址 0。NULL 只是一个宏定义：

```
#define NULL    0
```

C++11 标准引入了一个新的类型，就是 nullptr，其类型是 std::nullptr_t。有时我们会看到如下的函数体：

```cpp
Customer* findCustomerByName(const std::string& name) const {
  // Code that searches the customer by name...
  // ...and if the customer could not be found:
  return nullptr; // ...or NULL;
}
```

将 NULL 或 nullptr（从这里开始，后面将只使用 nullptr，因为 C 风格的宏 NULL 在现代 C++ 中已经没有地位了）作为函数的返回值可能会令人感到困惑。调用者应该如何处理它呢？它是什么意思？在前面的示例中，它可能表示指定名称的客户不存在，但也可能意味着存在一个严重的错误。nullptr 可以表示失败，也可以表示成功，几乎可以表示任何事情。

> **注意**　如果函数或方法不可避免地返回一个指针，那么请不要返回 nullptr！

换句话说，如果函数不得不返回指针（稍后将展示更好的替代方案），请确保返回的指针总是指向有效的地址。我认为这一点很重要，原因如下。

不应该让函数返回 nullptr 的主要原因是，这会把决定权转移给调用者。代码的调用者必须检查并处理它。如果函数返回 nullptr，会导致许多空检查，像这样：

```cpp
Customer* customer = findCustomerByName("Stephan");

if (customer != nullptr) {
  OrderedProducts* orderedProducts = customer->getAllOrderedProducts();
  if (orderedProducts != nullptr) {
    // Do something with orderedProducts...
  } else {
    // And what should we do here?
  }
} else {
  // And what should we do here?
}
```

空检查太多会降低代码的可读性并增加代码复杂度。它还有另一个显而易见的问题，详见下面的讨论。

如果函数可以返回有效的指针或 nullptr，那么它将引入一个可选的执行路径，需要调用者继续处理，而且这些返回值应该得到合理且明确的处理，但这有时会出现问题。当应指向 Customer 的指针没有指向有效实例，而是指向 nullptr 时，那么，程序的正确处理是什么呢？程序应该中止正在运行的操作并输出消息吗？在这种情况下，是否强制要求某种类型的程序继续执行？这些问题有时很难回答。经验表明，对于相关人员来说，"又是快乐的一天"型案例描述起来相对比较容易，因为这些案例是程序正常操作的用例。但是在出现异常、错误和特殊情况时，描述软件行为要困难得多。

最糟糕的结果可能是，忘记进行空检查可能会导致严重的运行时错误。解引用空指针[⊖]将导致段错误，应用程序会崩溃。

在 C++ 中还需要考虑另一个问题：**对象的所有权**。

对于函数的调用者来说，在使用完指针指向的资源后，不清楚该如何处理那些资源。

　⊖　就是使用 * 号取出指针指向的内容。——译者注

资源的拥有者是谁？是否需要删除该对象？如果是，如何分配资源？必须使用 delete 删除对象吗？它是通过函数内部的 new 操作符分配的吗？或者该资源是被多个对象管理的，因此禁止删除，它被删除后会导致未定义的行为（见 5.4 节）吗？它可能是必须以特殊方式处理的操作系统资源吗？

根据信息隐藏原则（详见第 3 章），以上这些应该都与调用者无关，但实际上我们已经将处理资源的某些责任强加给了调用者。如果调用者不能正确地处理指针，可能会导致非常严重的错误，例如，出现内存泄露、双重删除、未定义的行为，有时还会出现安全漏洞。

5. 避免使用指针的策略

（1）首选在栈上而不是在堆上构造对象

创建新对象最简单的方法就是在栈上创建它，就像这样：

```
#include "Customer.h"
// ...
Customer customer;
```

本例在栈上创建了 Customer 类的一个实例（已经在 Customer.h 头文件中进行了定义）。创建实例的代码行通常可以在函数体或方法体中找到，这意味着如果超出函数体或方法的作用域，实例将自动销毁，这通常发生在从函数或方法返回的时候。

到目前为止，一切都好。但是，如果在函数或方法中创建的对象必须返回给调用者，该怎么办呢？

在老版 C++ 中，这个问题通常是这样处理的：在堆上创建对象（使用 new 操作符），然后从函数返回一个指向这个已分配资源的指针。

```
Customer* createDefaultCustomer() {
    Customer* customer = new Customer();
    // Do something more with customer, e.g. configuring it, and at the end...
    return customer;
}
```

使用这种方法的原因是，如果我们处理的是大型对象，则可以通过这种方法避免成本高昂的复制构造。但是我们在前面已经讨论了这个解决方案的缺点，例如，如果返回的指针为 nullptr，调用者需要做什么？此外，这给函数的调用者强加了资源管理的责任（如以正确的方式删除返回的指针）。

复制消除

几乎所有的编译器，特别是现在的商业级 C++ 编译器，都支持复制消除（copy elision）技术。这些优化是为了在某些情况下防止对象的额外复制（取决于优化设置；从 C++17 开始，当直接返回对象时，复制消除功能是可以保证的）。

一方面，这很好，因为这项技术可以使我们以更小的代价获取更多的性能。除了一些特例外，按值返回或按值传递大的对象在实践中变得更加简单。特例情况指复制消除技术受限的情况，此时，这种优化将无法发挥作用，如在有多个退出点（return 语句）的函数中返回不同的命名对象时。

　　另一方面，我们必须记住，复制消除取决于编译器及其设置，这可能会影响程序的行为。如果对象的复制功能被优化掉了，那么可能存在的任何复制构造函数将不会执行。此外，如果创建的对象较少，则不能依赖调用特定的析构函数。你不应该把关键代码放在复制构造函数或移动构造函数及相应析构函数中，因为你无法依赖它们（5.2.5 节将介绍你应该避免手工实现这些特殊成员函数！）。

　　复制消除的常见形式是**返回值优化**（return value optimization，RVO）和**命名返回值优化**（named return value optimization，NRVO）。

命名返回值优化

　　NRVO 消除了返回的基于堆栈的命名对象的复制构造函数和析构函数。例如，函数可以通过值返回类的实例，例如：

```cpp
class SomeClass {
public:
  SomeClass();
  SomeClass(const SomeClass&);
  SomeClass(SomeClass&&);
  ~SomeClass();
};

SomeClass getInstanceOfSomeClass() {
  SomeClass object;
  return object;
}
```

　　如果函数返回无名的临时对象，就会发生 RVO，就像下面这个修改过的 getInstance-OfSomeClass() 函数这样：

```cpp
SomeClass getInstanceOfSomeClass() {
  return SomeClass ();
}
```

　　重要提示：即使发生了复制消除，并且复制 / 移动系列的构造函数的调用被优化掉了，它们也必须存在并可访问，无论是手写的还是编译器生成的；否则，程序被认为是不规范的！

　　好消息是，从 C++11 开始，我们可以简单地将大型对象作为值返回，而不必担心代价巨大的复制构造。

```cpp
Customer createDefaultCustomer() {
  Customer customer;
```

```
    // Do something with customer, and at the end...
    return customer;
}
```

在这种情况下，我们不再需要担心资源复制，因为 C++11 引入了 move 语义。简单地说，move 语义的概念就是允许资源从一个对象移动到另一个对象，而不是复制它们。在这个上下文中，术语 move 意味着将对象的内部数据从源对象中删除，然后将其放置到新对象中，它将数据的所有权从一个对象转移到了另一个对象，这样的操作效率比复制操作要高很多（C++11 的 move 语义将在第 5 章进行详细讨论）。

在 C++11 中，所有标准库容器都支持 move 语义。这不仅使它们非常高效，而且也使它们更容易处理。例如，我们可以非常高效地从函数返回一个包含字符串元素的 vector 对象，可以像代码清单 4-28 中那样执行此操作。

代码清单 4-28　从 C++11 开始，本地实例化的大型对象可以很容易地通过返回值的方式返回

```
#include <vector>
#include <string>

using StringVector = std::vector<std::string>;
const StringVector::size_type AMOUNT_OF_STRINGS = 10'000;

StringVector createLargeVectorOfStrings() {
    StringVector theVector(AMOUNT_OF_STRINGS, "Test");
    return theVector; // Guaranteed no copy construction here!
}
```

move 语义是一种能够摆脱大量指针的比较好的解决方法，但我们可以做得更多……

（2）在函数的参数列表中，使用 const 引用代替指针

最好不要像这样使用指针：

```
void function(Type* argument);
```

而是像这样使用引用：

```
void function(Type& argument);
```

使用引用而不是指针的主要优点是，不需要检查引用是否为 nullptr。原因很简单，引用从来都不可以为空（"NULL"）。我知道有一些微妙的情况，在那些情况下，你仍然可以以空引用结束，但这也预示着代码的编程风格非常差劲或很不专业。

另一个优点是，不需要在解引用操作符（*）的帮助下对函数内部的任何内容进行解引用，这有利于写出更清晰的代码，而且该引用可以在函数内部使用，因为它是在本地栈上创建的。当然，如果不想产生任何副作用，就应该将其声明为 const 引用（见后文）。

（3）如果必须使用指针，那么请使用智能指针

如果由于必须在堆上创建资源而无法避免使用指针，则应该立即对其进行包装，并利用 RAII（Resource Acquistion Is Initialization，资源申请即初始化）习惯用法。

```
Customer* customer1 = new Customer(); // Bad! Don't do that.
auto customer2 = std::make_unique<Customer>(); // Good: the heap-allocated
customer is owned by a smart pointer
```

这意味着你应该使用智能指针，由于智能指针和 RAII 习惯用法在现代 C++ 中扮演着重要的角色，我们将在第 5 章专门讨论这个主题。始终遵循 *C++ Core Guidelines* [Cppcore21] 中的 R.3 规则：裸指针（T*）不属于任何对象。

（4）如果 API 返回裸指针类型

如果 API 返回裸指针，那么就要具体问题具体分析了。

指针通常从我们不可控的 API 返回，典型的例子是第三方库。

假如比较幸运，我们使用了一个设计良好的 API，该 API 提供了创建资源的工厂方法，并提供了将资源交还给库以进行安全、正确处理的方法，那么，在这种情况下，我们可以再次利用 RAII 习惯用法。我们可以创建一个定制的智能指针来包装裸指针，其分配器和释放器可以按照第三方库的要求来处理托管资源。

6. 正确地使用 const

正确地使用 const 是编写更好、更安全的 C++ 代码的一种方法。使用 const 可以减少很多麻烦并节省调试时间，因为如果违反 const 限定就会导致编译时错误。作为附带效果，使用 const 还可以支持编译器优化。这意味着，正确地使用 const 也是提高程序执行性能的一种简单方法。

遗憾的是，许多开发人员并没有意识到使用 const 的好处。

🎯 **提示**　要注意正确的 const 用法。尽可能地使用 const，并选择把适当的变量或对象声明为可变或不可变对象。

通常，C++ 中的 const 关键字可以防止对象被程序改变。const 可以在不同的上下文中使用。这个关键字在不同的使用场景有不同的意思。

最简单的用法是将变量定义为常量：

```
const long double PI = 3.141592653589794;
```

数学常量（C++20）

自 C++20 以来，C++ 数字库得到了扩展，其中包括了许多数学常量，这些常量定义在 <numbers> 头文件中，例如：

```
#include <numbers>

auto pi = std::numbers::pi;     // the Archimedes constant aka PI:
                                   3.141592653589794
```

```
auto e = std::numbers::e;        // Euler's number: 2.718281828459045
auto phi = std::numbers::phi;    // the golden ratio Φ constant:
                                    1.618033988749895
```

定义在头文件 \<cmath\> 中的 C 风格数学常量（必须在包含头文件之前通过定义 _USE_MATH_
DEFINES 来访问）已经过时了。

const 的另一个用途是防止传递给函数的参数发生改变。由于存在多种可变的情况，因
此经常会导致混淆，例如：

```
unsigned int determineWeightOfCar(Car const* car);         // 1
void lacquerCar(Car* const car);                           // 2
unsigned int determineWeightOfCar(Car const* const car);   // 3
void printMessage(const std::string& message);             // 4
void printMessage(std::string const& message);             // 5
```

❏ 在第 1 行代码中 car 指针指向一个 Car 类型的常量对象，也就是说，car 指针指向
的对象不能被修改。

❏ 在第 2 行代码中 car 指针是一个 Car 类型的常量指针，也就是说，可以修改 car 对
象，但不能修改 car 指针（如可以对 car 指针进行任何赋值）。

❏ 在第 3 行代码中，指针和指针指向的对象都不能被修改。

❏ 在第 4 行中 message 参数以 const 引用的方式传递给函数，也就是说，被引用的字
符串变量不允许在函数内部修改。

❏ 第 5 行代码只是 const 引用参数的另一种表示法，它在功能上等同于第 4 行代码。

> 提示 有一个简单的法则可以辅助你正确地理解 const 限定符。如果从右向左读，则任何
> const 限定符都会修饰其左侧的内容，但**有一个例外**：如果左边没有任何内容（例如
> 在声明的开头使用 const 时），那么 const 将修饰其右边的内容。

const 关键字的另一个用法是将类的非静态成员函数声明为 const，如下面这个例子中
第 5 行代码所示：

```
01  #include <string>
02
03  class Car {
04  public:
05    const std::string& getRegistrationCode() const;
06    void setRegistrationCode(const std::string& registrationCode);
07    // ...
08
09  private:
10    std::string registrationCode_;
11    // ...
12  };
```

与第 6 行中的 setter 相反，第 5 行中的 getRegistrationCode 成员函数不能修改 Car 类的成员变量。getRegistrationCode 的以下实现将导致编译器错误，因为该函数试图给 registrationCode_ 赋一个新字符串：

```
const std::string& Car::getRegistrationCode() {
  std::string toBeReturned = registrationCode_;
  registrationCode_ = "foo"; // Compile-time error!
  return toBeReturned;
}
```

4.4　C++ 项目中的 C 风格代码

看一看相对较新的 C++ 程序（例如，在 GitHub 或 SourceForge 上的程序），你会惊讶地发现，这些"新"程序中仍然充斥着许多老式 C 代码。C 语言仍然是 C++ 语言的一个子集，这意味着 C 语言的元素在 C++ 中仍然可用。遗憾的是，在编写整洁、安全、现代化的代码时，许多旧式 C 结构都有着明显的缺点，显然这不是好的选择。

因此，一个基本的建议是，只要有更好的 C++ 替代方案，就不要使用那些陈旧的、容易出错的 C 代码。其实，有很多替代方案。在现代 C++ 中，几乎可以完全不使用 C 语言。

4.4.1　使用 C++ 的 string 和 stream 来替代 C 风格的 char*

C++ 字符串（string）是 C++ 标准库的一部分，其类型有 std::string、std::wstring、std::u8string、std::u16string 和 std::u32string（它们都定义在 <string> 头文件中）。事实上，所有这些都是类模板 std::basic_string<T> 的类型别名，它们的简化定义如下：

```
using string = basic_string<char>;
using wstring = basic_string<wchar_t>;
using u8string = basic_string<char8_t>;
using u16string = basic_string<char16_t>;
using u32string = basic_string<char32_t>;
```

> **注意**　为了简单起见，从现在开始，我们只讨论 C++ 字符串的一般情况，即前面提到的所有字符串类型。

要构造这样的字符串，必须实例化两个模板中任一模板的对象。例如，使用初始化构造函数来初始化：

```
std::string name("Stephan");
```

与它相比，C 风格字符串是一个以 0 结尾的字符数组（char 或 wchar_t 类型）。零结束符是一个特殊字符（'\0'，即 ASCII 码 0），用于表示字符串结束。C 风格字符串可以这样定义：

```
char name[] = "Stephan";
```

本例中，编译器会在字符串末尾自动添加零结束符，保证字符串长度为 8。重要的是必须记住，我们处理的仍然是一个字符数组。这意味着，它有一个固定的大小。我们可以使用索引操作符更改数组的元素，但不能在数组的末尾添加字符。如果不小心覆盖了末尾的零结束符，那么可能会导致各种问题[⊖]。

字符数组通常在指向第一个元素的指针的帮助下使用，例如，当它作为函数参数传递时：

```
char* pointerToName = name;
void function(char* pointerToCharacterArray) {
  //...
}
```

然而，在许多 C++ 程序和教科书中，C 字符串仍然经常被使用，现在在 C++ 中使用 C 风格字符串有什么比较好的理由吗？[⊖]

在某些情况下，你仍然可以使用 C 风格字符串，我将在后面介绍一些例外情况。除此之外，整洁的现代 C++ 程序中的绝大多数字符串都应该使用 C++ 字符串。std::string 类型的对象以及所有其他 C++ 字符串类型，与 C 风格字符串相比，具有以下优点：

❑ C++ 字符串对象自己管理内存，所以用户可以很容易地复制、创建和销毁它们。这意味着它们可以把用户从管理字符串数据的生命周期中解放出来，而对于使用 C 风格字符串的用户来说，管理字符串数据的生命周期就成了一项棘手而艰巨的任务。

❑ 它们是可变的。用户可以通过多种方式轻松地操作字符串，如添加字符串或添加单个字符，连接字符串，替换字符串的部分字符等。

❑ C++ 字符串提供了一个方便的迭代器接口。与标准库中所有其他容器类型一样，std::string 和 std::wstring 允许用户遍历它们的元素（即字符），这也意味着在 <algorithm> 头文件中定义的所有合适的算法都可以应用于 C++ 字符串对象。

❑ C++ 字符串与 C++ I/O 流（如 ostream、stringstream、fstream 等）可以完美地结

⊖ 我在刚工作的时候对 C 和 C++ 的用法还不是很熟练，曾记得写过一个程序，程序刚开始运行得很正常，大概一个月以后，出现了字符串不完整或几个字符串拼接的现象。当时我意识到是字符数组的内存空间被破坏了，后来花了很长时间才找到并修复了这个问题。如果使用 std::string 系列的字符串，则可以避免出现这类问题。——译者注

⊖ 当 C++ 程序依赖于用 C 语言编写的库时，C++ 代码中会出现大量这样的用法，建议用 C++ 封装一个黏合层来避免这个问题，有些人可能会认为这工作量太大了，但常言道："工欲善其事，必先利其器。"我们可以有选择地去这么做。——译者注

合在一起，所以用户可以轻松地使用这些流机制。

❑ 自 C++11 以来，标准库广泛支持 move 语义。许多算法和容器都支持 move 优化，这也适用于 C++ 字符串。例如，std::string 的实例可以简单地作为函数的返回值返回。以前仍然需要使用指针或引用从函数中返回较大字符串对象的方法（可以避免复制字符串数据，因为复制的代价很高），不过现在已经不再需要了。

 注意　除了少数例外情况，现代 C++ 程序中的字符串都应该使用 std::string 类型。

那么，哪些例外情况可以使用 C 风格字符串呢？

一个例外情况是，使用字符串常量，也就是不可变的字符串时。如果只需要一个固定字符的固定数组，那么 std::string 的优势不大。例如，可以这样定义字符串常量：

const char* const PUBLISHER = "Apress Media LLC";

在这种情况下，既不能修改所指向的值，也不能修改指针本身（见 4.3.5 节）。

另一个例外情况是，考虑与 C 风格的 API 库兼容性时。许多第三方库通常具有低级别的接口，以确保向后兼容，使其应用范围尽可能广泛。在这种 API 中，字符串一般是 C 风格的字符串。然而，即使在这种情况下，C 风格字符串在使用时也应该仅局限于该接口。建议遵循 *C++ Core Guidelines*[Cppcore20] 中的 CPL.3 规则：如果必须使用 C 语言处理接口，那么在调用代码中使用 C++ 代码来调用这样的接口。

4.4.2　避免使用 printf()、sprintf()、gets() 等

printf() 是 C 语言库的一部分，用于执行 I/O 操作（定义在头文件 <cstdio> 中），它将格式化的数据打印到标准输出（stdout）。一些开发人员仍然在 C++ 代码中使用大量的 printf() 来跟踪和打印日志，他们认为 printf() 一定比 C++ I/O 流快得多，因为它省去了 C++ 相关的开销。

首先，无论是使用 printf() 还是 std::cout，I/O 都是一个瓶颈。在标准输出上输出任何东西都很慢，其速度比程序中的大多数其他操作都要慢。在某些情况下，std::cout 可能比 printf() 略慢一些，但相对于 I/O 操作的使用成本而言，这几微秒的时间通常可以忽略不计。在这一点上，我还想提醒大家要小心（过早）优化（见 3.8 节）。

其次，printf() 是类型不安全的，因此很容易出错。该函数的第一个参数是一个格式化字符串，是一个 C 风格的字符串，所以是类型不安全的。不要使用不安全的函数，因为这会导致微妙的错误、未定义的行为（见 5.4 节）和安全漏洞。

文本格式化库（C++20）

新的 C++20 标准提供了一个文本格式化库，它提供了一种更安全、更快捷、可扩展的

替代方法，以取代过时的、有潜在危险的 printf 系列函数。这个库的头文件是 <format>。格式化风格看起来非常类似于 Python 编程语言中的字符串格式化风格。

遗憾的是，在我写这本书的时候，它也是目前任何 C++ 编译器都不支持的新库之一。一个很好的临时替代方案是开源库 {fmt}（https://github.com/fmtlib/fmt），它也是新的 C++20 库的模板，除其他特性外，它还提供了一个兼容 C++20 的 std::format 实现。

下面是一些用法示例：

```cpp
#include "fmt/format.h" // Can be replaced by <format> when available.
#include <numbers>
#include <iostream>

int main() {
  // Note: replace namespace fmt:: by std:: once the compiler supports <format>.
  const auto theAnswer = fmt::format("The answer is {}.", 42);  std::cout <<
  theAnswer << "\n";
  // Many different format specifiers are possible.
  const auto formattedNumbers =
    fmt::format("Decimal: {:f}, Scientific: {:e}, Hexadecimal: {:X}",
      3.1415, 0.123, 255);
  std::cout << formattedNumbers << "\n";

  // Arguments can be reordered in the created string by using an index {n:}:
  const auto reorderedArguments =
    fmt::format("Decimal: {1:f}, Scientific: {2:e}, Hexadecimal: {0:X}",
      255, 3.1415, 0.123);
  std::cout << reorderedArguments << "\n";

  // The number of decimal places can be specified as follows:
  const auto piWith22DecimalPlaces = fmt::format("PI = {:.22f}",
    std::numbers::pi);
  std::cout << piWith22DecimalPlaces << "\n";

  return 0;
}
```

输出结果如下：

```
The answer is 42.
Decimal: 3.141500, Scientific: 1.230000e-01, Hexadecimal: FF
Decimal: 3.141500, Scientific: 1.230000e-01, Hexadecimal: FF
PI = 3.1415926535897931159980
```

最后，与 printf() 不同，C++ I/O 流允许通过自定义 operator<< 操作符轻松地输出复杂的对象。假设有一个名为 Invoice 的类（定义在 Invoice.h 头文件中），如代码清单 4-29 所示。

代码清单 4-29　带有行号的 Invoice.h 文件的摘录

```cpp
01  #ifndef INVOICE_H_
02  #define INVOICE_H_
03
```

```
04  #include <chrono>
05  #include <memory>
06  #include <ostream>
07  #include <string>
08  #include <vector>
09
10  #include "Customer.h"
11  #include "InvoiceLineItem.h"
12  #include "Money.h"
13  #include "UniqueIdentifier.h"
14
15  using InvoiceLineItemPtr = std::shared_ptr<InvoiceLineItem>;
16  using InvoiceLineItems = std::vector<InvoiceLineItemPtr>;
17
18  using InvoiceRecipient = Customer;
19  using InvoiceRecipientPtr = std::shared_ptr<InvoiceRecipient>;
20
21  using DateTime = std::chrono::system_clock::time_point;
22
23  class Invoice {
24  public:
25      explicit Invoice(const UniqueIdentifier& invoiceNumber);
26      void setRecipient(const InvoiceRecipientPtr& recipient);
27      void setDateTimeOfInvoicing(const DateTime& dateTimeOfInvoicing);
28      Money getSum() const;
29      Money getSumWithoutTax() const;
30      void addLineItem(const InvoiceLineItemPtr& lineItem);
31      // ...possibly more member functions here...
32
33  private:
34      friend std::ostream& operator<<(std::ostream& outstream, const
        Invoice& invoice);
35      std::string getDateTimeOfInvoicingAsString() const;
36
37      UniqueIdentifier invoiceNumber;
38      DateTime dateTimeOfInvoicing;
39      InvoiceRecipientPtr recipient;
40      InvoiceLineItems invoiceLineItems;
41  };
42  // ...
```

该类依赖于发票的接收者（在本例中是 Customer.h 头文件中定义的 Customer，参见第 18 行），它使用标识符（UniqueIdentifier）表示发票号，该发票号保证在所有发票号中是唯一的。此外，发票使用一种可以表示金额的数据类型（见 9.2.10 节），并依赖另一种表示单个发票行项目的数据类型。后者使用 std::vector 管理发票内的发票项列表（参见第 16

行和第 40 行）。为了表示开发票的时间，我们使用 Chrono 库中的数据类型 time_point（在头文件 <chrono> 中定义），它从 C++11 开始就可用了。

现在，假设我们希望将整个发票及其所有数据显示在标准输出上。如果可以像下面这样写，不是很简单、很方便吗？

```
std::cout << instanceOfInvoice;
```

这在 C++ 中是可以实现的，输出流操作符（<<）在任何类中都可以重载，只需要在类的头文件中添加一个 operator<< 重载函数即可。在本例中，把这个 operator<< 函数设置为类的友元是很重要的（参见代码清单 4-29 第 34 行），因为这样它就可以直接访问私有成员变量了，如代码清单 4-30 所示。

代码清单 4-30　在类 Invoice 中重载 operator<< 操作符

```
43  // ...
44  std::ostream& operator<<(std::ostream& outstream, const Invoice& invoice) {
45    outstream << "Invoice No.: " << invoice.invoiceNumber << "\n";
46    outstream << "Recipient: " << *(invoice.recipient) << "\n";
47    outstream << "Date/time: " << invoice.getDateTimeOfInvoicingAsString()
      << "\n";
48    outstream << "Items:" << "\n";
49    for (const auto& item : invoice.invoiceLineItems) {
50      outstream << "    " << *item << "\n";
51    }
52    outstream << "Amount invoiced: " << invoice.getSum() << std::endl;
53    return outstream;
54  }
55  // ...
```

Invoice 类的所有数据都会被写入 operator<< 函数内的输出流中。这是可能的，因为 UniqueIdentifier、InvoiceRecipient 和 InvoiceLineItem 类也重载了它们自己的 operator<< 操作符函数（只是没有显示在这里）。要打印 vector 中的所有元素，使用 C++11 标准中基于范围的 for 循环即可。为了获得发票日期的文本表示，使用一个名为 getDateTime-OfInvoicingAsString() 的内部辅助方法，该方法可以返回格式良好的日期和时间字符串。

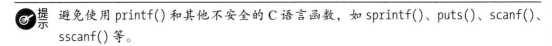 避免使用 printf() 和其他不安全的 C 语言函数，如 sprintf()、puts()、scanf()、sscanf() 等。

4.4.3　使用标准库的容器而不是使用 C 风格数组

不要使用 C 风格数组，而要使用 std::array<TYPE, N> 模板，该模板从 C++11 开始就可以使用了（声明在头文件 <array> 中）。std::array<TYPE, N> 的实例是固定大小的序列容器，和普通的 C 风格数组一样高效。

　　C 风格数组的问题与 C 风格字符串的问题类似（见 4.4.1 节）。C 风格数组不好是因为在传递数组时传递的是指向数组第一个元素的裸指针，这可能存在潜在的危险，因为没有边界检查机制来阻止用户访问越界的元素。使用 std::array 更安全，因为它们不会弱化成指针（见 4.3.5 节）。

　　使用 std::array 的一个优点是它知道数组的大小（元素的数量）。在使用数组时，数组的大小是非常重要的信息。普通的 C 风格数组不知道自己的大小，数组的大小通常放在附加信息中（如在附加变量中），因此，必须将大小信息作为附加参数传递给函数调用，如下例所示：

```cpp
const std::size_t arraySize = 10;
MyArrayType cStyleArray[arraySize];

void function(MyArrayType const* pArray, const std::size_t arraySize) {
  // ...
}
```

　　严格地说，在这种情况下，数组和它的大小并不能构成一个内聚单元（见 3.6 节）。此外，我们已经从 4.3.5 节中知道，函数参数的数量应该尽可能少。

　　相反，std::array 的实例会携带数组的大小，可以很方便地使用。因此，函数或方法的参数列表不需要传入表示数组大小的参数：

```cpp
#include <array>

using MyTypeArray = std::array<MyArrayType, 10>;

void function(const MyTypeArray& array) {
  const std::size_t arraySize = array.size();
  //...
}
```

　　另一个值得注意的优点是 std::array 有一个与标准库兼容的接口。类模板提供了公共成员函数，因此它看起来与标准库中的其他容器一样。例如，数组的用户可以分别使用 std::array::begin() 和 std::array::end() 获得指向序列开头和结尾的迭代器，这也意味着 <algorithm> 头文件中的算法可以应用到数组中（详见第 5 章）。

```cpp
#include <array>
#include <algorithm>

using MyTypeArray = std::array<MyArrayType, 10>;
MyTypeArray array;

void doSomethingWithEachElement(const MyArrayType& element) {
  // ...
}
```

```
std::for_each(std::cbegin(array), std::cend(array),
doSomethingWithEachElement);
```

std::begin() 和 std::end() 非成员函数（C++11/14）

每个 C++ 标准库容器都有 begin()、cbegin()、end() 和 cend() 成员函数，用于获取容器的迭代器和 const 迭代器。除特殊情况外，许多容器还提供了相应的 const 和非 const 反向迭代器，如 rbegin()、rend()、crbegin() 和 crend()。

C++11 引入了公共的非成员函数 std::begin(<container>) 和 std::end(<container>)。C++14 中引入了 std::cbegin(<container>)、std::cend(<container>)、std::rbegin(<container>)、std::rend(<container>)、std::crbegin(<container>) 和 std::crend(<container>)。现在建议使用这些非成员函数（在 <iterater> 头文件中定义）来获取容器的迭代器和 const 迭代器，不建议使用成员函数获取迭代器和 const 迭代器，如下所示：

```cpp
#include <vector>

std::vector<AnyType> aVector;
auto iter = std::begin(aVector);  // ...instead of 'auto iter = aVector.
                                  begin();'
```

原因是这些公共函数更灵活并且支持泛型编程。例如，许多用户自定义的容器没有 begin() 和 end() 成员函数，这使得它们没有办法与标准库算法（详见第 5 章）或其他需要迭代器的用户自定义模板函数一起使用。这些用于获取迭代器的非成员函数是可扩展的，它们可以被任何序列类型（当然也包括 C 风格数组）所重载。换句话说，非标准库容器可以改造为支持迭代器的形式。

例如，假设你必须处理一个 C 风格的整数数组：

```cpp
int fibonacci[] = { 1, 1, 2, 3, 5, 8, 13, 21, 34, 55, 89, 144 };
```

这种类型的数组现在可以通过与标准库兼容的迭代器接口进行改造。对于 C 风格数组，标准库中已经提供了这样的函数，所以你不必自己编写，它们看起来像下面这样：

```cpp
template <typename Type, std::size_t size>
constexpr Type* begin(Type (&cArray)[size]) noexcept {
  return cArray;
}

template <typename Type, std::size_t size>
constexpr Type* end(Type (&cArray)[size]) noexcept {
  return cArray + size;
}
```

如果想把容器中的元素输出到输出流上，例如，要打印到标准输出中，那么可以这样写：

```cpp
using namespace std;
```

```
int main() {
  for (auto it = begin(fibonacci); it != end(fibonacci); ++it) {
    std::cout << *it << ", ";
  }
  std::cout << std::endl;
  return 0;
}
```

为自定义容器类型或 C 风格数组提供重载的 begin() 和 end() 函数后，标准库的算法就能够支持这些类型⊖。

此外，std::array 可以在 std::array::at(size_type n) 成员函数的帮助下，在访问元素时进行边界检查，如果给定的索引越界，就会抛出 std::out_of_bounds 类型的异常。

4.4.4　使用 C++ 类型转换代替 C 风格类型转换

为了避免误会，这里先发出一个重要的警告。

> ⚠️ **警告** 任何类型转换都是不好的，应该尽可能地避免！它们在一定程度上能够表明设计或多或少存在问题，尽管可能是一个相对较小的问题。

但是，如果在某种情况下无法避免类型转换，那么尽量不要使用 C 风格类型转换：

```
double d { 3.1415 };
int i = (int)d;
```

本例中 double 被转换为 int。这种显式类型转换伴随着精度的损失，因为浮点数的小数点位被丢弃了。C 风格显式类型转换大致意味着："编写这行代码的程序员知道会产生的后果。"

这当然比隐式类型转换好。不过，还是应该使用 C++ 类型转换，而不是 C 风格类型转换，如下所示：

```
int i = static_cast<int>(d);
```

简单来讲，除了 dynamic_cast<T> 之外，编译器会在编译期间检查 C++ 类型转换！而 C 风格类型转换并没有编译期检查功能，所以 C 风格类型转换可能在运行时失败，这可能会导致产生缺陷，甚至导致应用程序崩溃。例如，使用 C 风格类型转换可能会导致堆栈损坏，如下例所示：

```
int32_t i { 200 };                  // Reserves and uses 4 byte memory
int64_t* pointerToI = (int64_t*)&i; // Pointer points to 8 byte

*pointerToI = 9223372036854775807;  // Can cause run-time error through
                                    //   stack corruption
```

⊖　如可以把 std::erase_if、std::remove 等算法应用在 C 风格数组上。——译者注

显然，在上面这种情况下，可以将 64 位的值写入大小只有 32 位的内存区域，编译器没有办法让我们注意到这段代码存在潜在的凶险。编译器编译这段代码时，即使启用了很多安全检查功能，如 g++-std=C++17-pedantic-pedantic-errors-Wall-Wextra-Werror-Wconversion，编译期间也不会发出任何警告，这可能会导致在程序执行期间出现非常隐蔽的错误。

现在我们来看一下，如果在上述代码的第 2 行使用了 C++ 中的 static_cast，而不是使用 C 风格类型转换，会发生什么呢？

```
int64_t* pointerToI = static_cast<int64_t*>(&i); // Pointer points to 8 byte
```

编译器现在就可以在编译期间发现类型转换错误，并报告相应的错误消息：

```
error: invalid static_cast from type 'int32_t* {aka int*}' to type
'int64_t* {aka long int*}'
```

因此，使用 C++ 类型转换而不是 C 风格类型转换的另一个原因是，在程序中很难发现 C 风格类型转换的问题。此外，开发人员也很难在代码中发现它们，无法使用普通编辑器或文字处理器方便地搜索到 C 风格的类型转换代码。相比之下，他们可以很容易地搜索如 static_cast<>、const_cast<> 或 dynamic_cast<> 这样的类型转换代码。

以下是关于设计良好的现代 C++ 程序的类型转换的建议：

❑ **尽量避免任何类型转换**。要尽量消除存在类型转换的设计错误。

❑ 如果不能避免类型转换，**则只使用 C++ 类型转换**（static_cast<> 或 const_cast<>），因为编译器会检查这些类型转换。**永远不要使用糟糕的 C 风格类型转换**。

❑ **注意：dynamic_cast<> 也不应该使用，因为它被认为是糟糕的设计**。使用 dynamic_cast<> 表明层次结构的设计存在问题（详见第 6 章）。

❑ **在任何情况下都不要使用 reinterpret_cast<>**。这种类型转换标志着不安全、不可移植且依赖于实现的类型转换。它冗长而复杂的名称也是一种暗示，会让你思考你目前正在做什么。如果必须将一个对象逐位转换为另一个对象，请使用 std::bit_cast<>（C++20 新增功能），而不是 reinterpret_cast<> 或 std::memcpy()。std::bit_cast<>（定义在 <bit> 头文件中）可以在编译时（constexpr）进行计算，并要求所涉及的对象被完整地复制。

4.4.5 避免使用宏

也许，C 语言遗留下来的最严重的问题之一就是宏。宏是可以用名称标识的代码段。如果预处理器在预处理阶段，在程序中发现了宏的名称，那么，预处理器就会使用代码段替换该名称[⊖]。

    ⊖ 这就是宏的展开。——译者注

有一种宏是对象宏（object-like macro），这类宏通常用于为数字常量提供符号名，如代码清单 4-31 所示。

代码清单 4-31　两个对象宏示例

```
#define BUFFER_SIZE 1024
#define PI 3.14159265358979
```

其他典型的宏（函数宏）示例如代码清单 4-32 所示。

代码清单 4-32　两个函数宏示例

```
#define MIN(a,b) (((a)<(b))?(a): (b))
#define MAX(a,b) (((a)>(b))?(a): (b))
```

MIN 和 MAX 会比较两个值，分别返回较小的值和较大的值，这样的宏称为函数宏（function-like macro）。尽管这些宏看起来很像函数，但它们不是，C 预处理器仅用相关的代码段替换宏名称（事实上，它是一个文本的查找和替换的过程）。

宏具有潜在的危险性，它们的行为往往与预期不符，并且可能产生副作用。例如，假设你定义了一个这样的宏：

```
#define DANGEROUS 1024+1024
```

并且在某处写了像下面这样的代码：

```
int value = DANGEROUS * 2;
```

那么有人可能会认为 Value 的值是 4096，但实际上它的值是 3072，因为数据运算的顺序就是如此：从左到右，先乘除，再加减[⊖]。

另一个由于使用宏而产生意外副作用的例子，就是像下面这样使用 MAX：

```
int maximum = MAX(12, value++);
```

预处理器将生成以下内容：

```
int maximum = (((12)>(value++))?(12):(value++));
```

现在可以很容易地看到，value 的自增操作将会执行两次，这当然不是编写这段代码的开发人员所期望的行为。

所以，请不要再使用宏了！从 C++11 开始，宏已经被淘汰了。除非常特殊的情况外，宏不再是必需的，也不应该出现在现代 C++ 程序中。也许在未来 C++ 标准中引入反射（即程序在运行时检查、内省和修改其自身结构和行为的能力），可能有助于完全摆脱宏。但是在此之前，宏仍然需要用于某些特殊场合，例如，在使用单元测试或日志框架时。

⊖　上面的代码经过预处理阶段的宏展开后，就变成了 int value = 1024 + 1024*2，所以计算的结果就是 3072。——译者注

std::source_location（C++20）

从 C++20 开始，也可以不使用众所周知的 __FILE__ 和 __LINE__ 宏了。提醒：预处理器将宏 __FILE__ 展开为源代码文件的文件名，将宏 __LINE__ 展开为当前行号。这两个宏通常在为程序员生成日志语句和错误消息时使用。

C++20 中有一个替换类：std::source_location（定义在头文件 <source_location> 中）。该类有一个名为 std::source_location::current() 的静态工厂方法，该方法被设计成立即可调用的函数（consteval）。它可以用来在编译时创建一个新的 std::source_location 对象，该对象包含与调用点位置相对应的信息：

```cpp
#include <source_location>;
// ...and somewhere in the code:
const auto& location = std::source location::current();
```

该类提供了 4 个公共成员函数，即 file_name()、function_name()、column() 和 line()，使用这些函数可以获取对应的信息，以便输出或记录日志。

```cpp
std::cout << "Filename: " << location.file_name()
  << ", Function: " << location.function_name()
  << ", Line/Column: (" << location.line() << "," << location.column() << ")\n";
```

使用常量表达式来定义常量，而不是使用对象宏来定义：

```cpp
constexpr int HARMLESS = 1024 + 1024;
```

不要使用函数宏，而是使用真正的函数，例如函数模板 std::min 或 std::max，它们定义在头文件 <algorithm> 中（见 5.6.1 节）：

```cpp
#include <algorithm>
// ...
int maximum = std::max(12, value++);
```

现代 C++ 的高级概念

第 3 章和第 4 章讨论了基本原则和实践，这些原则和实践能够为编写整洁的现代 C++ 代码打下坚实的基础。将这些原则和规则熟记于心，开发人员就可以显著提升 C++ 内在的代码质量，通常也可以提高外部质量。代码越容易理解，可维护性越好，越容易扩展，bug 也会越少，这将为软件管理员带来更好的体验，因为使用这样健全的代码更有趣。通过第 2 章我们还了解到，维护良好、精心设计的单元测试也可以进一步提升软件的质量和开发效率。

除此之外，我们还可以做得更好吗？答案当然是"可以"。

正如我在第 1 章提到的那样，在过去的 10 年中，C++ 取得了相当大的进步。C++11 标准 (ISO/IEC 14882:2011) 从根本上改变了开发人员对 C++ 编程的看法。在 C++14 和 C++17，以及现在的 C++20 之后，这个标准包含了许多新特性。

前面的章节已经使用了一些 C++ 标准的特性，并且大部分都通过扩展内容的形式进行了解释。现在是时候深入研究其中的一些方法，并进一步探索它们是如何帮助我们编写整洁的现代 C++ 代码的。当然在这里，我不可能完整地介绍最新标准的所有特性，这已经远远超出了这本书的范围。撇开这个事实不说，新标准的语言特性在很多其他书中都可以找到。我们的目标不是在每个程序中使用新的 C++ 标准的所有特性，而是应该考虑到第 3 章中描述的 KISS 原则。因此，我选择了几个有代表性的主题，我相信这些主题可以帮助我们编写出非常整洁的 C++ 代码。

5.1 资源管理

对软件开发人员来说，资源管理是一项基本业务。大量各种各样的资源必须合理分配、使用和释放。主要的资源包括以下几方面：

❑ 内存（栈内存或者堆内存）。

❑ 用于访问硬盘或其他介质上文件的文件句柄⊖。

❑ 网络连接（例如连接到服务器或数据库的连接等）。

❑ 线程、锁、计时器和事务；

❑ 其他操作系统资源，如 Windows 操作系统上的 GDI 句柄⊖。

合理地使用资源可能是一项棘手的任务。请看代码清单 5-1 中的示例。

代码清单 5-1　处理堆上分配的资源

```cpp
void doSomething() {
  ResourceType* resource = new ResourceType();
  try {
    // ...do something with resource...
    resource->foo();
  } catch (...) {
    delete resource;
    throw;
  }
  delete resource;
}
```

这段代码有什么问题？或许你已经注意到，它有两个完全相同的 delete 语句。这种捕获所有异常的异常处理机制已经表明，代码中至少要有两个分支。这也意味着我们必须在两个位置确保资源被正确释放。在正常情况下，这种捕获所有异常的处理机制并不受欢迎，但是在本例中，我们没有更好的办法了，因为在抛出异常之前，要确保资源得到正确的释放，以便程序的其他地方（如函数调用点）可以使用该资源。

而且这个简单的例子中只有两个分支。在实际应用程序中，可能存在更多、更重要的代码分支。如果分支过多，忘记写 delete 的概率将会增大。任何一个分支只要遗漏 delete，就有可能导致资源泄露。

> ⚠警告 千万不要低估资源泄露问题！资源泄露是一个**很严重的问题**，特别是对于生命周期长的进程，以及快速分配很多资源而没有立即释放的进程。如果操作系统缺乏资源，这将直接导致系统处于危急状态。此外，资源泄露还可能是一种安全问题，因为攻击者很可能利用它们进行"拒绝服务"（Denial-of-Service，DoS）攻击。

对于上面这个简单的例子，最简单的解决方案是在栈上分配资源，而不是在堆上分配资源，如代码清单 5-2 所示。

⊖　Linux 平台上称为文件描述符。——译者注

⊖　GDI（Graphics Device Interface，图形设备接口）是微软 Windows 核心操作系统组件，负责呈现图形对象。

代码清单 5-2　简单方案：在栈上分配资源

```cpp
void doSomething() {
  ResourceType resource;

  // ...do something with resource...
  resource.foo();
}
```

代码这样写，无论在何种情况下，资源都可以安全释放。但是，并不是在任何情况下，我们都可以在栈上分配资源。

关键问题是：**我们该如何保证分配的资源总是被释放？**

5.1.1　资源申请即初始化

资源申请即初始化（RAII）是帮助我们安全处理资源的习惯用法（见 9.3 节），该习惯用法也称为 "构造时获得，析构时释放"（Constructor Acquires，Destructor Releases，CADRe），或者 "基于作用域的资源管理"（Scope-Based Resource Management，SBRM）。

RAII 利用了类的构造函数和析构函数之间的对称性，可以在类的构造函数中分配资源，在析构函数中释放资源。如果我们创建模板类，那么它可以用于申请和释放不同类型的资源，参见代码清单 5-3。

代码清单 5-3　一个可以管理多种类型资源的简单模板类

```cpp
template <typename RESTYPE>
class ScopedResource final {
public:
  ScopedResource() { managedResource = new RESTYPE(); }
  ~ScopedResource() { delete managedResource; }

  RESTYPE* operator->() const { return managedResource; }
  RESTYPE& operator*() const { return *managedResource; }

private:
  RESTYPE* managedResource;
};
```

现在就可以像代码清单 5-4 这样使用模板类 ScopedResource 了。

代码清单 5-4　用 ScopedResource 管理实例化资源

```cpp
#include "ScopedResource.h"
#include "ResourceType.h"

void doSomething() {

  ScopedResource<ResourceType> resource;
```

```
try {
   // ...do something with resource...
   resource->foo();
} catch (...) {
   // Perform error handling here...
   }
}
```

非常明显的是，这里不需要 new 和 delete。如果 resource 超过了它的作用域——这种现象在这个方法中很常见，那么被 ScopedResource 管理的资源就会在析构 ScopedResource 实例时被自动释放。

但是，一般情况下不需要“重新造轮子”，也不需要实现这种包装器（即智能指针）。

5.1.2 智能指针

从 C++11 开始，标准库提供了便于使用的、不同的高效智能指针的实现。这些智能指针在被引入 C++ 标准之前，已经在 Boost 库项目中开发了很长一段时间，所以我们可以认为这些智能指针是没有 bug 的。智能指针减少了内存泄露的可能性，此外，它们的引用计数机制被设计成线程安全的。

本节将简要介绍智能指针。

1. 具有独占所有权的 std::unique_ptr<T>

std::unique_ptr<T> 模板类（定义在 <memory> 头文件中）管理了一个指向 T 类型对象的指针。顾名思义，这个智能指针提供的是独占的所有权，也就是说，一个对象只能由 std::unique_ptr<T> 的一个实例所拥有，这是与 std::shared_ptr<T> 的主要区别，下面将对此进行解释。这也意味着不允许调用复制构造函数和复制赋值操作符。

std::unique_ptr<T> 的用法非常简单，如下所示：

```
#include <memory>

class ResourceType {
   //...
};

//...
std::unique_ptr<ResourceType> resource1 { std::make_unique<ResourceType>() };
// ... or shorter with type deduction ...
auto resource2 { std::make_unique<ResourceType>() };
```

完成构造之后，resource 的使用方式与使用指向 ResourceType 实例的裸指针的方式差不多（std::make_unique<T> 将在 5.1.3 节中解释）。例如，可以使用 * 和 -> 操作符来解引用指针：

```
resource->foo();
```

当然，如果超出了 resource 的作用域，resource 就会安全地释放其所持有的
ResourceType 类型的实例。但最好的地方是，resource 可以很容易地放入容器中，例如，
放入 std::vector 容器中：

```
#include "ResourceType.h"
#include <memory>
#include <vector>

using ResourceTypePtr = std::unique_ptr<ResourceType>;
using ResourceVector = std::vector<ResourceTypePtr>;

//...

ResourceTypePtr resource { std::make_unique<ResourceType>() };
ResourceVector aCollectionOfResources;
aCollectionOfResources.push_back(std::move(resource));
// IMPORTANT: At this point, the instance of 'resource' is empty⊖!
```

需要注意的是，std::vector::push_back() 分别调用了 std::unique_ptr<T> 的 move
构造函数和 move 赋值操作符（见 5.2 节）。因此，resource 不再管理对象，并被表示
为空。

正如前面提到的，调用 std::unique_ptr<T> 的复制构造函数是非法的。然而，使用
move 语义可以把 std::unique_ptr<T> 持有的资源转移给另一个 std::unique_ptr<T> 实例，
如下所示：

```
std::unique_ptr<ResourceType> pointer1 { std::make_unique<ResourceType>() };
std::unique_ptr<ResourceType> pointer2; // pointer2 owns nothing yet

pointer2 = std::move(pointer1);          // Now pointer1 is empty, pointer2
                                         is the new owner
```

2. 具有共享所有权的 std::shared_ptr <T>

std::shared_ptr<T>（定义在 <memory> 头文件中）的实例可以拥有 T 类型对象的所有权，
也可以与 std::shared_ptr<T> 的同类型实例共享这个所有权。换句话说，T 类型的一个实
例的所有权以及删除该实例的职责，可以在这个实例的众多所有者（std::shared_ptr<T> 的
实例）之间共享。

std::shared_ptr<T> 提供了简单且有限的垃圾回收功能。这个智能指针的内部实现
有一个引用计数器，用于监控当前有多少个共享对象的 std::shared_ptr<T> 实例。如果
std::shared_ptr<T> 的最后一个实例被销毁，那么最后被销毁的实例就会自动释放它持有

⊖　因为 resource 被移动到 aCollectionOfResources 中了，更详细的解释请见 5.2 节。——译者注

的资源（也就是 T 类型的对象）。

图 5-1 描述了类图和对象图。图的下方区域描述了在一个运行的系统中，3 个 Client 类的匿名实例使用 3 个 std::shared_ptr 实例共享同一资源（:Resource）的情况。_M_use_count 属性表示 std::shared_ptr 的引用计数器。

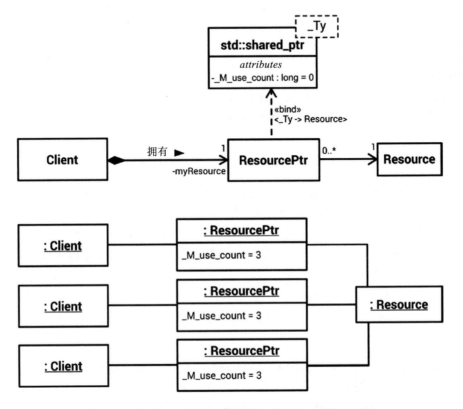

图 5-1　3 个 Client 类通过智能指针共享同一资源的情况

与前面讨论的 std::unique_ptr<T> 不同，std::shared_ptr<T> 是可以复制构造的，也可以使用 std::move<T> 来移动它指向的资源：

```cpp
std::shared_ptr<ResourceType> pointer1 { std::make_shared<ResourceType>() };
std::shared_ptr<ResourceType> pointer2;

pointer2 = std::move(pointer1); // The reference count does not get
modified, pointer1 is empty
```

上面的例子并没有修改智能指针的引用计数（请参见 std::shared_ptr<T> 的内部实现），但是在资源移动后必须小心使用 pointer1 变量，因为这个变量变成了空的，也就是说，它持有一个 nullptr。move 语义和实用函数 std::move<T> 将在后面的章节中讨论。

3. 无所有权但是能够安全访问的 std::weak_ptr<T>

有时候，让一个没有持有任何资源的指针指向一个或多个 std::shared_ptr<T> 实例共同持有的资源，也是有必要的。一开始你可能会说："好吧，但是如果不这么做，有什么问题吗？"我可以通过调用 std::shared_ptr<T> 的 get() 成员函数，从 std::shared_ptr<T> 的实例中获取裸指针，参见代码清单 5-5。

代码清单 5-5　从 std::shared_ptr<T> 的实例中获取裸指针

```
std::shared_ptr<ResourceType> resource {
std::make_shared<ResourceType>() };
// ...
ResourceType* rawPointerToResource { resource.get() };
```

小心陷阱！这么做会有危险。如果 std::shared_ptr<T> 的最后一个实例在程序的某个地方被释放了，而这个裸指针仍然在某个地方被使用，那么会发生什么情况呢？这个裸指针就变成了野指针，使用它可能会导致严重的问题（请记住 4.3.5 节中关于未定义行为的警告）。你没有办法也没有机会确定裸指针指向的地址是否有效。

如果你需要一个没有所有权的指针，那么应该使用 std::weak_ptr<T>（定义在 <memory> 头文件中），它对资源的生命周期没有影响。std::weak_ptr<T> 仅仅"观察"它指向的资源，并检查该资源是否有效，参见代码清单 5-6。

代码清单 5-6　使用 std::weak_ptr<T> 管理资源

```
01  #include <memory>
02
03  void doSomething(const std::weak_ptr<ResourceType>& weakResource) {
04    if (! weakResource.expired()) {
05      // Now we know that weakResource contains a pointer to a valid object
06      std::shared_ptr<ResourceType> sharedResource = weakResource.lock();
07      // Use sharedResource...
08    }
09  }
10
11  int main() {
12    auto sharedResource{ std::make_shared<ResourceType>() };
13    std::weak_ptr<ResourceType> weakResource{ sharedResource };
14
15    doSomething(weakResource);
16    sharedResource.reset(); // Deletes the managed instance of ResourceType
17    doSomething(weakResource);
18
19    return 0;
20  }
```

正如代码清单 5-6 的第 4 行所示，我们可以通过 std::weak_ptr<T> 的 expired() 成员函数来检查它指向的资源是否有效。但是 std::weak_ptr<T> 不提供指针解引用操作符，如 * 或 ->。如果要使用其"观察"的资源，那么必须先调用 lock() 成员函数（参阅第 6 行代码）来获取一个 std::shared_ptr<T> 的实例。

现在，你可能有这样的疑问：std::weak_ptr<T> 的使用场景有哪些？我可以很容易地在任何需要资源的地方使用 std::shared_ptr<T>，那么，为什么 std::weak_ptr<T> 的存在是必要的呢？

首先，使用 std::shared_ptr<T> 和 std::weak_ptr<T> 就能够区分软件设计中的资源所有者和资源使用者。并不是每一个因特定的、有时间限制的任务而需要资源的软件单元都想成为资源的所有者。正如我们在前面例子中的 doSomething() 函数中所看到的那样，有时仅在有限的时间内将弱指针"提升"为强指针就足够了。

一个很好的例子就是对象缓存，为了提高性能，它将最近访问的对象在内存中保存一段时间。缓存中的对象与 std::shared_ptr<T> 实例和最后使用的时间戳一起保存。有一种垃圾回收器会周期性地扫描缓存，并决定销毁那些在一定时间范围内没有被使用的对象。

在使用缓存对象的地方，std::weak_ptr<T> 的实例用于指向这些对象，但是不拥有对象的所有权。如果 std::weak_ptr<T> 的 expired() 成员函数返回 true，那么垃圾回收进程就从缓存中清除该指针指向的对象。另外，可以使用 std::weak_ptr<T>::lock() 函数获取 std::shared_ptr<T> 的实例，这样，即使垃圾回收进程处于活动状态，也可以安全地使用这个对象。垃圾回收进程需要评估 std::shared_ptr<T> 的引用计数，根据引用计数确定当前对象至少正在被一个用户使用。因此，对象的生命周期被延长了。当引用计数为 0 时，垃圾回收进程从缓存中删除这个对象，这样不会影响它的使用者[⊖]。

另一个例子是处理循环依赖问题。例如，如果类 A 需要拥有一个指向类 B 的指针，同时，类 B 需要拥有一个指向类 A 的指针，那么就会产生循环依赖问题。如果使用 std::shared_ptr<T> 指向各自的类，如代码清单 5-7 所示，可能会导致内存泄露。原因是在各自的共享指针实例中，引用计数永远不为 0，对象永远不会被删除。

代码清单 5-7　使用 std::shared_ptr<T> 导致的循环依赖问题

```cpp
#include <memory>

class B; // Forward declaration

class A {
public:
  void setB(std::shared_ptr<B>& pointerToB) {
    myPointerToB = pointerToB;
```

⊖ 这种周期性检查资源使用情况的垃圾回收机制并不好，因为有可能会引起系统的抖动。——译者注

```
  }
private:
  std::shared_ptr<B> myPointerToB;
};
class B {
public:
  void setA(std::shared_ptr<A>& pointerToA) {
    myPointerToA = pointerToA;
  }
private:
  std::shared_ptr<A> myPointerToA;
};

int main() {
  { // Curly braces build a scope
    auto pointerToA = std::make_shared<A>();
    auto pointerToB = std::make_shared<B>();
    pointerToA->setB(pointerToB);
    pointerToB->setA(pointerToA);
  }
  // At this point, one instance each of A and B is "lost in space"
    (memory leak!)

  return 0;
}
```

将类 A 和类 B 中的 std::shared_ptr<T> 的成员变量类型替换为 std::weak_ptr<T> 类型，就能解决内存泄露的问题，参见代码清单 5-8。

代码清单 5-8　使用 std::weak_ptr<T> 处理循环依赖问题

```
class B; // Forward declaration

class A {
public:
  void setB(std::shared_ptr<B>& pointerToB) {
    myPointerToB = pointerToB;
  }
private:
  std::weak_ptr<B> myPointerToB;
};
class B {
public:
  void setA(std::shared_ptr<A>& pointerToA) {
    myPointerToA = pointerToA;
  }
```

```
private:
  std::weak_ptr<A> myPointerToA;
};
// ...
```

基本上来说，循环依赖是应用程序代码中糟糕的设计，应该尽可能地避免。在底层库中可能会有一些例外，因为循环依赖不会导致严重的问题。除此之外，开发人员应该遵循 6.2.2 节的"无环依赖原则"。

4. 原子智能指针

正如我提到的，std::shared_ptr<T> 和 std::weak_ptr<T> 的实现在设计上是线程安全的。只有指针的引用计数才是线程安全的，指针管理和共享的资源不是线程安全的[⊖]！std::shared_ptr<T> 能够保证引用计数的增减，以及在必要时删除管理的资源，都是原子操作。

原子操作

在计算机科学和软件开发中，原子操作是一组单个操作的集合，可以看作一个不可分割的逻辑单元，这意味着它们被作为一个整体，该整体要么成功要么失败，没有中间状态。原子操作在数据库更改中扮演着重要的角色（也就是事务安全），在软件开发中，锁的实现可以避免并行编程中的数据竞争。

普通的智能指针不能保证它们管理的资源被原子操作，也不能保证调用管理的资源的非 const 方法（如分配新资源）是原子的和线程安全的[⊖]。第二个问题现在可以通过 C++20 新增加的 std::atomic<T> 的两个偏特化模板 std::atomic<std::shared_ptr<T>> 和 std::atomic<std::weak_ptr<U>>（两者都定义在 <memory> 头文件中）来解决。为了防止在使用普通智能指针时在并发环境中出现数据竞争问题和未定义的行为，应该使用原子智能指针类型。**但是，要小心**：应该始终记住，即使使用这些原子指针，智能指针管理的资源也不会受到数据竞争机制的保护！

5.1.3 避免显式的 new 和 delete

在使用现代 C ++ 进行编程时，应该尽可能地避免显式地调用 new 和 delete。或许你会问为什么？一个简单而直接的解释是：new 和 delete 会增加代码的复杂度。

⊖ 除非资源的实现者对资源进行了保护。——译者注

⊖ 在使用标准的智能指针时，虽然智能指针的引用计数是线程安全的，但不能保证智能指针所管理的资源也是线程安全的，也不能保证资源的方法具备原子性，也就是说资源是否线程安全、是否具有原子性是由资源的实现者决定的。——译者注

更具体的解释是：每当不可避免地调用 new 和 delete 时，就必须处理特殊的非默认情况，这种情况需要特殊处理。为了理解这些异常情况，我们来看看 C++ 开发人员应该实现的默认情况。

可以使用以下措施来避免显式调用 new 和 delete：

- ❑ **尽可能使用栈内存**。在栈上分配内存比较简单（请牢记 KISS 原则），而且也是安全的。栈内存永远不会造成内存泄露。资源一旦超出它的作用域就会被销毁，甚至可以以传值的形式从函数返回对象，从而将其内容传递给调用函数。
- ❑ **使用 make functions 在堆上分配资源**。使用 std::make_unique<T> 或 std::make_shared<T> 实例化资源，然后将它包装成一个资源管理对象（也就是智能指针）去管理资源。
- ❑ **尽量使用容器（标准库、Boost 等）**。容器会对其元素进行存储空间的管理。如果是自己开发数据结构或序列容器，就必须自己实现所有的内存管理细节，这将是一项复杂且容易出错的任务。
- ❑ **如果有特殊的内存管理，则利用特有的第三方库封装资源**（见 5.1.4 节）。

5.1.4　管理专有资源

正如本节关于资源管理的介绍中所提到的，有些资源不是用 new 或 delete 操作符在堆上申请和释放的，例如，在文件系统中打开的文件、数据库连接、动态链接模块（如 Windows 操作系统上的动态链接库），以及图形界面的对象（如窗口对象、按钮对象、文本框输入对象等）。

通常，这类资源是通过句柄来管理的。句柄是操作系统资源的抽象及唯一引用。在 Windows 平台上，用 HANDLE 这种数据类型定义句柄。实际上，该数据类型定义在头文件 WinNT.h 中，这个 C 风格的头文件定义了很多 Win32 API 的宏和类型：

```
typedef void *HANDLE;
```

例如，如果想用某个合理的进程 ID 访问 Windows 进程，则可以使用 Win32 API 函数 OpenProcess() 来检索该进程的句柄：

```
#include <windows.h>
// ...
const DWORD processId = 4711;
HANDLE processHandle = OpenProcess(PROCESS_ALL_ACCESS, FALSE, processId);
```

用完句柄后，必须使用 CloseHandle() 函数释放该句柄。

```
BOOL success = CloseHandle(processHandle);
```

因此，这种用法有类似于 new 操作符和 delete 操作符的对称性，它也应该利用 RAII 来管理，并对此类资源使用智能指针。首先，我们需要用自定义的删除器（CloseHandle()）

替换默认的删除器：

```cpp
#include <windows.h> // Windows API declarations

class Win32HandleCloser {
public:
  void operator()(HANDLE handle) const {
    if (handle != INVALID_HANDLE_VALUE) {
      CloseHandle(handle);
    }
  }
};
```

请注意！ 如果用别名定义，则 std::shared_ptr<T> 现在管理的类型即为 void** 类型，因为 HANDLE 已经被定义成指向 void 的指针类型：

```cpp
using Win32SharedHandle = std::shared_ptr<HANDLE>; // Caution!
```

指向 Win32 HANDLE 的智能指针应该像下面这样定义：

```cpp
using Win32SharedHandle = std::shared_ptr<void>;
using Win32WeakHandle = std::weak_ptr<void>;
```

> **注意** 在 C++ 中不允许定义 std::unique_ptr<void>！这是因为 std::shared_ptr<T> 实现了类型擦除功能，但是 std::unique_ptr<T> 并不支持类型擦除功能。如果一个类支持类型擦除功能，将意味着它可以存储任意类型的对象并正确地释放它们。

如果想用 Win32SharedHandle，那么必须注意，在对象构造时应当传一个自定义的删除器（Win32HandleCloser）作为构造函数的参数：

```cpp
const DWORD processId = 4711;
Win32SharedHandle processHandle { OpenProcess(PROCESS_ALL_ACCESS, FALSE,
processId),
  Win32HandleCloser() };
```

5.2 move 语义

如果有人问 C++11 的哪个特性对现代 C++ 的发展影响最大——不管是对于现在要写的代码还是对于将来要写的 C++ 代码，我都会很明确地回答是 move（移动）语义。虽然 4.3.5 节已经简单提到过 C++ 的 move 语义，但我认为它非常重要，所以我想在这里深入探讨一下这个特性。

5.2.1　什么是 move 语义

以前在许多情况下，旧版本的 C++ 语言迫使我们使用复制构造函数，实际上我们并非真正想要对对象进行深拷贝。相反，我们只是想"移动"对象的数据，如其他对象、数据成员或原始数据类型等。

以前必须复制对象而不是移动对象的例子如下：

❑ 局部变量作为函数或方法的返回值时。在 C++11 之前为了防止复制构造的情况发生，经常利用指针解决这类问题。

❑ 向 std::vector 或其他容器中插入对象时。

❑ 实现 std::swap<T> 模板函数时。

在前面提到的许多情况下，没有必要保持原对象的完整性，即没有必要为了让原对象保持可用而创建一个深度副本[⊖]（从运行时效率方面来讲非常耗时）。

C++11 引入了一种语言特性，即移动对象的内部数据这一特性。除了复制构造函数和复制赋值操作符，类的开发人员可以实现 move 构造函数和 move 赋值操作符（我们将在后面的章节讲到其实**不应该**这样做）。通常，move 赋值操作符效率比复制赋值操作符效率要高。相比复制操作，原对象的数据只是传递给了目标对象，而操作的参数（即原对象）被置于一种"空"状态或者原始的状态。

代码清单 5-9 中的示例展示了一个类，该类显式地实现了两种类型的语义：复制构造函数（第 6 行）和复制赋值操作符（第 8 行），以及 move 构造函数（第 7 行）和 move 赋值操作符（第 9 行）。

代码清单 5-9　显示定义复制和 move 两种语义的类

```
01  #include <string>
02
03  class Clazz {
04  public:
05    Clazz() noexcept;                        // Default constructor
06    Clazz(const Clazz& other);               // Copy constructor
07    Clazz(Clazz&& other) noexcept;           // Move constructor
08    Clazz& operator=(const Clazz& other);    // Copy assignment operator
09    Clazz& operator=(Clazz&& other) noexcept; // Move assignment operator
10    virtual ~Clazz() noexcept;               // Destructor
11
12  private:
13    // ...
14  };
```

⊖ 也就是深拷贝，因为深拷贝后，原对象的数据与新对象的数据完全隔离了，所以新、旧对象都是完整的，互不影响，也都是可用的。——译者注

注意 noexcept 说明符指示函数是否可以抛出异常，详见 5.7.1 节。

正如我们将在 5.2.5 节中提到的那样，不需要显示地声明和定义这些构造函数和赋值操作符，这是我们任何一位 C++ 开发人员的目标。

move 语义与右值引用（见 5.2.2 节）密切相关。当把右值引用作为参数时，构造函数和赋值操作符分别称为"move 构造函数"和"move 赋值操作符"。右值引用一般使用 && 进行标识，为了更好地区分，左值引用使用 & 进行标识。

5.2.2 左值和右值的关系

左值和右值是从 C 语言继承而来的，因为左值通常出现在赋值操作符的左侧（虽然有时也会出现在右侧），而右值通常出现在赋值操作符的右侧。在我看来，对左值更好的解释是它是一个可寻址的值，这可以清楚地表明左值是一个在内存中有位置的对象（即它具有可访问且合法的内存地址）。

相对于左值，右值是表达式中非左值的部分，它是一个临时对象或者子对象，因此不能给右值赋值。

虽然这些定义都来自 C 语言，但是 C++11 还是引入了更多种类的定义（xvalue、glvalue 和 prvalue）来支持 move 语义，这些非常适合日常使用。

左值表达式最简单的一种形式是变量声明：

```
Type var1;
```

var1 表达式就是一个左值类型。下面这些定义也都是左值类型：

```
Type* pointer;
Type& reference;
Type& function();
```

左值可以是赋值操作符左边的操作数，如下边这个整型变量 theAnswerToAllQuestions：

```
int theAnswerToAllQuestions = 42;
```

还有，用一个内存地址给指针赋值可以很明确地表明指针是左值：

```
Type* pointerToVar1 = &var1;
```

字面值"42"则是一个右值。它不代表内存中可标识的位置，所以不可能为它赋值（当然，右值也可以占用栈上数据区的内存，但是这个内存是临时的，而且赋值完成后就会被立即释放）：

```
int number = 23; // Works, because 'number' is an lvalue
42 = number; // Compiler error: lvalue required as left operand of
             assignment
```

你不相信上面示例中 function() 是左值吗？没错，它就是左值！你可以编写下面这样的一段代码（不要怀疑，它只是有点奇怪），编译器会编译它的：

```
int theAnswerToAllQuestions = 42;

int& function() {
  return theAnswerToAllQuestions;
}
int main() {
  function() = 23; // Works!
  return 0;
}
```

5.2.3　右值引用

上边已经提到 C++11 的 move 语义与右值引用密切相关。这些右值引用使得右值在内存中的寻址成为可能。在下面的例子中，临时内存被分配给右值引用，从而使其成为"永久的"。你甚至可以获取指向该位置的指针，并使用该指针操作由右值引用指向的内存。

```
int&& rvalueReference = 25 + 17;
int* pointerToRvalueReference = &rvalueReference;
*pointerToRvalueReference = 23;
```

引入右值之后，它们也可以作为函数或者方法的参数。表 5-1 给出了可能的用法。

表 5-1　不同函数或者方法的签名和它们接受的参数类型

函数签名或方法签名	接受的参数类型
void function(Type param) **void** X::method(Type param)	左值和右值参数都可以
void function(Type& param) **void** X::method(Type& param)	只接受左值参数
void function(**const** Type& param) **void** X::method(**const** Type& param)	左值和右值参数都可以
void function(Type&& param) **void** X::method(Type&& param)	只接受右值参数

表 5-2 展示了函数和方法返回值的情况，以及函数和方法允许的返回值的类型。

表 5-2　函数和方法可能接受的返回值的类型

函数签名或方法签名	可能接受的返回值的类型
Type function() Type X::method()	[const]int、[const]int& 或 [const]int&&

（续）

函数签名或方法签名	可能接受的返回值的类型
Type& function() Type& X::method()	非 const int 或 int&
Type&& function() Type&& X::method()	字面值（如返回值 42）或对象右值引用（通过 std::move() 获取），对象的生命期比函数的生命期长

当然，右值引用可以作为任何函数或者方法的参数，它们常应用于 move 构造函数和 move 赋值操作符，参见代码清单 5-10。

代码清单 5-10　一个显式定义复制和移动语义的类

```cpp
#include <utility> // std::move<T>

class Clazz {
public:
  Clazz() noexcept = default;
  Clazz(const Clazz& other) {
    // Classical copy construction for lvalues
  }

  Clazz(Clazz&& other) noexcept {
    // Move constructor for rvalues: moves content from 'other' to this
  }

  Clazz& operator=(const Clazz& other) {
    // Classical copy assignment for lvalues
    return *this;
  }
  Clazz& operator=(Clazz&& other) noexcept {
    // Move assignment for rvalues: moves content from 'other' to this
    return *this;
  }
  // ...
};

int main() {
  Clazz anObject;
  Clazz anotherObject1(anObject);            // Calls copy constructor
  Clazz anotherObject2(std::move(anObject)); // Calls move constructor
  anObject = anotherObject1;                 // Calls copy assignment
                                             //   operator
  anotherObject2 = std::move(anObject);      // Calls move assignment
                                             //   operator

  return 0;
}
```

5.2.4　不要滥用 move 语义

也许你已经注意到代码清单 5-10 用函数 std::move<T>()（定义在头文件 <utility> 中）来实现 move 语义。

首先，不要被 std::move<T>() 函数误导了，它并不移动任何东西。某种程度上，它是对 T 类型右值引用对象的一个强制类型转换。

在大多数情况下，没有必要那样做。正常情况下，选用复制构造函数及对应的复制赋值操作符还是 move 构造函数及 move 赋值操作符，编译器在编译期间会通过重载解析自动进行选择。编译器根据遇到的是左值还是右值，然后相应地选择最合适的构造函数或赋值操作符。C++ 标准库的容器还考虑到了 move 操作保证的异常安全级别（见 5.7.1 节）。

注意，不要编写如代码清单 5-11 的示例代码。

代码清单 5-11　不合理使用 std::move() 的场景

```
#include <string>
#include <utility>
#include <vector>

using StringVector = std::vector<std::string>;

StringVector createVectorOfStrings() {
  StringVector result;
  // ...do something that the vector is filled with many strings...
  return std::move(result); // Bad and unnecessary, just write "return
  result;"!
}
```

在 return 语句中使用 std::move<T>() 完全是没有必要的，因为编译器知道这个变量是要移出函数的变量 [自 C++11 以来，所有标准库容器及标准库的许多其他类（如 std::string）都支持 move 语义]。一个更糟糕的影响可能是它会干扰返回值优化（Return Value Optimization，RVO）。RVO 是几乎所有编译器都会执行的一种复制消除。RVO 允许编译器在从函数或方法返回值时，优化代价高昂的复制构造（见 4.3.5 节）。

经常要思考第 3 章的重要原则：**小心优化原则**！不要在代码中到处使用 std::move<T>() 函数，仅仅因为你觉得在优化代码时你比编译器更聪明，事实并非如此！太多的 std::move<T>() 会影响代码的可读性，也会导致编译器无法正确地执行其优化策略。

5.2.5　零原则

作为一名资深的 C++ 开发者，或许你早就知道三原则（Rule of Three）和五原则（Rule of Five）。三原则 [Koenig01] 最早由 Marshall Cline 于 1991 年提出，强调如果一个类需显式定义析构函数，那么它也应该总是定义复制构造函数和复制赋值操作符。随着 C++11 的出现，

move 构造函数和 move 赋值操作符被加入 C++ 语言，三原则被扩展成了五原则，多出来的
两个 move 函数也需要在类中进行显式定义。

长久以来，三原则或五原则对于 C++ 设计都是很好的建议，因为当开发人员不考虑它
们时，会出现一些微妙的错误，代码清单 5-12 可以证明这一点。

代码清单 5-12　字符串类的一种不合理的实现

```cpp
#include <cstring>

class MyString {
public:
  explicit MyString(const std::size_t sizeOfString) : data { new
  char[sizeOfString] } { }
  MyString(const char* const charArray ) {
    data = new char[strlen(sizeOfArray) + 1];
    strcpy(data, charArray);
  }
  virtual ~MyString() { delete[] data; };

  char& operator[](const std::size_t index) {
    return data[index];
  }
  const char& operator[](const std::size_t index) const {
    return data[index];
  }
  // ...

private:
  char* data;
};
```

这确实是一个非常业余的字符串类，有一些缺陷，如在初始化构造函数中没有检查指针
（charArray）是否为 nullptr，而且没考虑到字符串经常变长或缩短的事实。当然，现在没人
会自己实现字符串类了，因为没有必要"重新造轮子"。std::string 是 C++ 标准库中的一
个高可用的字符串类。然而，根据上面的示例，很容易证明为什么坚持五原则那么重要。

为了保证内部字符串初始化构造函数分配的内存可以安全地释放，必须定义并显式实
现析构函数。上面的示例违反了五原则，复制构造函数和 move 构造函数及复制赋值操作符
和 move 赋值操作符都没有被显式地定义。

假设我们想用下面的方法来使用 MyString 类：

```cpp
int main() {
  MyString aString("Test", 4);
  MyString anotherString { aString }; // Uh oh! :-(
  return 0;
}
```

由于 MyString 类中没有显式地定义复制构造函数和 move 构造函数，因此编译器会合成这些特殊成员函数，也就是说，编译器会生成默认的复制构造函数和 move 构造函数。这些默认的实现只会对源对象成员变量进行浅拷贝。在我们的例子中，复制的是存储在字符指针 data 中的地址值，而不是内存中指针指向的对象。

这就意味着在调用默认的复制构造函数创建 anotherstring 之后，MyString 的两个实例同时指向了同一块内存，这在图 5-2 中编译器的 Debug 模式下一目了然。

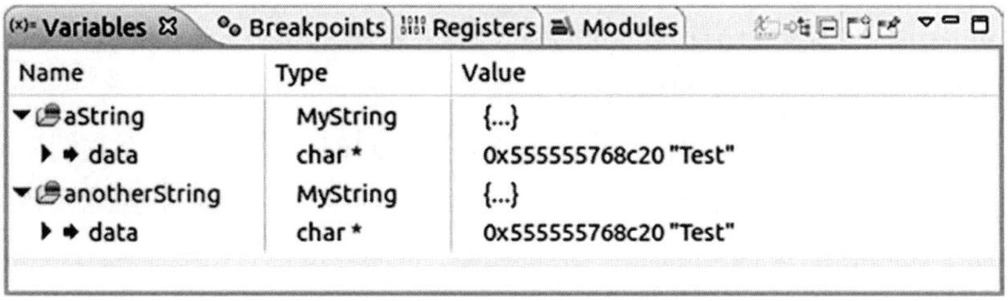

图 5-2　两个指针指向同一内存地址

如果字符串对象被销毁，就会导致内存的数据被双重删除的错误，因此会出现严重问题，比如出现段错误或者未定义行为。

正常情况下，在类中没有理由去显式定义析构函数。被迫定义析构函数就是一个值得注意的例外情况，因为它表明在对象生命周期结束时，你需要花费一些精力对资源进行特殊处理。一个非普通的析构函数通常需要释放资源，例如释放堆上的内存。因此，为了让资源能够正确地复制或者移动，你也需要显式地定义复制构造函数和 move 构造函数及复制赋值操作符和 move 赋值操作符，这就是五原则的含义。

有很多方法可以解决上面和问题。一种方法是，可以提供显式的复制构造函数和 move 构造函数及复制赋值操作符和 move 赋值操作符去正确分配内存，如对指针指向的对象进行深拷贝，或者将内存的所有权从原对象转移到目标对象。

另一种方法是，禁止复制和移动，同时阻止编译器生成这些函数的默认版本。C++11 之后可以通过删除这些特殊的成员函数来达到这个目的，任何使用已被删除函数的代码都是错误的，编译器将不会编译成功，如代码清单 5-13 所示。

代码清单 5-13　修改后的 MyString 类，它显式地删除了复制构造函数和复制赋值操作符

```
class MyString {
public:
  explicit MyString(const std::size_t sizeOfString) : data { new
  char[sizeOfString] } { }
  MyString(const char* const charArray ) {
    data = new char[strlen(sizeOfArray) + 1];
    strcpy(data, charArray);
  }
  virtual ~MyString() { delete[] data; };
```

```
  MyString(const MyString&) = delete;
  MyString(MyString&&) = delete;
  MyString& operator=(const MyString&) = delete;
  MyString& operator=(MyString&&) = delete;

  // ...
};
```

问题是，删除了特殊的成员函数，该类的使用范围将受限。例如，MyString 现在不能用在 std::vector 中，因为 std::vector 要求类型 T 实现 move 语义，并且 vector 的一些操作还要求它是可复制赋值和可复制构造的。

好了，现在是时候选择另一种不同的方法，用不同的方式思考了。我们要做的是不使用析构函数来释放分配的资源，如果可以，根据五原则也没有必要明确地实现其他特殊成员函数，请参见代码清单 5-14。

代码清单 5-14 用 char 类型的 vector 替换 char 类型的指针会使显式析构函数变得多余

```
#include <vector>

class MyString {
public:
  explicit MyString(const std::size_t sizeOfString) {
    data.resize(sizeOfString, ' ');
  }

  MyString(const char* const charArray, const size_t sizeOfArray) :
  MyString(sizeOfArray) {
    if (charArray != nullptr) {
      for (size_t index = 0; index < sizeOfArray; index++) {
        data[index] = charArray[index];
      }
    }
  }

  char& operator[](const std::size_t index) {
    return data[index];
  }
  const char& operator[](const std::size_t index) const {
    return data[index];
  }
  // ...

private:
  std::vector<char> data;
};
```

再一次强调：我知道自己实现的这个字符串类是业余的，不过现在已经不重要了，因为这里只用于演示。

那么，现在改变了什么呢？我们用 char 类型元素的 std::vector 替换了 char* 类型的私有成员。因此，我们不再需要显式实现析构函数了，因为如果 MyString 类型的对象被销毁，我们现在不用做任何事情了⊖。没有必要显式地释放任何资源。因此，编译器生成的特殊成员函数，如复制构造函数和 move 构造函数或复制赋值操作符和 move 赋值操作符，在使用时可以自动执行正确的操作，而且不必显式地定义。这是个好消息，因为这遵循了 KISS 原则（详见第 3 章）。

这也是我们所说的零原则！ 零原则是由 R. Martinho Fernandes 于 2012 年 [Fernandes12] 的一篇博客文章中提出来的。在 C++ 2013 的会议上，ISO 标准委员会成员 Peter Sommerlad 教授也提出了该原则。

> **注意** 零原则强调，编写类时，不需要定义非虚析构函数（例外：继承层次结构的基类应该定义公共虚析构函数或受保护的非虚析构函数，参见 C++ *Core Guidelines* 的 C.35 规则），也不需要定义复制构造函数和 move 构造函数或复制赋值操作符和 move 赋值操作符。应该使用 C++ 智能指针、标准库类和容器来管理资源。

换句话说，零原则规定类应该以这样一种方式来设计：编译器自动生成的成员函数（复制构造函数、move 构造函数及析构函数）可以正确地执行。这样的话类就会很容易被理解（考虑 3.2 节中的 KISS 原则），更不容易出错，也更容易维护。这个原则背后的原理：通过编写更少的代码来做更多的事情。

5.3　编译器是你的搭档

正如我在其他地方所写的那样，C++11 标准的出现从根本上改变了现代 C++ 程序的设计方式。开发人员在编写现代 C++ 代码时所使用的风格、模式和术语与以往大不相同。最新的 C++ 标准除了提供许多有用的特性来编写可维护、易理解、高效且易测试的 C++ 代码之外，还改变了其他东西：**编译器的角色！**

在以前，编译器只是一个将源代码翻译为计算机可执行的机器指令（目标代码）的工具。但是现在，它已经逐渐成为一个在不同层次上帮助开发人员的工具了。现在使用 C++ 编译器需要遵循以下三个指导原则：

- ❑ 能在编译阶段解决的事情就在编译阶段解决。
- ❑ 能在编译阶段检查的事情就在编译阶段检查。
- ❑ 编译器所知道的关于程序的一切都应该由编译器决定。

⊖ 修改后的 data 成员是 std::vector<char> 类型的，在 MyString 对象析构时 data 会被正确地析构，所以不用显式地实现析构函数了。——译者注

在前面的章节中，我们已经了解了在某些情况下编译器是如何进行优化的。例如，在学习 move 语义时，我们了解到现代 C++ 编译器能够执行多多复杂的优化（如复制消除），从而减少开发人员的工作量。在接下来的几节中，我将展示编译器是如何支持我们的开发工作，并让代码变得更简单的。

5.3.1　自动类型推导

你是否了解 C++11 标准发布之前关键字 auto 的含义？我认为，在过去它是 C++ 语言中最不为人所了解的关键字，也是使用最少的关键字。在 C++ 98 和 C++03 标准中，auto 被称为存储类说明符，通常用来定义拥有“自动生命周期”的局部变量，由它定义的变量的生命周期从定义时开始，在变量所在的块退出时终止。在 C++11 及以后的版本中，若没有特别说明，所有的变量都有默认的自动生命周期。因此，关键字 auto 拥有了一个全新的语义。

现在，auto 关键字用来实现自动类型推导（有时也称为类型推断）。如果它用作变量的类型说明符，则表明该变量的类型将从它的初始化表达式中自动推导出来，例如：

```
auto theAnswerToAllQuestions = 42;
auto iter = begin(myMap);
const auto gravitationalAccelerationOnEarth = 9.80665;
constexpr auto sum = 10 + 20 + 12;
auto strings = { "The", "big", "brown", "fox", "jumps", "over", "the",
"lazy", "dog" };
auto numberOfStrings = strings.size();
```

参数依赖查找

参数依赖查找（Argument Dependent Lookup，ADL），也称为 Koenig 查找（以美国计算机科学家 Andrew Koenig 的名字命名），是一种编译器技术，对于非限定的函数名（没有写前缀命名空间限定符的函数），可以通过调用它时传递的参数类型进行名称查找。

假如你定义了一个 std::map<K,T>（在头文件 <map> 中声明），如下所示：

```
#include <map>
#include <string>
std::map<unsigned int, std::string> words;
```

在使用 begin() 或 end() 函数获取 map 容器的迭代器时，由于 ADL 的存在可以不用写出函数所在的命名空间，即可以简写为下面的这种形式：

```
auto wordIterator = begin(words);
```

编译器不仅会在局部作用域查找，还会在包含参数类型的命名空间查找（在这里，map<K,T> 的命名空间为 std）。因此，在上面的例子中，编译器在命名空间 std 中找到了适用于 map 容器的 begin() 函数。

在某些情况下，必须显式地写出命名空间，例如，你想对一个简单 C 风格的数组使用 std::begin() 和 std::end() 时。

可以看出，使用 auto 而不是使用具体的类型，看起来似乎很方便，因为开发人员无须记住各种类型的名称。他们只需要写出 auto、const auto、auto&（引用）或 const auto&（常量引用）即可，剩下的工作交给编译器完成，因为编译器知道所赋值的类型。当然，自动类型推导也可以和 constexpr 一起使用（见 5.3.2 节）。

不要害怕过多地使用 auto（包括 auto& 和 const auto&），因为代码仍然是静态类型的，并且变量类型也仍然是明确定义的。例如，上面的例子中变量 strings 的类型是 std::initializer_list<const char*>，numberOfStrings 的类型是 std::initializer_list <const char*>::size_type。

开发人员应该注意的唯一一件事是，auto 将忽略 const 和引用限定符，因此粗心地使用它可能导致生成不必要的副本。特别是在基于范围的 for 循环中，这一点很容易被忽略：

```cpp
#include <string>
#include <vector>

// And somewhere in the code...
std::vector<std::string> aLotOfStrings { .......... };

for (auto str : aLotOfStrings) {
  // Attention: A copy of each string will be made!
}
for (const auto& str : aLotOfStrings) {
  // Copies are avoided.
}
```

std::initializer_list<T> (C++11)

在 C++11 标准发布之前，如果要初始化一个标准库容器，必须写成下面这种形式：

```cpp
std::vector<int> integerSequence;
integerSequence.push_back(14);
integerSequence.push_back(33);
integerSequence.push_back(69);
// ...and so on...
```

使用 C++11 后，只需要这样写：

```cpp
std::vector<int> integerSequence { 14, 33, 69, 104, 222, 534 };
```

这样写的原因是 std::vector<T> 重载了它的构造函数，以致 std::vector<T> 可以接受初始化列表作为参数。初始化列表是 std::initializer_list<T>（定义在头文件 <initializer_list> 中）的一个对象。

当使用 {} 初始化列表，即被大括号包围的以逗号分隔的值列表时，std::initializer_list<T> 类型的对象就会被编译器自动构造。你也可以为自己的类写一个可以接受初始化列表的构造函数，请看下面的例子：

```cpp
#include <string>
#include <vector>

using WordList = std::vector<std::string>;

class LexicalRepository {
public:
  explicit LexicalRepository(const std::initializer_list<const char*>& words) {
    wordList.insert(begin(wordList), begin(words), end(words));
  }
  // ...

private:
  WordList wordList;
};

int main() {
LexicalRepository repo { "The", "big", "brown", "fox", "jumps", "over",
"the", "lazy", "dog" };
  // ...
  return 0;
}
```

> 注意 这个初始化列表不要和成员类的初始化列表混淆。

在 C++14 标准发布后，支持函数的返回值自动类型推导。当返回类型的名称难以记住或难以描述时，这一点尤其有用，例如将复杂的非标准数据类型作为返回类型时，通常会出现这种情况。

```cpp
auto function() {
  std::vector<std::map<std::pair<int, double>, int>> returnValue;
  // ...fill 'returnValue' with data...
  return returnValue;
}
```

到目前为止，我们还没有介绍过 Lambda 表达式（详见第 7 章），而在 C++11 及以后的标准中，可以将 Lambda 表达式赋值给变量：

```cpp
auto square = [](const int x) { return x * x; };
```

你可能会感到奇怪：第 4 章中提出富有表现力且良好的命名对于代码的可读性非常重要，这也是一个专业程序员的主要目标。然而，现在却提倡使用 auto 关键字，使得阅读代码时难以快速识别变量类型。这不就矛盾了吗？

我的回答是：恰恰相反！绝大多数情况下，auto 关键字能提高代码的可读性。请看代码清单 5-15 中变量赋值的两种情况。

代码清单 5-15　下面两种赋值方法你更倾向于哪一种

```
// 1st version: without auto
std::shared_ptr<controller::CreateMonthlyInvoicesController>
createMonthlyInvoicesController =
  std::make_shared<controller::CreateMonthlyInvoicesController>();

// 2nd version: with auto
auto createMonthlyInvoicesController =
  std::make_shared<controller::CreateMonthlyInvoicesController>();
```

在我看来，使用 auto 的代码可读性更高。没有必要显式地重复书写类型，因为在初始化 createMonthlyInvoicesController 的时候，其类型已经很明显了。另外，重复显式的类型也会违反 DRY 原则（详见第 3 章）。思考一下上边的 Lambda 表达式 square，其类型是唯一的、匿名的非联合类，那么，我们应该如何显式地定义它呢？

 提示　在不产生歧义的情况下，尽量使用 auto 关键字。

5.3.2　编译时的计算

高性能计算（High-Performance Computing，HPC）爱好者，以及嵌入式软件开发人员和喜欢使用静态、常量表来分隔数据与代码的程序员，都希望在编译时进行尽可能多的计算。这样做的原因很容易理解：所有可以在编译时计算或求值的变量不一定要在运行时计算或求值。换句话说，在编译时进行尽可能多的计算可以很容易地提高程序的运行时效率。这种优势有时也伴随着缺点，即编译代码所花费的时间或多或少地会增加。

C++11 的常量表达式说明符 constexpr 使得在编译时计算出函数或变量的值成为可能。在 C++14 及以后的标准中，删除了对 constexpr 的一些限制。例如，过去 constexpr 类型的函数只能有一个 return 语句。这个限制在 C++14 标准中被废除了。

一个最简单的例子是，变量的值是在编译时通过算术运算根据字面量计算出来的，像这样：

```
constexpr int theAnswerToAllQuestions = 10 + 20 + 12;
```

theAnswerToAllQuestions 是一个常量，与用 const 声明一样，因此，程序在运行时不能修改它的值：

```
int main() {
  // ...
```

```
  theAnswerToAllQuestions = 23;  // Compiler error: assignment of read-only
                                 variable!
  return 0;
}
```

同样，还有 constexpr 函数：

```
constexpr int multiply(const int multiplier, const int multiplicand) {
  return multiplier * multiplicand;
}
```

这些函数在编译阶段即可调用，但是在程序运行时，它们也能像普通函数一样接受非常量参数。因此，这种函数必须进行单元测试（详见第 2 章）。

```
constexpr int theAnswerToAllQuestions = multiply(7, 6);
```

毫无疑问，constexpr 函数也能递归调用，如计算阶乘的函数，见代码清单 5-16。

代码清单 5-16　在编译时计算非负整数 n 的阶乘

```
01  #include <iostream>
02
03  constexpr unsigned long long factorial(const unsigned short n) {
04    return n > 1 ? n * factorial(n - 1) : 1;
05  }
06
07  int main() {
08    unsigned short number = 6;
09    auto result1 = factorial(number);
10    constexpr auto result2 = factorial(10);
11
12    std::cout << "result1: " << result1 << ", result2: " << result2 <<
      std::endl;
13    return 0;
14  }
```

上面的例子可以在 C++11 下正常运行。factorial() 函数只包含一条语句，并且从一开始就允许递归。main() 函数中调用了两次 factorial() 函数。仔细看看这两种用法有什么区别。

在第 9 行的第一种调用方式中，函数的参数为变量 number，函数结果被赋值给非常量变量 result1。在第 10 行的第二种调用方式中，使用数字常量 10 作为参数，结果赋值给 constexpr 变量。我们可以从反汇编代码中看到两者的区别，图 5-3 展示了 Eclipse CDT 的反汇编窗口中产生的对象代码的一部分。

第 9 行的第一种调用方式产生了 5 条机器指令。第 4 条指令（callq）是跳转到 factorial() 函数的内存地址 0x5555555549bd 的指令。换句话说，函数在运行时才被调用。相反，第二种调用方式只产生了一条机器指令（movq）。movq 指令从源操作数复制一

个四字操作数到目标操作数。在程序运行时不会产生额外的函数调用开销。factorial(10)
的结果在编译时已计算完成，且在对象代码中作为一个常量使用，该结果在十六进制下为
0x375f00，在十进制下为 3 628 800。

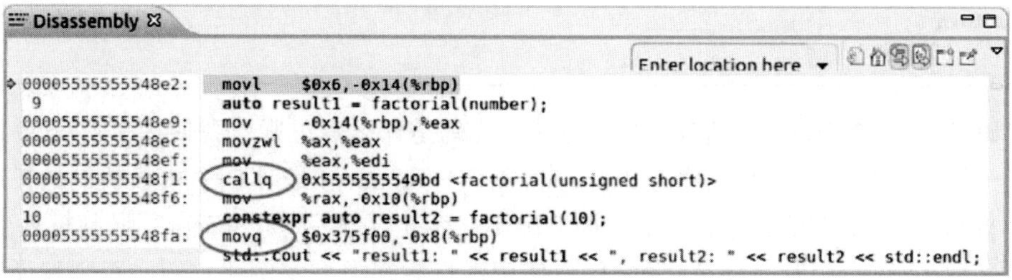

```
Disassembly ✕

Enter location here  ▾

⬦ 00005555555548e2:    movl    $0x6,-0x14(%rbp)
    9                  auto result1 = factorial(number);
    00005555555548e9:  mov     -0x14(%rbp),%eax
    00005555555548ec:  movzwl  %ax,%eax
    00005555555548ef:  mov     %eax,%edi
    00005555555548f1:  callq   0x5555555549bd <factorial(unsigned short)>
    00005555555548f6:  mov     %rax,-0x10(%rbp)
    10                 constexpr auto result2 = factorial(10);
    00005555555548fa:  movq    $0x375f00,-0x8(%rbp)
                       std::cout << "result1: " << result1 << ", result2: " << result2 << std::endl;
```

图 5-3　反汇编的代码

正如我前面提到的，C++11 中对 constexpr 函数的一些限制已经在 C++14 中废除了。
例如，在 constexpr 类型函数中，return 语句可以不止一处，支持 if-else 条件分支、文
本型的局部变量或循环。它基本支持所有 C++ 语句，除一些需要在运行时才能进行的操作，
比如在堆上分配内存或抛出异常外。

5.3.3　模板变量

显然，在模板中也能使用 constexpr，如代码清单 5-17 所示。

代码清单 5-17　数学常量 pi 的模板变量

```
#include <concepts>

template<typename T>
concept FloatingPoint = std::floating_point<T>;

template <typename T> requires FloatingPoint<T>
constexpr T pi = T(3.141592653589793238462643383L);
```

目前，忽略代码清单 5-17 中的前两行代码，只关注最后两行，可以看到的是一个模板
变量。对于使用 #define 宏（见 4.4.5 节）的过时的常量定义风格，它是一个很好的、灵活
的替代方法。根据模板实例化期间使用的上下文，数学常量 pi 的类型为 float、double 或
long double，如代码清单 5-18 所示。

代码清单 5-18　利用模板变量 pi 在编译阶段计算圆的周长

```
template <typename T>
constexpr T computeCircumference(const T radius) requires FloatingPoint<T>
{
  return 2 * radius * pi<T>;
}
```

```
int main() {
  constexpr long double radius { 10.0L };
  constexpr long double circumference = computeCircumference(radius);
  std::cout << circumference << std::endl;
  return 0;
}
```

代码清单 5-17 中模板变量 pi 之前的其他代码是什么意思呢？我使用了 C++20 语言标准中一个期待已久的新特性，称为 concept（概念）。concept 是对 C++ 模板机制的扩展，它定义了模板参数的需求和约束。在这种情况下，我定义了一个 concept，强制模板变量 pi 和模板函数 computeCircumference 的用户使用浮点数据类型实例化它们，否则编译器将报错。在本章的后面，我将更详细地介绍 C++20 的 concept。

另外，类也可以实现编译时计算。你可以将类的构造函数和成员函数定义为 constexpr 类型，如代码清单 5-19 所示。

代码清单 5-19　Rectangle 是一个 constexpr 类

```cpp
#include <cmath>
#include <iostream>

class Rectangle {
public:
  constexpr Rectangle() = delete;
  constexpr Rectangle(const double width, const double height) :
    width { width }, height { height } { }
  constexpr double getWidth() const { return width; }
  constexpr double getHeight() const { return height; }
  constexpr double getArea() const { return width * height; }
  constexpr double getLengthOfDiagonal() const {
    return std::sqrt(std::pow(width, 2.0) + std::pow(height, 2.0));
  }

private:
  double width;
  double height;
};

int main() {
  constexpr Rectangle americanFootballPlayingField { 48.76, 110.0 };
  constexpr double area = americanFootballPlayingField.getArea();
  constexpr double diagonal = americanFootballPlayingField.getLengthOfDiagonal();
  std::cout << "The area of an American Football playing field is " <<
    area << "m^2 and the length of its diagonal is " << diagonal <<
    "m." << std::endl;
  return 0;
}
```

同样，constexpr 类在运行时和编译时都可以使用。然而，不同于常规的类，constexpr 类中不允许定义虚成员函数（在编译时不存在多态），并且它的析构函数不能显式定义出来。

> 🔵 **注意** 代码清单 5-19 的示例代码在某些 C++ 编译器中会编译失败。在目前的 C++ 标准下，并没有限定 std::sqrt() 和 std::pow() 这些数学库中的函数（定义在头文件 <cmath> 中）必须为 constexpr 类型。编译器可以自由选择是否支持，并没有做强制要求。

然而，如何从代码整洁角度评判编译时的这些计算呢？从根本上来说，将 constexpr 添加到任何可能使用到的地方是个好主意吗？

我的观点是：constexpr 并没有降低代码的可读性。constexpr 说明符总是在变量和常量定义的前面，或者在函数或方法声明的前面，因此，它不会造成太多干扰。此外，如果明确地知道某些变量永远不会在编译时计算，那么也应该放弃使用该说明符。

5.4　不允许出现未定义行为

在 C++（及其他一些编程语言）中，语言规范无法定义所有可能情况下的行为。对于某些代码，规范会提示在某些情况下某个操作的行为是未定义的。在这种情况下，我们无法预测将会发生什么，因为程序的行为取决于编译器的具体实现、底层操作系统或特殊的优化开关。这是非常糟糕的！程序可能崩溃，也可能产生不正确的结果。

下面是一个未定义行为示例，其中未正确使用智能指针：

```
const std::size_t NUMBER_OF_STRINGS { 100 };
std::shared_ptr<std::string> arrayOfStrings(new std::string[NUMBER_OF_
STRINGS]);
```

我们假设 std::shared-ptr<T> 是最后一个指向这个字符串数组的对象，那么，在超出作用域后会发生什么现象呢？

答案是 std::shared_ptr<T> 的析构函数使引用计数变为 0，因此，智能指针会调用 std::string 的析构函数[⊖]来销毁 std::string 对象。但是，这样做是错误的，因为在分配资源的时候使用的是 new[] 操作符，释放资源的时候应该相应地使用 delete[] 操作符而不是 delete 操作符，而 std::shared_ptr<T> 默认的删除器是 delete 而不是 delete[]。

使用 delete 而不是 delete[] 删除数组将会导致未定义的行为，不确定会发生什么事情，可能会导致内存泄露，这与编译器的内部实现有关。

⊖　是通过 delete 对象间接调用的 std::string 的析构函数。——译者注

> 🖰 **注**
> **意** 要避免未定义的行为！未定义行为是一个严重的错误，并且最终会导致程序悄无声息地出错。

有几种解决方案可以让智能指针正确地删除字符串数组，例如，我们可以提供一个自定义的、类似于函数的删除器对象（也称为"仿函数"，详见第 7 章）：

```cpp
template <typename T>
struct CustomArrayDeleter {
  void operator() (T const* pointer) {
    delete [] pointer;
  }
};
```

现在，我们可以像下面这样使用自己的删除器：

```cpp
const std::size_t NUMBER_OF_STRINGS { 100 };
std::shared_ptr<std::string> arrayOfStrings(new std::string[NUMBER_OF_
STRINGS], CustomArrayDeleter<std::string>());
```

在 C++11 中，头文件 <memory> 中定义了数组类型的默认删除器：

```cpp
const std::size_t NUMBER_OF_STRINGS { 100 };
std::shared_ptr<std::string> arrayOfStrings(new std::string[NUMBER_OF_
STRINGS], std::default_delete<std::string[]>());
```

视需求而定，应该考虑使用 std::vector 或 std::array 是不是实现数组的最佳解决方案。从 C++20 开始，我们可以避免显式地使用 new 在堆上分配内存，可像这样做：

```cpp
auto arrayOfStrings{ std::make_shared<std::string[]>(NUMBER_OF_STRINGS) };
```

5.5　Type-Rich 编程

不要相信名称，相信类型，因为类型不会说谎，类型是你的好朋友！

——Mario Fusco(@mariofusco)，2016-4-13，推特

1999 年 9 月 23 日，美国国家航空航天局（NASA）失去了它的火星气候轨道器Ⅰ号（Mars Climate OrbiterⅠ），这是一个机器人太空探测器（见图 5-4），原计划历时 10 个月到达太阳系的第四颗行星——火星。当航天器飞船在进入轨道时，位于科罗拉多州的洛克希德·马丁航天公司的推进团队和位于加利福尼亚州帕萨迪纳市的 NASA 任务导航团队之间的重要数据传输失败，这一严重失误导致航天器过于接近火星大气层而迅速烧毁。

数据传输失败的原因是，NASA 任务导航团队使用国际单位制（SI），而洛克希德·马丁公司的导航软件使用的是英制单位。NASA 任务导航团队使用的软件传递的数据的单位

为磅力·秒（lbf·s，非法定单位，1 lbf = 4.448 N），而轨道器导航系统接收的数据的单位必须是牛·秒（N·s）。由于这一失误，NASA 的经济损失高达 3.28 亿美元。200 名航天器工程师的毕生心血在几秒之内被摧毁。

图 5-4　火星气候轨道器的还原图像（作者：NASA/JPL/Corby Waste[⊖]）

这次失败并不仅仅是一个简单的软件故障的例子。两款软件本身都是能够正常工作的，但其结果暴露出软件开发中一个经常被忽视的环节——沟通。可以看出，两个团队之间的沟通和协调问题是造成这种失败的根本原因。很明显，两个子系统没有进行系统集成测试，且两者间的接口设计也不合理。

人们有时会犯错误。问题不在于错误而在于 NASA 系统工程的失败，以及检测错误过程中的度量衡。这就是我们失去航天器的原因。

——Edward Weiler 博士，NASA 空间科学副主管 [JPL99]

事实上，我并不清楚火星气候轨道器系统软件的具体细节。但是通过事故检测报告，我了解到软件中一个方法返回的结果是英制单位，而接收这些数据的软件期望的参数是国际单位制单位。

我想大多数人都知道下面这种 C++ 成员函数的声明方式：

```cpp
class SpacecraftTrajectoryControl {
public:
  void applyMomentumToSpacecraftBody(const double impulseValue);
};
```

⊖　https://solarsystem.nasa.gov/resources/2246/mars-climate-orbiter-artists-concept/;
　　https://www.nasa.gov/multimedia/guidelines/index.html

这里的 double 代表什么呢？成员函数 applyMomentumToSpacecraftBody 需要的参数的值应是什么单位呢？是牛（N）、牛·秒（N·s）或磅力秒（lbf·s）吗？还是其他单位？事实上，我们并不清楚。double 可以表示很多东西，当然，它是一个数据类型，但并不是一个语义类型。也许这在开发文档中已经注明了，或者我们可以忽略变量长度给它取一个含义更明确的名称，比如 impulseValueInNewtonSeconds，这好过什么都不做。但是，即使最好的文档或参数命名仍然不能防止客户类给这个成员函数传递错误单位的数据。

我们能做得更好一些吗？当然可以！

当真正想要正确定义一个语义明确的接口时，可以采取这种方式：

```cpp
class SpacecraftTrajectoryControl {
public:
  void applyMomentumToSpacecraftBody(const Momentum& impulseValue);
};
```

在力学中，动量的单位是牛·秒（N·s）。1 牛·秒（1 N·s）的含义是 1 牛的力作用于一个物体（物理实体）上的时间是 1 秒钟。

要使用 Momentum 这样的类型，而不是没有明确单位的浮点类型 double，必须先引入该类型。首先，定义一个模板来表示基于 MKS 单位体系的物理量。MKS 的各符号表示米（长度）、千克（质量）和秒（时间）的英文首字母。这三种基础单位组合起来可以表示任何给定的物理单位，如代码清单 5-20 所示。

代码清单 5-20 表示 MKS 单位的类模板

```cpp
#include <type_traits>

template <int M, int K, int S>
struct MksUnit {
  enum { metre = M, kilogram = K, second = S};
};
```

你可能想知道为什么要在代码的第一行包含 type_traits 库（头文件 <type_traits>）？因为 type_traits 可以用来检查类型的属性。

type_traits（C++11）

type_traits 可以被视为 C++ 模板元编程的支柱之一。当开发人员定义 C++ 模板时，用于实例化该模板的具体类型理论上可以是任何类型的。例如，当这样定义一个类模板时：

```cpp
template <typename T>
class MyClassTemplate {
  // ...
};
```

模板参数 T 可以在实例化期间用 int、double、std::string 或任何其他自己定义的任意数据类型替换。

使用 type_traits，开发人员可以让编译器在实例化期间检查泛型 T 的具体数据类型，并可以使用这种检查的结果进行条件编译。从技术角度来看，type_traits 是一个简单的模板结构（struct），例如下面这个：

```
template <typename T>
struct is_integral : bool_constant<> {
  // ...
};
```

这个 type_traits 检查 T 是否是整型（bool、char、int、unsigned int……）。在模板参数 T 被实例化后，type_traits 标识一个常量布尔成员，通常命名为 value，其中包含检查的结果。这个值可以直接访问（std::is_integral::value），但是更直接的变种 std::is_integral_v 更常用：

```
#include <type_traits>

template <typename T>
class MyClassTemplate {
  static_assert(std::is_integral_v<T> , "T must be an integral type!");
};

int main() {
  MyClassTemplate<char8_t> foo; // OK!
  MyClassTemplate<float> bar;   // error: static assertion failed: T must be
                                          an integral type!
  return 0;
}
```

另一类 type_traits 是那些改变传递给模板参数 T 的具体类型的特征。例如，type_traits 的 std::remove_reference<T> 将引用类型 T& 转换为 T。这种转换的结果可以通过成员类型别名（通常命名为 type）访问。

在本例中，我们需要 type_traits 库在 C++ concept 的帮助下定义约束，参见代码清单 5-21 所示。

代码清单 5-21 使用 C++ concept 检查类型是否为 MksUnit 模板的实例化结果

```
template <typename T>
struct IsMksUnitType : std::false_type { };

template <int M, int K, int S>
struct IsMksUnitType<MksUnit<M, K, S>> : std::true_type { };

template <typename T>
concept MksUnitType = IsMksUnitType<T>::value;
```

std::true_type 和 std::false_type（C++11 及以上版本）

从 C++11 开始，有一个类模板 std::integral_constant（定义在头文件 <type_traits> 中）可用，它接受整型类型和整型值作为模板参数。两个类型别名 std::true_type 和 std::false_type 也定义在头文件 <type_traits> 中，用于判断 std::integral_constant 的模板参数 T 的类型是不是 bool 这种常见的情形。简单地说，它们是这样定义的：

```
using true_type  = integral_constant <bool, true>;
using false_type = integral_constant <bool, false>;
```

这两个别名将布尔值 true 和 false 表示为类型，并作为许多类型特征的基类。它们可用于**标签调度**（tag dispaching），这是一种基于给定类型，从一组重载函数中选择相应的函数实现的技术，例如：

```
#include <type_traits>

template <typename T>
auto calculateImpl(T value, std::true_type) {
  // Implementation for arithmetic value types
}

template <typename T>
auto calculateImpl(T value, std::false_type) {
  // Implementation for non-arithmetic value types
}

template <typename T>
auto calculate(T value) {
  return calculateImpl(value, std::is_arithmetic<T>{});
}
```

根据用于调用 calculate() 函数的数据类型是不是算术类型（即整型或浮点型），在编译时选择适当的 calculateImpl() 函数模板。

有了这个概念（concept），我们希望确保在所有情况下，代码清单 5-22 中所示的模板类 Value 总是能用模板类 MksUnit 进行实例化。

代码清单 5-22　表示 MKS 单位值的模板类

```
template <typename T> requires MksUnitType<T>
class Value {
public:
  explicit Value(const long double magnitude) noexcept :
  magnitude(magnitude) {}
  long double getMagnitude() const noexcept {
    return magnitude;
  }

private:
```

```
  long double magnitude{ 0.0 };
};
```

接下来，可以使用这两个类模板来定义具体物理量的类型别名，例如：

```
using DimensionlessQuantity = Value<MksUnit<0, 0, 0>>;
using Length = Value<MksUnit<1, 0, 0>>;
using Area = Value<MksUnit<2, 0, 0>>;
using Volume = Value<MksUnit<3, 0, 0>>;
using Mass = Value<MksUnit<0, 1, 0>>;
using Time = Value<MksUnit<0, 0, 1>>;
using Speed = Value<MksUnit<1, 0, -1>>;
using Acceleration = Value<MksUnit<1, 0, -2>>;
using Frequency = Value<MksUnit<0, 0, -1>>;
using Force = Value<MksUnit<1, 1, -2>>;
using Pressure = Value<MksUnit<-1, 1, -2>>;
// ... etc. ...
```

它同样也可以定义动量（Momentum），它是作为 applyMomentumToSpacecraftBody 成员函数的参数类型所必需的：

```
using Momentum = Value<MksUnit<1, 1, -1>>;
```

在引入类型别名 Momentum 之后，下面的代码将无法编译，因为没有合适的构造函数来将 double 转换为 Value<MksUnit<1,1,-1>>：

```
SpacecraftTrajectoryControl control;
const double someValue = 13.75;
control.applyMomentumToSpacecraftBody(someValue); // Compile-time error!
```

下面这个例子也会导致编译时错误，因为类型为 Force 的变量不能像动量一样使用，并且必须防止这些维度之间的隐式转换：

```
SpacecraftTrajectoryControl control;
Force force { 13.75 };
control.applyMomentumToSpacecraftBody(force); // Compile-time error!
```

但是，下面这样就能正常运行：

```
SpacecraftTrajectoryControl control;
Momentum momentum { 13.75 };
control.applyMomentumToSpacecraftBody(momentum);
```

这些单元也可以用来定义常量。为此，我们需要稍微修改模板类 Value。我们将关键字 constexpr（见 5.3.2 节）添加到初始化构造函数和 getMagnitude() 成员函数中，这允许我们创建不需要在运行时初始化的编译时常量。正如稍后将看到的，现在我们还可以在编译时使用物理量的值执行计算。

```cpp
template <typename T> requires MksUnitType<T>
class Value {
public:
  constexpr explicit Value(const long double magnitude) noexcept :
  magnitude { magnitude } {}
  constexpr long double getMagnitude() const noexcept {
    return magnitude;
  }

private:
  long double magnitude { 0.0 };
};
```

然后，就可以定义具有不同单位的物理常量，如：

```cpp
constexpr Acceleration gravitationalAccelerationOnEarth { 9.80665 };
constexpr Pressure standardPressureOnSeaLevel { 1013.25 };
constexpr Speed speedOfLight { 299792458.0 };
constexpr Frequency concertPitchA { 440.0 };
constexpr Mass neutronMass { 1.6749286e-27 };
```

此外，如果实现了必要的操作符，物理量之间的计算也是可行的。例如，以下是加、减、乘和除操作符模板，它们使用不同 MKS 单位的两个值执行不同的计算：

```cpp
template <int M, int K, int S>
constexpr Value<MksUnit<M, K, S>> operator+
  (const Value<MksUnit<M, K, S>>& lhs, const Value<MksUnit<M, K, S>>& rhs)
  noexcept {
  return Value<MksUnit<M, K, S>>(lhs.getMagnitude() + rhs.getMagnitude());
}

template <int M, int K, int S>
constexpr Value<MksUnit<M, K, S>> operator-
  (const Value<MksUnit<M, K, S>>& lhs, const Value<MksUnit<M, K, S>>& rhs)
  noexcept {
  return Value<MksUnit<M, K, S>>(lhs.getMagnitude() - rhs.getMagnitude());
}

template <int M1, int K1, int S1, int M2, int K2, int S2>
constexpr Value<MksUnit<M1 + M2, K1 + K2, S1 + S2>> operator*
  (const Value<MksUnit<M1, K1, S1>>& lhs, const Value<MksUnit<M2, K2, S2>>&
  rhs) noexcept {
  return Value<MksUnit<M1 + M2, K1 + K2, S1 + S2>>(lhs.getMagnitude() *
  rhs.getMagnitude());
}

template <int M1, int K1, int S1, int M2, int K2, int S2>
constexpr Value<MksUnit<M1 - M2, K1 - K2, S1 - S2>> operator/
  (const Value<MksUnit<M1, K1, S1>>& lhs, const Value<MksUnit<M2, K2, S2>>&
  rhs) noexcept {
```

```
    return Value<MksUnit<M1 - M2, K1 - K2, S1 - S2>>(lhs.getMagnitude() /
    rhs.getMagnitude());
}
```

现在，我们可以这样写：

```
constexpr Momentum impulseValueForCourseCorrection = Force { 30.0 } * Time
{ 3.0 };
SpacecraftTrajectoryControl control;
control.applyMomentumToSpacecraftBody(impulseValueForCourseCorrection);
```

相比两个无意义 double 类型相乘并将结果赋给另一个无意义 double 类型，这显然是一种改进，很富有表现力。它更安全，因为不能把乘法的结果赋给一个不同于 Momentum 类型的变量。

其中最好的是，**类型安全在编译时得到了保证！**在运行时没有开销，因为兼容 C++11（及更高版本）的编译器可以执行所有必要的类型兼容性检查。

我们接着讨论，如果可以这样写，不是很方便、很直观吗？

```
constexpr Acceleration gravitationalAccelerationOnEarth { 9.80665_ms2 };
```

即使是这样，在现代 C++ 中也是可行的。从 C++11 开始，我们可以通过定义特殊的函数（即字面量操作符）为字面量提供自定义后缀：

```
constexpr Force operator"" _N(long double magnitude) {
    return Force(magnitude);
}
constexpr Acceleration operator"" _ms2(long double magnitude) {
    return Acceleration(magnitude);
}

constexpr Time operator"" _s(long double magnitude) {
    return Time(magnitude);
}

constexpr Momentum operator"" _Ns(long double magnitude) {
    return Momentum(magnitude);
}

// ...more literal operators here...
```

自定义字面量（C++11）

本质上，字面量是一个编译时常量，它的值在源文件中指定。C++11 之后，开发人员可以通过为字面量定义自定义后缀生成用户自定义的类型的对象。例如，如果使用字面量 U.S $145.67 初始化常量，那么可以写成下面的形式：

```
constexpr Money amount = 145.67_USD;
```

在本例中，_USD 是用户自定义的后缀（重要提示：它们必须以下划线开头），代表钱币

的类型。这样，用户自定义的字面量就可以使用了，字面量操作符函数必须被定义成下面
这种形式：

```
constexpr Money operator"" _USD (const long double amount) {
    return Money(amount);
}
```

一旦为物理量定义了字面量，就可以用下面的方式使用它们：

```
Force force = 30.0_N;
Time time = 3.0_s;
Momentum momentum = force * time;
```

这种表示方法不仅为物理学家和其他科学家所熟悉，甚至更安全。Type-Rich 编程和用
户定义的字面量受到保护，不能将表示时间的字面量赋给类型为 Force 的变量。

```
Force force1 = 3.0;      // Compile-time error!
Force force2 = 3.0_s;    // Compile-time error!
Force force3 = 3.0_N;    // Works!
```

当然，也可以将用户定义的字面量与自动类型推导或常量表达式一起使用：

```
auto force = 3.0_N;
constexpr auto acceleration = 100.0_ms2;
```

这很方便，也很优雅，不是吗？

🎯 提示　建议创建强类型的接口（API）。

换句话说，应该尽量避免在公共接口（API）中使用通用的、底层的内置类型，例如
int、double 或者最坏的 void*。这种非语义的类型在某些情况下是危险的，因为它们几乎
可以表示任何类型。

🎯 提示　已经有一些基于模板的库提供了物理量的类型，包括所有国际单位制单位。Boost.
　　　Units（Boost 1.36.0 版加入的，见 http://www.boost.org）就是一个很好的例子。通
　　　过 UNITS 项目，由 Nic Holthaus 开发的头文件库存储在 GitHub（https://github.
　　　com/nholthaus/units）上，可供大家使用，这为物理量提供了一组数据类型、容器和
　　　特征。

5.6　熟悉使用的库

你听说过"没有发明"（Not Invented Here，NIH）综合征吗？它是一种组织反模式。
NIH 综合征是一个贬义词，指许多组织的一种立场，这种立场描述了对现有知识或基于其

发源地的经过验证的解决方案的忽视。它是"重新造轮子"的一种形式，也就是说，重新实现已可用的库或框架。这种态度背后的原因通常是相信内部开发在几方面做得更好。它们常常被错误地认为比现有的成熟解决方案更便宜、更安全、更灵活、更可控。

事实上，只有少数公司开发出了真正等同（甚至更好）的替代方案，成功替代市场上已经存在的解决方案。通常，与已经存在多年的成熟的现有解决方案相比，自行开发的库或框架的质量显然要差很多，但付出的努力却不少。

在过去的几十年中，基于 C++ 语言，产生了许多优秀的库和框架。这些解决方案经历了很长时间，已经趋于成熟并被成功应用于数万个项目，没有必要"重新造轮子"。合格的软件开发者应该知道这些库，不需要了解这些库及 API 的每个实现细节。但是，最好知道已经有针对某些应用领域的，经过试验和测试的解决方案，这些方案在软件开发项目中可能会是较好的选择。

5.6.1　熟练使用 <algorithm>

如果想要提高组织中的代码质量，请用一个目标替换所有的编码指南，该目标是代码中不能出现原始循环！

——Sean Parent，Adobe 首席软件架构师，CppCon 2013

处理集合中的元素是编程中常见的事情，无论处理的是度量数据的集合、电子邮件、字符串，还是数据库记录等其他元素，软件都需要对它们进行过滤、排序、删除、操作等。

在许多程序中，我们都可以找到使用"原始循环"（如 for 循环或 while 循环）访问容器或序列中元素（以便对其进行处理）的情形。一个简单的例子就是将存储在 std::vector 的整数的顺序反转：

```
#include <vector>

std::vector<int> integers { 2, 5, 8, 22, 45, 67, 99 };
// ...somewhere in the program:
std::size_t leftIndex = 0;
std::size_t rightIndex = integers.size() - 1;

while (leftIndex < rightIndex) {
  int buffer = integers[rightIndex];
  integers[rightIndex] = integers[leftIndex];
  integers[leftIndex] = buffer;
  ++leftIndex;
  --rightIndex;
}
```

这段代码基本上可以正常运行。但它有几个缺点，我们很难立即知道这段代码在做什么（事实上，while 循环中的前 3 行可以被声明在 <utility> 头文件中的 std::swap 替代）。此外，以这种方式编写代码非常烦琐，而且容易出错。想象一下，不论什么原因，我们违反了 std::vector 的边界并试图访问超出范围的元素，与成员函数 std::vector::at() 不同，std::vector::operator[] 不会导致 std::out_of_range 异常，而会导致未定义的行为。

C++ 标准库提供了一百多种有用的算法，可以用于搜索、计数和操作容器或序列中的元素，这些算法都包含在 <algorithm> 头文件中。

例如，为了反转任何标准库容器（如 std::vector）中元素的顺序，可以简单地使用 std::reverse

```cpp
#include <algorithm>
#include <vector>

std::vector<int> integers = { 2, 5, 8, 22, 45, 67, 99 };
// ...somewhere in the program:
std::reverse(begin(integers), end(integers));
// The content of 'integers' is now: 99, 67, 45, 22, 8, 5, 2
```

与以前我们自己编写的方案完全不同，这段代码不仅更加紧凑，而且不容易出错，同时也更容易阅读。由于 std::reverse 是一个模板函数（就像所有其他算法一样），因此它普遍适用于所有标准库的序列容器、关联容器、无序关联容器、std::string 及 C 风格数组（顺便说一下，现代 C++ 程序中不应该再使用这类数组了，见 4.4.3 节），如代码清单 5-23 所示。

代码清单 5-23　使用 std::reverse 反转 C 风格数组和字符串

```cpp
#include <algorithm>
#include <string>

// Works, but primitive arrays should not be used in a modern C++ program
int integers[] = { 2, 5, 8, 22, 45, 67, 99 };
std::reverse(begin(integers), end(integers));

std::string text { "The big brown fox jumps over the lazy dog!" };
std::reverse(begin(text), end(text));
// Content of 'text' is now: "!god yzal eht revo spmuj xof nworb gib ehT"
```

当然，std::reverse 算法也可以用于容器或序列的子序列，如代码清单 5-24 所示。

代码清单 5-24　字符串子串的反转

```cpp
std::string text { "The big brown fox jumps over the lazy dog!" };
std::reverse(begin(text) + 13, end(text) - 9);
// Content of 'text' is now: "The big brown eht revo spmuj xof lazy dog!"
```

1. C++17 中的并行算法

天下没有免费的午餐。

——Herb Sutter[Sutter04]

上面的这句话是写给全世界的软件开发人员的，摘自 ISO C++ 标准化委员会成员 Herb Sutter 在 2004 年发表的一篇文章。当时，处理器的时钟速率不再逐年增长。换句话说，串行处理速度已经达到了物理极限。处理器越来越多地配备更多的核。处理器体系结构中的这种发展导致了严重的后果：开发人员不能再利用不断增长的处理器性能，如 Herb 所说的"免费的午餐"时钟速率来提高性能了，他们将被迫开发多线程程序，以更好地利用现代多核处理器。因此，开发人员和软件架构师现在需要在软件架构和设计中考虑并行化。

在 C++11 出现之前，C++ 标准只支持单线程，必须使用第三方库（如 Boost.Thread）或编译器扩展（如 Open Multi-Processing，OpenMP）来并行化程序。从 C++11 开始，C++ 语言的线程支持库已经支持多线程和并行编程了，这个标准库引入了线程、互斥量、条件变量和期望（future）。

并行化一段代码需要良好的多线程知识，因此必须在软件设计时加以考虑。否则，竞争条件可能引起小错误，这种小错误非常难调试。特别是对于标准库中的算法——它们通常需要对充满大量对象的容器进行操作，为了充分利用当今的多核处理器，开发者应该简化并行代码。

从 C++17 开始，部分标准库根据 C++ 并行扩展技术规范（ISO/IEC TS 19570:2015）也称为并行技术规范进行了重新设计。换句话说，随着 C++17 的出现，这些扩展成了 ISO C++ 主流标准的一部分。主要目标是让开发人员从烦琐的线程支持库的低级语言特性（如 std::thread、std::mutex 等）中解脱出来。

实际上，大约有 70 种算法被重载了，好在现在有一个或多个可用的版本，有的可接受一个额外的并行化模板参数，这个并行化模板参数称为 ExecutionPolicy（执行策略）。其中一些算法是 std::for_each、std::transform、std::copy_if 和 std::sort。此外，还添加了 7 个并行化新算法，如 std::reduce、std::exclusive_scan 或 std::transform_reduce。这些新算法在函数式编程中特别有用，因此，我将在第 7 章中讨论它们。

执行策略（C++17 和 C++20）

随着 C++17 标准的出现，<algorithm> 头文件中的大多数算法模板已经被重载了，算法的并行版本已经可以使用了。例如，除了已经存在的 std::find 模板之外，还定义了该函数的另外一个版本——可以通过传入执行策略来达到并行化的目的：

```
// Standard (single-threaded) version:
template< class InputIt, class T >
constexpr InputIt find( InputIt first, InputIt last, const T& value );
// Additional version with user-definable execution policy (since C++17):
```

```
template< class ExecutionPolicy, class ForwardIt, class T >
ForwardIt find(ExecutionPolicy&& policy, ForwardIt first, ForwardIt last,
const T& value);
```

在 C++20 标准中，有 4 个可以使用的执行策略，如下所示：

❑ std::execution::seq（C++17 引入）——一种执行策略类型，它定义并行算法串行执行。因此，这与使用没有执行策略的算法模板函数的单线程版本大致相同。

❑ std::execution::par（C++17 引入）——一种执行策略类型，它定义并行算法并行执行，允许在多线程上并行执行算法。重要的是并行算法不会自动避免关键数据竞争或死锁！使用者负责确保在执行函数时不会发生数据竞争。

❑ std::execution::par_unseq（C++17 引入）——一种执行策略类型，它定义并行算法的执行可以向量化、并行化或跨线程迁移。向量化利用了现代 CPU 的 SIMD（Single Instruction，Multiple Data，单指令、多数据）命令集。SIMD 意味着处理器可以同时对多个数据点执行相同的操作。

❑ std::execution::unseq（C++20 引入）——一种执行策略类型，定义并行算法的执行可以向量化，即算法利用 SIMD 命令集，可以同时对多个数据元素执行相同的操作。

当然，对具有几个元素的小向量进行并行排序完全是没有意义的，因为线程管理的开销将远远高于性能收益。因此，在运行时执行策略也应该是可动态选择的，例如，考虑向量的大小。不过，遗憾的是，与 C++17 标准一样，动态执行策略也没有包括在 C++20 中。

本书不会对所有可用算法进行讨论，但是在介绍 <algorithm> 和 C++20 并行化新特性之后，会介绍几个使用算法的例子。

2. 容器的排序和输出

下面的示例代码使用了 <algorithm> 头文件中的两个模板函数 std::sort 和 std::for_each。std::sort 模板函数内部使用了快速排序算法，默认情况下，std::sort 使用小于（<）比较操作符。这意味着，如果要对自己的类的实例序列进行排序，则必须确保该类型已经实现了小于（<）操作符，否则将无法进行正确的排序，如代码清单 5-25 所示。

代码清单 5-25　对字符串向量进行排序，并把字符串元素输出到控制台上

```
#include <algorithm>
#include <iostream>
#include <string>
#include <string_view>
#include <vector>

void printCommaSeparated(std::string_view text) {
  std::cout << text << ", ";
}

int main() {
  std::vector<std::string> names = { "Peter", "Harry", "Julia", "Marc",
  "Antonio", "Glenn" };
```

```
std::sort(begin(names), end(names));
std::for_each(begin(names), end(names), printCommaSeparated);
return 0;
}
```

但这能否更简单？确实可以！

3. 使用 ranges 更方便

也许你有时也会问自己，为什么没有比使用容器的两个迭代器（通常是开始迭代器和结束迭代器）调用算法更简洁的 API 了？毕竟，将算法应用于容器或序列中的所有元素可能是最常见的用例。

也许你听说过 C++14/17/20 标准中的 ranges 库，它是由 ISO C++ 标准化委员会成员 Eric Niebler 编写的。Eric 的库代码成为向 C++ 标准库添加范围支持的正式提议的基础，它在 2018 年 11 月被合并到 C++ 20 的工作草案中，并最终成为 C++ 20 标准的一部分。

C++20 ranges 是一个只包含头文件的库，它简化了对 C++ 标准库或其他库（如 Boost）的容器的处理。基于这个库，可以摆脱在各种情况下使用迭代器的方式。例如，不要这样写：

```
std::sort(std::begin(container), std::end(container));
```

可以简写为

```
std::ranges::sort(container);
```

在 ranges 库的帮助下，代码清单 5-25 中的示例可以更简单地实现，而且可读性更强，如代码清单 5-26 所示。

代码清单 5-26　在 ranges 库的帮助下排序和打印字符串向量

```
#include <algorithm>
#include <iostream>
#include <ranges>
#include <string>
#include <string_view>
#include <vector>

void printCommaSeparated(std::string_view text) {
  std::cout << text << ", ";
}

int main() {
  std::vector<std::string> names = { "Peter", "Harry", "Julia", "Marc",
  "Antonio", "Glenn" };
  std::ranges::sort(names);
  std::ranges::for_each(names, printCommaSeparated);
```

```
    return 0;
}
```

对于头文件 <algorithm> 中许多需要迭代器作为参数的算法，std::ranges 命名空间中都会有一个对应的简化接口，但是，C++20 ranges 提供了更多的功能：视图！

4. 不包含元素的视图

C++ 标准库中的容器是其元素的所有者。例如，如果删除一个 std::vector 实例，那么存储在其中的所有元素也会被删除。

视图是不拥有任何元素的范围类别。视图可以应用于其他范围，或者这些范围的子区域，并为底层范围中的元素提供一种"转换视图"。这些转换后的视图是由算法或操作生成的。

重要的是要知道视图是惰性计算的，即无论它们应用到底层范围的转换是什么，它们都在用户请求元素时执行，而不是在视图创建时执行！换句话说，在容器上应用 std::reverse 算法会立即操作容器元素的顺序，而在同一容器上应用 std::views::reverse 算法不会立即改变容器的顺序。

```
#include <iostream>
#include <ranges>
#include <vector>

std::vector<int> integers = { 2, 5, 8, 22, 45, 67, 99 };
auto view = std::views::reverse(integers); // does not change 'integers'
```

通过将视图和向量的第一个元素输出到 stdout 可以证明视图不操作底层容器：

```
std::cout << *view.begin() << ", " << *integers.begin() << '\n';
```

输出如下：

```
99, 2
```

必须再次强调的是，视图 view 的第一个元素对应上述 intergers 向量的最后一个元素的计算是按需执行的。这也揭示了在使用视图时需要考虑的一些事情：如果需要再次请求相同的元素，则必须再次执行相同的转换！这可能会导致性能损失，特别是对于复杂的转换。

现在就讲到这里，更多的 ranges 特性将在第 7 章进行介绍。

5. 对比两个序列

代码清单 5-27 中的示例使用 std::equal 比较了两个字符串序列。

代码清单 5-27　比较两个字符串序列

```
#include <algorithm>
#include <iostream>
```

```cpp
#include <string>
#include <vector>

int main() {
  const std::vector<std::string> names1 { "Peter", "Harry", "Julia",
  "Marc", "Antonio", "Glenn" };
  const std::vector<std::string> names2 { "Peter", "Harry", "Julia",
  "John", "Antonio", "Glenn" };

const bool isEqual = std::equal(begin(names1), end(names1), begin(names2),
end(names2));

  if (isEqual) {
    std::cout << "The contents of both sequences are equal.\n";
  } else {
    std::cout << "The contents of both sequences differ.\n";
  }
  return 0;
}
```

默认情况下，std::equal 使用操作符"=="来比较元素，但是我们也可以定义自己喜欢的比较操作符。我们可以使用自定义比较操作符替换"=="比较操作符，如代码清单 5-28 所示。

代码清单 5-28　使用自定义的比较函数比较两个字符串序列

```cpp
#include <algorithm>
#include <iostream>
#include <string>
#include <vector>

bool compareFirstThreeCharactersOnly(const std::string& string1,
                                     const std::string& string2) {
  return (string1.compare(0, 3, string2, 0, 3) == 0);
}

int main() {
  const std::vector<std::string> names1 { "Peter", "Harry", "Julia",
  "Marc", "Antonio", "Glenn" };
  const std::vector<std::string> names2 { "Peter", "Harold", "Julia",
  "Maria", "Antonio","Glenn" };
  const bool isEqual = std::equal(begin(names1), end(names1),
  begin(names2),
    end(names2), compareFirstThreeCharactersOnly);

  if (isEqual) {
    std::cout << "The first three characters of all strings in both
    sequences are equal.\n";
  } else {
```

```
    std::cout << "The first three characters of all strings in both
    sequences differ.\n";
  }
  return 0;
}
```

如果不需要复用 compareFirstThreeCharactersOnly() 比较函数，那么在上面的代码中，可以使用 Lambda 表达式（详见第 7 章）实现比较函数，如下所示：

```
// Compare just the first three characters of every string to ascertain
equalness:
const bool isEqual =
  std::equal(begin(names1), end(names1), begin(names2), end(names2),
  [](const auto& string1, const auto& string2) {
    return (string1.compare(0, 3, string2, 0, 3) == 0);
  });
```

这种使用 Lambda 表达式实现比较函数的方法使得代码看起来更紧凑，但 Lambda 表达式会影响代码的可读性。显式的 compareFirstThreeCharactersOnly() 函数有一个有意义的名称，通过函数名我们可以非常清楚地知道函数的要比较的内容（而不是如何比较，请参阅 4.3.4 节）。而从 Lambda 表达式版本中，第一眼看到的并不是确切的比较对象。始终记住，代码的可读性是我们的首要目标之一。另外，源代码注释是一种不好的风格，也不适合注释难以读懂的代码（见 4.2 节）。

5.6.2 使用 Boost

我无法在此对 Boost 库（http://www.boost.org，遵循 Boost 软件许可协议发布 1.0 版本）进行全面的介绍。Boost 库（事实上是一些库的集合）太大，也太强大了，本书难以对 Boost 库进行详细讨论。当然，已经有许多关于 Boost 库的好书和教程。

我认为了解 Boost 库及其内容是非常重要的，使用 Boost 中的库可以很好地解决工作中遇到的许多问题和挑战。

除此之外，Boost 库的一部分已经被 C++ 语言标准所接受，并正式成为 C++ 语言的一部分。需要注意的是，这并不一定意味着它们是完全兼容的！例如，std::thread（C++11 中的线程）与 Boost::thread 还是有一些区别的。例如，Boost 库中线程的实现支持线程的取消操作，而 C++11 中的线程则不支持取消操作，这在 C++20 之后的标准库中才有（std::jthread）。另外，C++11 支持 std::async，但是 Boost 库并不支持。

在我看来，了解 Boost 库是值得的。建议记住其用法，明白什么样的问题可以使用 Boost 库来解决。

5.6.3　应该了解的其他库

除了标准库容器、<algorithm>、ranges 和 Boost 库之外，还有一些比较有用的库，当遇到问题时，可以参考。下面是部分列表：

❏ **原子类型**（<atomic>）：一个在 C++11 引入的模板类型集合，不同的线程可以同时操作，而不会引发未定义的行为（数据竞争；见 5.1.2 节）。核心是 **std::atomic\<T\>**，它可以用来定义原子类型。对于所有整型数据类型，都预定义了相应的别名，例如 **atomic_int32_t** 是 **std::atomic\<int32_t\>** 的别名。

❏ **日期时间库**（<chrono>）：从 C++11 开始，C++ 语言提供了一组表示时钟、时间点和时间段的类型，在最新的 C++20 标准中，还添加了日期和时区类型。例如，使用 std::chrono::duration 来表示时间间隔，使用 std::chrono::system_clock 表示系统的当前时间。从 C++11 开始，只要包含 <chrono> 头文件，就可以使用该库。

❏ **伪随机数生成器库**（<random>）：自 C++11 以来可用的库，提供了生成随机数和伪随机数的类。这个库比旧式 C 库函数 srand() 和 rand() 更好用、更现代、更强大。包含 <random> 头文件后，开发人员可以选择不同引擎（如 Minimum standard，32 位和 64 位 Mersenne Twister 等）和分布（正态分布、均匀分布、伯努力分布等）的随机数生成器（Random Number Generator，RNG）。

❏ **正则表达式库**（<regex>）：从 C++11 开始，可以使用正则表达式在字符串中进行模式匹配，除此之外，还支持基于正则表达式的文本替换。从 C++11 开始，只要包含 <regex> 头文件，就可以使用该库。

❏ **文件系统库**（<filesystem>）：自 C++17 以来，文件系统库已经成为 C++ 标准的一部分。在这之前，它是一个技术规范（ISO/IEC TS 18822:2015）。这个文件系统库是不依赖于操作系统的，并且提供了对文件系统及相关组件的各种操作。基于文件系统库，可以创建目录，复制文件，遍历目录，获取文件的大小等。从 C++17 开始，只需要包含 <filesystem> 头文件，就可以使用该库。

❏ **并发数据结构**（libcds）：由 Max Khizhinsky 编写的一个只包含头文件的 C++ 模板库，提供了无锁算法和并发数据结构的实现，主要用于高性能的并行计算。该库使用现代 C++（C++11 及更高版本）编写，并遵循 BSD 发布许可。这个库的代码及相关文档可以在 SourceForge（http://libcds.sourceforge.net）上找到。

 **提示**　如果你目前仍然没有使用支持 C++17 或更高标准的编译器，那么可以使用 Boost. Filesystem 来代替此文件系统库。

5.7 正确处理异常和错误

也许你听说过"横切面关注点"（cross-cutting concerns）⊖这个术语，它包含了所有那些很难通过模块化概念来解决的问题，因此需要通过软件架构和设计进行特殊处理。横切面关注点之一就是安全问题。如果对软件系统中的数据安全和访问限制有要求，那么这个问题就会贯穿整个系统，我们需要在所有地方处理这种需求⊜，这可能会涉及每个组件。

另一个横切面关注点是事务处理。在使用数据库的软件应用程序中，必须确保事务（即一系列连贯的单个操作）作为一个完整的逻辑单元，要么全部成功，要么全部失败，事务永远不会部分成功或部分失败。

日志记录也是一个横切面关注点。在软件系统中，通常到处都需要记录日志。有时候，特定于领域的高效代码中到处都存在日志语句，这会降低代码的可读性和可理解性。

如果软件架构没有考虑到横切面关注点，可能会导致不一致的解决方案。例如，在同一个项目中，由于两个开发团队做了不同的决策，因此可能导致同一个系统存在两种不同的日志框架。

异常和错误处理是另一个横切面关注点。错误和不可预测异常的处理及响应，对于每个软件系统来说都是非常重要的。当然，系统范围内的错误处理策略应该是统一的。因此，负责软件架构的人员必须在项目早期设计并确定错误处理的策略，这非常重要。

那么，指导我们制定好的错误处理策略的原则是什么呢？什么时候应该抛出异常？如何处理抛出的异常？什么情况下最好不要使用异常？有其他办法吗？

下面介绍一些原则和指导方针，这些原则可以帮助 C++ 程序员设计和实现一个良好的错误处理策略。

5.7.1 防患于未然

处理错误和异常的一个基本策略通常是避免错误和异常的发生，因为只要问题和错误没有发生，就没有必要处理它们。

也许你现在会说，这是不言而喻的。当然，避免错误或异常是比较好的做法，但有时候它们是无法避免的。乍一看，这听起来很老套，但是的确如此，特别是在使用第三方库、访问数据库或访问外部系统时，不可避免地会遇到某些潜在的问题。但是就自己的代码而言，我们可以按照自己的想法去设计，并采取适当的措施以尽可能地避免抛出异常。

David Abrahams，美国工程师，前 ISO C++ 标准化委员会成员，Boost C++ 标准库的创始人之一。他在 1998 年发表的论文 [Abrahams98] 中，提出了对"异常安全"的解释。论文

⊖ 和面向切面的编程有一定的关联，详见 AOP。——译者注
⊜ 除了安全性需求外，还有很多类似需求，如日志需求、接口监控需求、权限校验需求等。——译者注

的核心指导方针，也称为 Abrahams Guarantees，对 C++ 标准库的设计及标准库异常处理机制有深远的影响。这些指导方针不仅与底层库的实现有关，而且在编写更高层次的抽象代码时也应该加以考虑。

异常安全是接口设计的一部分。接口（API）不仅包含函数签名，也包括函数的参数和返回类型。API 被调用时可能抛出的异常也是接口的一部分。此外，还有以下三方面必须加以考虑：

❑ **前置条件**：前置条件在函数或类的方法调用之前必须总为真。如果违反了前置条件，就无法保证函数调用的预期结果，函数调用也许会成功，也许会失败，也许会造成负面影响，也许会导致未定义行为。

❑ **不变式**：在函数或方法执行过程中必须始终为真的条件。换句话说，这是一个在开始执行函数和函数执行结束时始终为真的条件。在面向对象中，一种特殊的不变式是类不变式。如果违反了这样的不变式，类的对象（实例）在方法调用后会处于不正确或不一致的状态。

❑ **后置条件**：在函数或方法执行之后必须始终为真的一种条件。如果违反了后置条件，则在函数或方法执行期间一定会出现错误。

异常安全背后的思想是，函数或者类中的方法在被客户端调用的时候，提供了对不变式、后置条件、抛异常或者不抛异常的保证。异常安全有四个级别，下面我将按照异常安全级别由低到高的顺序依次讨论。

1. 无异常安全级别

无异常安全级别，从字面上就可以知道是"无"异常安全，即完全保证不了任何事情。任何发生的异常都会导致严重的后果。例如，代码的一部分（如对象）违反了不变式和后置条件，就可能导致崩溃。

我认为，你写的代码永远不应该提供这个级别的异常安全！你可以假设不会有"无异常安全"的情况存在。关于这个级别的异常安全，没有太多可以介绍的。

2. 基本异常安全级别

基本异常安全是指任何代码都应该至少提供的异常安全级别。这个安全级别稍微花点功夫就可以达到。该级别的异常安全可以保证以下几方面：

❑ 如果在调用函数或方法的过程中发生了异常，则保证无资源泄露！资源包括内存及其他的资源。这可以通过应用 RAII 模式来实现（见 5.1.1 节和 5.1.2 节）。

❑ 如果在调用函数或方法的过程中发生了异常，则所有的不变式保持不变。

❑ 如果在调用函数或方法的过程中发生了异常，则不会有数据或内存损坏，并且所有的对象都处于良好且一致的状态。但是，不能保证调用函数后，数据的内容不变。

🎯提示　严格的规则是，设计自己的代码，特别是自己的类，保证它们至少能够达到基本异常安全级别。这也是默认的异常安全级别！

C++ 标准库期望所有用户至少提供基本异常安全保证。

3. 强异常安全级别

强异常安全级别在基本异常安全级别之上，可以确保在发生异常时，数据能够完全恢复到调用函数或方法之前的状态。换句话说，使用这个异常安全级别，我们获得与提交或回滚类似的行为，就像数据库的事务处理一样。⊖

显然，这个异常安全级别的实现需要花些功夫，而且在运行时的开销可能会比较大。其中的一个例子就是复制和交换（copy-and-swap）习惯用法，它主要用于保证复制赋值的强异常安全。

如果没有足够充分的理由而在所有的代码中保证强异常安全级别，那么就会违反 KISS 原则和 YAGNI 原则（见 3.2 节和 3.3 节）。

> 提示 只有在绝对需要的情况下，或者与获得的好处相比付出的工作量很小时，才为代码提供强异常安全级别的保证（见 9.3 节）。

当然，如果有关于数据完整性和数据正确性的质量要求时，就必须满足强异常安全级别的要求，也必须提供通过强异常安全来保证的回滚机制。

4. 保证不抛出异常级别

这是最高的异常安全级别，也称为故障透明。简单地说，该级别可以保证在调用函数或者方法时，不必担心异常问题。函数或方法调用总是成功的！它永远不会抛出任何异常，因为所有的事情都在内部得到了正确的处理。永远也不会违反不变式和后置条件。

这是一个全面的、让人无忧的异常安全级别，但有时很难实现，甚至不可能实现，尤其是在 C++ 中。例如，如果在函数中利用直接或间接的 new 操作（如通过 std::make_shared<T>）使用任何类型的动态内存分配，那么当遇到异常后，绝对不会处理成功。

在下列情况下，保证不抛出异常要么是绝对强制的，要么至少是明确建议的：

- ❑ **在任何情况下，类的析构函数都不应该抛出异常**。原因是，在其他情况下，在遇到异常后堆栈展开时也会调用析构函数。如果在堆栈展开期间发生另一个异常，那么将是致命的，因为程序会立即终止。因此，任何在析构函数分配资源及试图关闭资源的操作，如打开文件操作或在堆上分配内存操作，都不能抛出异常。

- ❑ **move 操作**（move 构造函数和 move 赋值操作符；请参阅 5.2 节）**应该保证不抛出任何异常**。如果 move 操作抛出异常，那么这个 move 操作没有发生的概率是非常高的。因此，无论如何都应该避免 move 操作通过可能抛出异常的资源分配方法来分配资源。此外，对于打算与 C++ 标准库容器一起使用的类型，保证不抛出异常也很重要。如果容器中元素类型的 move 构造函数没有提供不抛出异常的保证（也就

⊖ 函数或方法的调用，要么全部成功，对操作结果产生预期的影响，要么全部失败，不对数据产生任何影响——操作失败时，数据恢复到调用函数或方法前的状态。——译者注

是说，move 构造函数没有使用 noexcept 说明符声明)，那么容器会优先使用复制操作而不是 move 操作$^{\ominus}$。

❑ **请不要在默认构造函数中抛出异常**，虽然这是处理构造函数失败的"最佳方法"。"半构造的对象"很有可能违反不变式，而且，处于不完整状态的对象，如果违背了不变式，那么它将是无用的，也是危险的。因此，请不要在默认构造函数中抛出任何异常。在很大程度上，避免默认构造函数抛出异常是一个很好的设计策略。默认构造函数应该很简单。如果可以抛出异常，那么可能做了太多复杂的事情。因此，在设计类时，应该尽量避免在默认构造函数中抛出异常。

❑ **在任何情况下，swap() 函数必须保证不抛出异常！** 成熟的 swap() 函数的实现不应使用会抛出异常的资源分配方法来分配资源 (如内存)。如果 swap() 抛出异常，那么这将是致命的，因为程序会以不一致的状态退出，而且编写异常安全的 operator=() 的最佳方法是用不抛出异常的 swap() 函数来实现 (见 9.3 节)。

noexcept 说明符和操作符 (C++11)

在 C++11 之前，在函数声明时可以添加 throw 关键字，它用于列出函数直接或者间接可能抛出的异常类型，异常与异常之间用逗号隔开，这种声明也称为**动态异常声明**。throw (exceptionType 等) 用法在 C++11 中已经被废弃了，而且 C++17 中彻底删除了这种用法! 虽然动态异常声明仍然可用，但是在 C++11 中已经被标记为废弃了，因为 C++11 的 throw() 没有异常参数列表。现在这个关键字也从 C++20 标准中删除了。它的语义现在与 noexcept(true) 说明符等价。

函数签名中的 noexcept 说明符表示函数不能抛出任何异常。用 noexcept(true) 同样有效，它与 noexcept 的含义一样。相反，使用 noexcept(false) 声明的函数签名可能会抛出异常。以下给出几个示例：

```
void nonThrowingFunction() noexcept;
void anotherNonThrowingFunction() noexcept(true);
void aPotentiallyThrowingFunction() noexcept(false); // The default if nothing
                                                     has been specified.
```

使用 noexcept 有两个很好的理由：(1) 函数或方法可能抛出的异常是函数接口的一部分。它是关于语义的，可帮助阅读代码的开发人员了解可能发生什么、可能不发生什么。noexcept 关键字告诉开发者，他们可以在自己的 noexcept 函数中安全地使用这个函数。因此，noexcept 的存在有点类似于 const。

(2) 它可以被编译器用于优化，noexcept 允许编译器在不增加运行时开销的情况下编译该函数，省去了被删除的 throw(...) 需要的运行时开销。也就是说，当抛出未列出的异

$^{\ominus}$ 很多开发者是不知道这一点的，他们认为声明和实现了 move 操作后，编译器一定会使用 move，其实不然。——译者注

常时，必须调用 std::unexpected() 函数[⊖]。

对于模板实现，也有一个 noexcept 操作符，该操作符执行编译时检查，如果声明表达式不抛出任何异常，则返回 true：

```
constexpr auto isNotThrowing = noexcept(nonThrowingFunction());
```

 注意 constexpr 函数（见 5.3.2 节）在运行时求值可能会抛出异常，所以在某些情况下也要使用 noexcept。

5.7.2　从字面上讲，例外就是异常

在 4.3.5 节中，我们说函数返回值时不应该返回 nullptr。在那部分中的一个代码清单，我们用一个小的函数通过名字查找消费者，如果查找的消费者不存在，自然会导致没有结果。现在有人可能会想到，可以在未找到消费者时抛出异常，如下面的代码所示：

```cpp
#include "Customer.h"
#include <string>
#include <exception>

class CustomerNotFoundException : public std::exception {
private:
  const char* what() const noexcept override {
    return "Customer not found!";
  }
};

// ...

Customer CustomerService::findCustomerByName(const std::string& name) const {
  // Code that searches the customer by name...
  // ...and if the customer could not be found:
  throw CustomerNotFoundException();
}
```

现在，我们来看看是如何调用该函数的：

```cpp
Customer customer;
try {
  customer = findCustomerByName("Non-existing name");
} catch (const CustomerNotFoundException& ex) {
  // ...
}
  // ...
```

⊖ 调用 std::unexpected() 的代码是在编译时由编译器隐式加入的，所以存在运行时开销，当指定了 noexcept 后，编译器在编译这段代码时就会不隐式地增加调用 std::unexpected() 的代码，所以，运行时开销就被优化掉了。——译者注

乍一看，这似乎是一个可行的解决方案。如果函数必须避免返回 nullptr，那么可以抛出 CustomerNotFoundException。在调用的地方，可以在 try-catch 的帮助下区分正常情况和异常情况。

事实上，这是一个非常糟糕的解决方案！ 不能仅仅因为消费者的名字不存在就将找不到消费者作为异常情况来处理。找不到消费者很正常，例如，想想一个软件应用程序的用户搜索功能，该软件应用程序与客户打交道，并允许输入字符串进行搜索。

上面那个例子就是在滥用异常，异常不能控制正确的程序流程，而**应该用在真正需要异常的地方**！

"真正的异常"是什么意思呢？意思是对此你束手无策，而且没有办法真正处理该异常。例如，假如你遇到了 std::bad_alloc 异常，这意味着分配内存失败，那么程序应该如何继续呢？这个问题的根本原因是什么？底层硬件系统内存不足？如果是这种情况，那么我们确实遇到了严重的问题。有什么方法可以恢复这种严重异常，并让程序继续执行呢？程序如果只是简单地继续运行，好像什么都没发生，我们还要对此承担责任吗？

这些问题都不太容易回答。也许这个问题的真正原因是存在野指针，在我们遇到 std::bad_alloc 异常之前，它已经被执行了数百万次。所有的这些现象，很少能在异常出现的时候重现。

 仅在非常特殊的情况下抛出异常。不要滥用异常来控制正常的程序流程。

现在你也许会问自己："返回 nullptr 或 NULL 不好，也不能考虑用异常，那么应该怎么做呢？" 9.2.11 节将针对这些情况，适当地给出可行的解决方案。

5.7.3　如果不能恢复，则尽快退出

如果遇到无法恢复的异常，最好的方法是把异常记录到日志文件（如果可能的话），或生成崩溃转储文件（Linux 下的 coredump 文件）以供日后分析，并立即终止程序。一个快速终止程序的例子就是内存分配失败时。如果系统内存不足，那么，在程序的上下文中应该怎么处理呢？

这种关键异常和错误的严格处理策略背后的原理称为 Dead Programs Tell No Lies，这个原理在 *Pragmatic Programmer* [Hunt99] 一书中有描述。

当发生错误后，程序还像什么都没有发生一样是很严重的情况，例如，产生成千上万个错误的订单，或者电梯在高层和低层之间不断地空转⊖。在产生严重的错误之前，请尽快退出程序。

　⊖　程序运行表面看起来很正常，使用者根本不知道产生了错误。——译者注

5.7.4　用户自定义异常

在 C++ 中虽然可以抛出任何类型的异常，如 int 或 const char*，但我不推荐这样做。异常一般通过类型进行捕获，为特定的领域创建自定义异常类是一个非常好的主意。正如我在第 4 章中提到的那样，良好的命名对于代码的可读性和可维护性至关重要，所以异常类型也应该有一个良好的名称。此外，设计普通程序代码的原则（见第 6 章）当然也适用于异常类型。

为了提供自己的异常类型，可以通过继承 std::exception（定义在头文件 <stdexcept> 中）来定义自己的异常类：

```cpp
#include <stdexcept>
class MyCustomException : public std::exception {
public:
  const char* what() const noexcept override {
    return "Provide some details about what was going wrong here!";
  }
};
```

通过重写继承自 std::exception 的虚方法 what()，我们可以为调用者提供一些有关错误的信息。此外，从 std::exception 派生出的异常类可以被通用的 catch 子句（顺便说一下，该 catch 子句应该放在所有 catch 子句的最后面）捕获，像下面这样：

```cpp
#include <iostream>

// ...
try {
  doSomethingThatThrows();
} catch (const std::exception& ex) {
  std::cerr << ex.what() << std::endl;
}
```

基本上，异常类的设计应该简洁，但是如果你想提供关于异常原因的更多细节，也可以编写更复杂的类，如代码清单 5-29 所示。

代码清单 5-29　除 0 的自定义异常类

```cpp
class DivisionByZeroException : public std::exception {
public:
  DivisionByZeroException() = delete;
  explicit DivisionByZeroException(const int dividend) {
    buildErrorMessage(dividend);
  }

  const char* what() const noexcept override {
    return errorMessage.c_str();
  }
```

```
private:
  void buildErrorMessage(const int dividend) {
    errorMessage = "A division with dividend = ";
    errorMessage += std::to_string(dividend);
    errorMessage += ", and divisor = 0, is not allowed (Division by Zero)!";
  }

  std::string errorMessage;
};
```

请注意，由于实现代码的原因，只能保证 buildErrorMessage() 函数是强异常安全级别的，因为它使用了可能抛出异常的 std::string::operator+=() 操作！因此，初始化的构造函数也不是保证不抛出异常的级别。这也是异常类通常需要设计得非常简洁的原因。

下面是 DivisionByZeroException 类的一个小示例：

```
int divide(const int dividend, const int divisor) {
  if (divisor == 0) {
    throw DivisionByZeroException(dividend);
  }
  return dividend / divisor;
}

int main() {
  try {
    divide(10, 0);
  } catch (const DivisionByZeroException& ex) {
    std::cerr << ex.what() << std::endl;
    return 1;
  }
  return 0;
}
```

5.7.5　值类型抛出，常量引用类型捕获

有时，我看到异常对象用 new 在堆上分配，然后以指针类型抛出，例如：

```
try
{
  CFile f(_T("M_Cause_File.dat"), CFile::modeWrite);
  // If "M_Cause_File.dat" does not exist, the constructor of CFile throws
     an exception
  // this way: throw new CFileException()
}
catch(CFileException* e)
{
```

```
if( e->m_cause == CFileException::fileNotFound)
  TRACE(_T("ERROR: File not found\n"));
e->Delete();
}
```

也许你已经了解了 C++ 编程的风格：这种抛出和捕获异常的方式可以在旧版本的 MFC 库中找到。但千万不要忘记在 catch 子句的末尾调用 Delete() 成员函数，这一点非常重要，否则就会出现内存泄露问题。

通过 new 抛出异常，然后用指针类型捕获，这种方式在 C++ 中是可行的。但这是一个糟糕的设计。请不要那么做！如果忘记删掉那个异常对象，就会导致内存泄露。永远以值类型抛出异常，以常量引用类型捕获异常对象，见上面的例子。

5.7.6 注意 catch 的正确顺序

如果 try 块之后有多个 catch 子句，例如为了区分不同类型的异常，那么就应该特别注意 catch 的正确顺序。catch 子句是按照它们出现的顺序依次执行的。这就意味着越具体的异常类型越应该放在 catch 子句的前面。在代码清单 5-30 的示例中，异常类 DivisionByZeroException 和 CommunicationInterruptedException 类都继承自 std::exception。

代码清单 5-30　必须先处理具体的异常类型

```
try {
  doSomethingThatCanThrowSeveralExceptions();
} catch (const DivisionByZeroException& ex) {
  // ...
} catch (const CommunicationInterruptedException& ex) {
  // ...
} catch (const std::exception& ex) {
  // Handle all other exceptions here that are derived from std::exception
} catch (...) {
  // The rest...
}
```

原因很明显，假设捕获 std::exception 异常的 catch 子句在最前面，那么会发生什么呢？就会出现具体异常的 catch 子句永远不会被执行的情况，因为它们被一般的 catch 子句"隐藏"了。因此，开发人员必须保证 catch 子句顺序正确。

5.8　接口设计

因为更改接口会影响到使用者，所以一旦发布接口，就应该将其视为不可变的。

——Erich Gamma, *Design Principles from Design Patterns*, 2005

在日常工作中，软件开发者经常会遇到接口，要么是因为必须使用它们（如从库中），要么是因为必须设计它们（如创建类或模块时）。可能最多的需求任务是设计好的接口和API。但是，什么才是"好的"接口呢？

前面的章节已经介绍了一些原则和实践，这些原则和实践可以帮助我们设计良好的接口：

- **易于使用，即使没有接口文档**。根据 3.2 节中的 KISS 原则，接口不应该设计得太复杂。此外，具有好的、富有表现力的名称很重要。如果接口很难命名，那么通常是一个不好的现象。好的名称能让使用者更容易地了解接口，也能让不断使用 API 的开发人员快速记住它。
- **用户不应该处理意外情况**。接口应尽量避免意外的副作用！想想 3.9 节讨论的"最少惊讶原则"。
- **接口应该尽可能小**。不要提供不必要的服务，反正也不可能让每个人都满意。你可以方便地向接口添加一些功能，但请不要删除接口已经提供的功能！如果必须添加一些功能，那么应该以一种不改变接口现有部分的形式来完成。
- **应该隐藏具体的实现细节**。软件模块内部实现的更改应该被接口隔离在内部，不应该影响接口的使用。根据 3.5 节，使类及其成员尽可能私有化，因为这会促进松耦合。
- **避免误用**。使用合适的参数和返回类型，避免长参数列表（见 4.3.5 节）。如果值具有语义，则使用强类型的参数而不是原始数据类型（int、double 等），如 5.5 节所述。如果可以使用更好的类型，那么就不要使用字符串。
- **异常也是接口的一部分**。仅在有真正的异常时才抛出异常，例如，不要强迫接口使用者在正常的控制流中处理异常。5.7 节已经详细讨论了这方面的内容。
- **为 API 提供单元测试**。正如第 2 章所讨论的，好的单元测试不仅是开发人员对质量重视的标志，而且可以向用户展示如何使用 API。

除了这些通用的、良好的接口设计实践之外，现代 C++ 还提供了进一步提供设计良好接口的可能方法，这些将在 5.8.1 节和 5.8.2 节讨论。

5.8.1 Attribute

C++ 的 Attribute（特性）是在 C++11 中引入的，并进行定期扩展。也许你可能知道编程语言 Java 中一个非常类似的概念——注解。有些 Attribute 是 C++ 语言标准的一部分，有些是由编译器支持的。

简单地说，Attribute 是一个用双方括号括起来的表达式，用于向编译器提供指令，如下所示：

```
[[attr]]
```

多个 Attribute 可以用逗号进行分隔：

```
[[attr1, attr2, attr3]]
```

有些类型的 Attribute 也可以有一个参数：

```
[[attr(argument)]]
```

利用 Attribute，软件开发人员可以为编译器指定额外的信息或指令，以强制约束（条件），优化特定的代码部分，或生成特定的代码。基本上，Attribute 可以应用于 C++ 编程语言的所有结构体，如类型、变量、函数、方法、名称、代码块等。然而，某些 Attribute 只对代码中非常特定的部分有意义。它们对于接口设计也非常有用。

下面将介绍 C++ 标准中定义的 Attribute，这些 Attribute 可以用于接口的设计。

1. noreturn（自 C++11 开始）

[[noreturn]] 可用于标记函数不返回任何内容。

```cpp
[[noreturn]] void function() {
  while (true) {
    // ... do something ...
  }
}
```

也许你想知道这有什么好处？如果你实现了一个函数，该函数本意不返回内容（如处理事件的无限循环函数），但由于编程错误，代码中存在 return 语句，那么就会得到一个编译器警告：

```
warning: 'noreturn' function does return
```

2. deprecated（自 C++14 开始）

有时，需要收回已经发布的接口的某些部分。如前所述，理想情况下，这种情况不应该发生，因为用户已经对接口产生了依赖，但在现实中，这有时也是不可避免的。

最好的做法是不要立即删除接口的已发布部分，而是让用户做好这部分接口会被删除的准备。换句话说，最好给 API 用户一个宽限期，将这些接口标记为 deprecated，这意味着允许使用它们，但由于某些原因并不鼓励这么做。

```cpp
class SomeType {
public:
  [[deprecated]] void doSomething() {
    // ...
  }
};
```

也可以通过传入一个字符串来解释为什么不鼓励使用这个接口：

```
class SomeType {
public:
  [[deprecated("This function will be removed in future versions, "
  "use SomeType::doSomethingNew() instead!")]]
  void doSomething() {
    // ...
  }
  void doSomethingNew() {
    // ...
  }
};
```

3. nodiscard（自 C++17 开始）

借助 [[nodiscard]]，设计人员可以指示函数的返回值不应该被忽略。如果在函数调用处忽略了返回值，那么编译器就会生成一条警告信息。自 C++20 开始，也可以用字符串来向用户解释为什么不鼓励忽略返回值。请参见代码清单 5-31。

代码清单 5-31　通过 [[nodiscard]] 提醒用户处理返回值

```
#include <memory>

class SomeType { };

using SomeTypePtr = std::shared_ptr<SomeType>;

class ObjectFactory {
public:
  [[nodiscard]] SomeTypePtr createInstance() const {
    return std::make_shared<SomeType>();
  }
};

int main() {
  ObjectFactory factory;
  auto instance = factory.createInstance(); // OK!
  factory.createInstance(); // Compiler warning!
  return 0;
}
```

4. maybe_unused（自 C++17 开始）

[[maybe_unused]] 可用于标记可能不再使用的实体。这可以预防编译器产生警告信息，例如当变量、函数或方法的参数、数据类型和其他实体已声明但未使用时，会生成编译器警告信息。

例如，根据编译器配置的警告级别，下面的代码段将产生类似 "'param2': unreferenced formal parameter" 的警告：

```cpp
int function(const int param1, const int param2) {
  return param1 + param1;
}

int main() {
  function(10, 20);
  return 0;
}
```

使用 [[maybe_unused]] 可以标记该参数，从而预防编译器警告。

```cpp
int function(const int param1, [[maybe_unused]] const int param2) {
  return param1 + param1;
}
```

你可能想知道该如何使用这个特性。你可能会感到纳闷，是谁故意引入了函数中不使用的参数的？

考虑使用 C++ 模板进行条件编译，如代码清单 5-32 所示。

代码清单 5-32   如果只使用 param1，不会有警告

```cpp
#include <type_traits>

template<typename T, typename U>
void function(T param1, [[maybe_unused]] U param2) {
  if constexpr (std::is_floating_point<U>::value) {
    // ...code that uses 'param1' and 'param2'...
  } else {
    // ...code that uses 'param1' only...
  }
}

int main() {
  function(10, 20.0);
  function(10, 20);
  return 0;
}
```

在 main() 函数中，我们看到了模板 function() 的两个实例化：第一个有一个 int 类型的参数和一个 double 类型的参数；第二个有两个 int 类型的参数。在 function() 的实现中，我们可以看到一个 constexpr if，即一个编译时 if，这是 C++17 中引入的新的语言特性。该特性允许模板设计人员在编译时基于常量表达式条件丢弃 if 语句的分支。在本例中，它是一个 type_trait（定义在头文件 <type_traits> 中），用于检查 param2 的类型 U，如果它是浮点类型，则返回 true。因此，使用两个 int 类型实例化模板就会导致一个 param2 未使用。

5.8.2　concept：模板参数的要求

C++ 模板是一种用于泛型编程的图灵完备的元语言[⊖]。它在编译时进行类型和值的计算。其他编程语言没有任何特性可以与模板相比，这就是模板的力量。

缺点是，使用模板进行不依赖于数据类型（泛型）的编程天生就很复杂，对开发人员的要求也很高。如果你阅读过标准库的源代码，就明白我的意思。在泛型编程过程中，将会遇到在许多方面不符合本书提出的整洁代码准则的代码，它们看起来复杂而冗余。

许多编写专业领域应用程序代码的开发人员通常会过度使用模板库，虽然他们有时也会遇到编写模板类或模板函数的情况。即使作为模板的用户，也经常会遇到这样的情况：用模板参数的一个或多个具体数据类型实例化模板，如果有错误，会给出一长串晦涩难懂的错误消息列表。

5.6.1 节给出了一个小的代码清单（见代码清单 5-25），其中 std::vector<T> 存储了排好序的字符串，然后输出到 stdout。在代码清单 5-33 中，我使用 std::list<T> 来代替代码清单 5-25 示例中的 std::vector<T>。

代码清单 5-33　使用 std::list<T> 代替 std::vector<T>

```cpp
#include <algorithm>
#include <iostream>
#include <string>
#include <string_view>
#include <list> // formerly: <vector>

void printCommaSeparated(std::string_view text) {
  std::cout << text << ", ";
}

int main() {
  std::list<std::string> names = { "Peter", "Harry", "Julia", "Marc",
  "Antonio", "Glenn" };
  std::sort(begin(names), end(names));
  std::for_each(begin(names), end(names), printCommaSeparated);
  return 0;
}
```

如果现在编译上面的示例，编译器会给出一长串难以理解的错误消息。然后，你就会面临这样一个问题：到底出了什么问题？我只是用 std::list<T> 替换了 std::vector<T>，难道 std::list<T> 不能被排序吗？

出现错误的原因是 std::list<T> 只提供了双向迭代器，然而，std::sort 排序算法在排序时使用的却是随机迭代器。

⊖　通俗的理解就是模板是图灵完备的，关于图灵完备的概念请自行学习，限于篇幅不再赘述。——译者注

根本的问题是模板实例化首先只是用具体类型替换模板参数的类型[○]。编译器只有在编译的时候，才能确定该具体的参数类型是否能够在此模板上正常工作。此外，实现一个适合所有数据类型的模板类或模板函数几乎是一件不可能的事情。

C++ 20 标准增加了一个模板设计者期待已久的特性：concept！concept 是可以应用在模板参数上的语义要求或约束的命名集，并在编译时进行计算。因此，concept 是模板接口的一部分。在 C++20 中还改进了模板的错误消息，因为编译器可以检查具体的模板参数是否满足了 concept 中指定的要求。

C++ 的 concept 可以完全由自己指定（本章之前的一些代码清单中已经这样做了），但是在头文件 <concepts> 中也有一组预定义的核心 concept。我们可以将这些 concept 结合起来构建更高层次的 concept。此外，标准库的其他头文件（如 <iterator> 和 <ranges>）中也定义了一些 concept。

1. 指定 concept

假设我们想要开发一个名为 function() 的函数模板，它的唯一模板参数必须是可复制的，相应的 C++ concept 如下所示：

```cpp
#include <concepts>

template<typename T>
concept Copyable =
  std::copy_constructible<T> &&
  std::movable <T> &&
  std::assignable_from<T&, const T&> && &&
  std::assignable_from<T&, const T&> &&
  std::assignable_from<T&, const T>;
```

> 📷 **注意** 上面的代码片段仅用于演示。没有必要自己定义这样的可复制 concept，因为它的定义已经包含在 <concepts> 头文件，即 std::copyable<T> 中了。

模板参数 T 必须是可复制的，这一要求由定义在 <concepts> 头文件中的 5 个核心 concept 共同组成[○]。新的 concept 有一个很好的语义名称，即 Copyable。

另一种指定 concept 的方法是使用 requires 表达式：

```cpp
template<typename T>
concept Addable = requires (T x) { x + x; };
```

本例已经把模板参数 T 标记为可求和的类型了。

○ 仅进行简单的类型替换，即模板的展开，不会做任何检查工作。——译者注
○ 即上面示例中用 && 连接起来的 5 个表达式。——译者注

2. 使用 concept

现在，我们通过指定函数的模板参数 T 的要求来应用 Copyable<T>，如代码清单 5-34 所示。

代码清单 5-34　使用 C++20 的 concept 来指定 T 必须满足的要求

```
class CopyableType { };

class NonCopyableType {
public:
  NonCopyableType() = default;
  NonCopyableType(const NonCopyableType&) = delete;
  NonCopyableType& operator=(const NonCopyableType&) = delete;
};

template<typename T>
void function(T& t) requires Copyable<T> {
  // ...
};
int main() {
  CopyableType a;
  function(a); // OK!
  NonCopyableType b;
  function(b); // Compiler error!
  return 0;
}
```

因为我们删除了 NonCopyableType 类的复制构造函数和复制赋值操作符，所以得到了下面的错误消息（摘录；编译器：Clang 13.0.0）：

```
prog.cc:28:3: error: no matching function for call to 'function'
  function(b); // Compiler error!
  ^~~~~~~~
prog.cc:20:6: note: candidate template ignored: constraints not satisfied
[with T = NonCopyableType]
void function(T& t) requires Copyable<T> {
     ^
prog.cc:20:30: note: because 'NonCopyableType' does not satisfy 'Copyable'
void function(T& t) requires Copyable<T> {
                    ^
[...]
```

这里用黑体突出显示了相关的内容："because 'NonCopyableType' does not satisfy 'Copyable'"。在这个错误输出的以下几行中（这里故意省略，并用省略号代替，即 […]），编译器告诉我们这个 concept 哪个部分的要求没有得到满足。与以前那些晦涩的错误消息相比，这是一个明显的改进。

顺便说一下，如果不需要 requires 子句，那么，代码清单 5-34 中的函数可以编写得更加紧凑和优雅：

```
template<Copyable T>
void function(T& t) {
  // ...
};
```

或者使用 C++20 的简化模板语法编写得更好：

```
void function(Copyable auto& t) {
  // ...
};
```

模板、concept 和编译时元编程是现代 C++ 非常强大的特性，其主要的使用者是库的开发人员。所以，应该进行更详细的介绍，不过，本书不会对这些语言结构进行深入研究。

第 6 章 *Chapter 6*

模块化编程

我是开发软件的，对于太空探索我一无所知。但正因为我不是太空探索领域的专家，才能够前所未有地将模块化的软件概念引入太空领域。

——Naveen Jain，软件工程师，企业家及企业创始人，2015-5-12

这段话摘自 Naveen Jain 的博客 [Jain15]，他是美国佛罗里达州一家私人公司（Moon Express Inc.，MoonEx）的三位创始人之一，该公司成立于 2010 年，其目标是在月球上开采具有经济价值的自然资源（如矿石）。为此，MoonEx 工程师基于模块化架构设计了一套灵活的机器人探测器。其模块化架构基于 NASA 的 MCSB（Modular Common Spacecraft Bus）通用平台，可以将这个机器人探测器配置为着陆器或者轨道器。MCSB 不仅可以减少成本（NASA 称基于 MCSB 建造的无人太空任务的成本大概是传统任务的 1/10），更重要的是，使用模块化平台后 NASA 可以复用很多组件，不需要"重复造轮子"。

从软件开发早期开始，开发者便力求实现良好的模块化。其原因显而易见：当代码量达到一定规模，由单个人掌握整体代码就越发困难。模块化并不是为了让计算机能够更好地运行软件，而是出于人类认知能力的局限性考虑。

此外，模块化会带来很多好的特性：可复用性、可维护性、可扩展性。正如 MoonEx 那样，通过模块化可以构建一系列可扩展、可配置的灵活产品。此外，模块之间依赖度越低，接口设计越合理，越易于测试。

本章将介绍软件系统模块化的基本概念、面向对象的概念，以及 C++20 中引入的"模块"（module）概念。

6.1 模块化的基础

一般而言，模块化是指将软件系统分成一些独立的模块（module），每个模块独立承担软件的一部分功能。

此定义有很多问题：什么样的模块才算良好？组件（component）和模块相同吗？类和模块相同吗？如何将软件拆分为多个模块？如果模块之间相互独立，又该如何将它们组合到一起来运行？

6.1.1 模块设计的原则

模块设计通常是软件设计和架构设计中的一步，根据第 3 章，模块化需要遵循下面三条原则：

- ❑ 信息隐藏原则；
- ❑ 高内聚原则；
- ❑ 松耦合原则。

但仅有这几条原则还无法实现复杂软件系统的模块化。那么，还要用到哪些原则呢？

1. 专注于领域

在我曾经遇到过的一些项目中，开发团队过早地关注技术细节，例如 UI 设计、数据库及模式、框架、库、网络协议，以及其他 IT 相关的细节。其结果就是仅在技术方面实现了模块化，最终该团队得到的模块是中央处理单元模块、数据库接口模块、网络通信模块、日志模块及其他类似的模块。

其问题在于，基本上每个软件系统都有一个称为"中央处理单元"的模块，这是一个很笼统的概念。"中央处理单元"具体是什么？其具体职责是什么？系统 A 的中央处理单元和系统 B 的中央处理单元有何区别？

另外，如何与干系人们谈论系统的这些技术细节？他们通常都不是技术专家，而开发团队使用的都是专业术语，如何与他们进行沟通？如果他们不知何谓"中央处理单元"，又该如何与他们沟通产品需求？当金融专家、销售、农民或医生在讨论他们所使用的软件时，他们会提起"中央处理单元"吗？

实现良好的模块化有更好的方法，即使用**以领域为中心或领域驱动的方法**。在第 4 章中，我建议以反应领域概念的方式来命名组件、类和函数，同时也介绍了专注于领域建模的两种著名的方法：OOAD 和 DDD。

领域驱动方法有助于进行有意义的模块划分，这在领域模型中是一项重要的结果，由于所有东西都是对象，因此都可以被封装成模块。由此出发，可以轻而易举地得到模块化的软件设计，进而可以补充更多的技术细节和与架构相关的对象以实现可执行的软件系统。

另外，从领域出发进行设计，团队在整个开发过程中的沟通，包括与不懂技术的干系人或领域专家的沟通都会更方便。

2. 抽象

在对领域进行分析时，注意不要过分复制整个真实世界的所有信息。在软件系统中，应该只局限于那些满足涉众需求的内容。我们只需摘录一段真实世界的信息，尽量减少与系统功能无关的细节。这种为满足需求所必需的对细节进行的缩减称为**抽象**。

例如，如果我们想表示书店系统中的某个顾客，对其血型我们毫不关心。但是对于医疗领域的某个系统，例如病人管理系统，血型将是一个必须记录的细节。

3. 按层次分解

以汽车系统为例，汽车由车身、引擎、轮胎、车座等一系列的组件构成，而这些组件又由更小的零件组成。以内燃机引擎为例，它由缸体、点火泵、驱动轴、凸轮轴、活塞、ECU（Engine Control Unit，引擎控制单元）、冷却液系统组成，而冷却液系统又由热交换器、冷却液泵、冷却液储液罐、风扇、节温器和加热器芯组成。如此，汽车最终可以分解到每个螺钉。每个子系统都有明确的职责，只有把所有零件正确地组装在一起，才能得到一辆能够行驶的汽车。

复杂的软件系统也是如此，可以有层次地分解为从粗到细的模块。这有助于开发人员应对系统的复杂性，提供更强的灵活性，并促进系统的可复用性、可维护性和可测试性。一般此类软件系统可以按照图 6-1 进行分解。

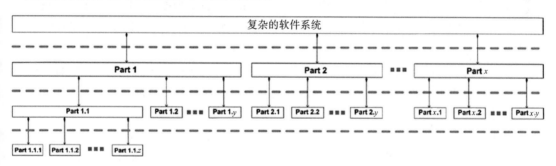

图 6-1　按层次分解系统的基础方案

注意被水平虚线分隔的区域，它表示抽象的不同层次。整体系统位于抽象的最上层，并由处于下一层的一个个较低抽象级别的模块，如图中的 Part 1、Part 2 等互连和编排而成，这些模块再次由下一抽象级别的较小模块组成。

如果我们将层次分解方法应用于软件系统，也可以发现高抽象级别的部分代表领域概念（如业务逻辑），而更低级别的抽象更偏向于技术。

此时，我们进一步引入两个有助于对软件系统进行合理模块化的概念：单一职责原则（SRP）和单层抽象原则（SLA）。

4. 单一职责原则

单一职责原则（Single Responsibility Principle，SRP）规定，每个软件单元——其中包括组件、类和函数——应该只有一个单一且明确定义的职责。

SRP 基于 3.6 节中讨论的高内聚原则。如果一个软件单元有明确的职责，通常它的内聚性也很强。

但究竟什么是职责呢？我们经常能在文献中找到其解释，那就是改变软件单元的理由必须只有一个。例如，如果由于系统的不同方面出现新需求或需求变动而需要更改软件单元，就违背了该原则。

上面说的"不同方面"可以是设备驱动程序和 UI。如果由于设备驱动程序的界面发生更改，或者只是为了实现有关用户图形界面的新要求，我们必须更改同一个软件单元，那么显然这个软件单元就有了太多的职责。

这些"不同方面"也可以与系统领域有关。如果因为客户管理或发票的新需求而必须更改同一个软件单元，那么这个软件单元也就有了太多的职责。

从图 6-1 中可以发现，每一层、每个部分、每个软件单元都只有一个定义良好且清晰的职责。

5. 单层抽象原则

单层抽象原则（Single Level of Abstraction，SLA）规定，每个软件单元（包括 SRP 中提到的所有单元）应当由下一个更低抽象级别的单元组成。

软件单元通常具有不同的抽象级别。以类（class）的方法为例，方法内的操作应当处于相同的抽象级别。为类变量赋值是较低抽象级别的操作，一次类方法调用可以隐藏大量复杂逻辑的执行。

看一下文献，就会发现文献中总是基于函数或方法中的代码来解释 SLA，然而，这一原则也同样适用于函数和方法之上的软件单元。例如：对于比较大的软件组件，其组成部分也许是很多协作类，这些协作类都应该处于下一个较低的抽象层级。

为什么这个原则如此重要？

首先，单层抽象原则极大地提高了代码的可读性。如果将不同抽象级别的代码混合，阅读起来会很困难，大脑必须在高级别抽象概念和低级别抽象概念之间不停切换。

其次，单层抽象原则与前面的单一职责原则、层次分解以及领域为中心的方法都紧密契合。

6.1.2 小结

让我们再次复习、总结一下将软件系统合理模块化的方法。

单一职责原则是高内聚原则（见第 3 章）的扩展。它规定每个模块应当有明确的职责，并只执行一项任务。在设计模块化方案时，强烈建议从干系人的角度出发，使用以领域为中心的方法进行领域分析，使得模块和模块之间的交互仅反映真实世界的部分相关特性。如此一来，模块可以对应不同抽象级别，大型组件对应整个子区域，小型模块解决次要子任务。这样，就可以得到图 6-1 所示的模型，将软件系统按层次进行划分，同一层的模块应当具有相同的抽象级别（SLA）。

介绍完模块化之后，我们来看一个从一开始就引入 C++ 的有助于实现模块化的概念：面向对象。

6.2　面向对象

面向对象（Object-Orientation，OO）的历史根源可以追溯到 20 世纪 50 年代后期，当时挪威计算机科学家 Kristen Nygaard 和 Ole-Johan Dahl 在挪威国防研究机构（Norwegian Defense Research Establishment，NDRE）为挪威第一座核反应堆的构建和开发进行模拟计算。在开发模拟程序时，这两位科学家注意到，用于该任务的面向过程的编程语言对于要解决的复杂问题并不适用。Dahl 和 Nygaard 认识到了通过编程语言来完成抽象、重现现实世界的结构、概念和过程等的需求。

1960 年，Nygaard 进入了于 1958 年在奥斯陆建立的挪威计算中心（Norwegian Computing Center，NCC），3 年后，Ole-Johan Dahl 也加入了 NCC。在私人的、独立的、非营利性的研究基础上，两位科学家提出了第一个面向对象编程语言的想法和概念。Nygaard 和 Dahl 当时在寻找适合所有领域，而不是专门针对某些应用领域的编程语言（如 Fortran 一般只适用于数值计算和线性代数，而 COBOL 则专为商业用途而设计）。

他们研究的最终结果是产生了编程语言 Simula-67，它是对编程语言 ALGOL 60 的扩展。新的编程语言引入了类、子类、对象、实例变量、虚方法，甚至垃圾回收器。Simula-67 被认为是第一个面向对象的编程语言，影响了后续许多其他的编程语言，例如由 Alan Kay 及其团队在 20 世纪 70 年代初期设计的完全面向对象的编程语言 Smalltalk。

20 世纪 70 年代后期，丹麦计算机科学家 Bjarne Stroustrup 在剑桥大学完成名为 "Communication and Control in Distributed Computer Systems" 的博士论文时使用了 Simula-67 并发现它非常有用，只是它的实际运行速度太慢。于是，他开始寻找将 Simula-67 数据抽象的面向对象概念与低级编程语言的高效率相结合的方法。当时最有效率的编程语言是 C 语言，它是由美国计算机科学家 Dennis Ritchie 在 20 世纪 70 年代早期于贝尔实验室开发的。Stroustrup 于 1979 年加入贝尔实验室的计算机科学研究中心，并开始在 C 语言中添加面向对象的功能，如类、继承、强类型检查等，并将其命名为 "C with Classes"。1983 年，该语言的名称被改为 C++，这是由 Stroustrup 的助手 Rick Mascitti 创造的一个词，其灵感来自该语言的 "++" 运算符。

在随后的几十年中，面向对象成了主流的编程范式。

6.2.1 面向对象思想

我们需要牢记一个非常重要的观点，即不能认为市面上有很多支持面向对象的编程语言就可以保证使用这些语言的开发人员能够轻松实现面向对象的软件设计，特别是对于那些长期使用面向过程语言的开发人员，他们往往难以过渡到面向对象的编程范式。面向对象不是一个简单的概念，它要求开发人员以全新的方式来看待这个世界。

Alan Curtis Kay 博士于 20 世纪 70 年代早期与 Xerox PARC 的一些同事共同开发了面向对象的编程语言 Smalltalk。众所周知，他是"面向对象"一词的缔造者之一。通过自 2003 年以来与德国柏林自由大学（Freie Universität Berlin）的讲师 Dipl.-Ing.Stefan Ram 在邮件中进行的文件化讨论，Alan Curtis Kay 解释了他所理解的面向对象：

> 我认为对象就像生物细胞或网络上的个人电脑，只能通过消息通信（因此，消息传递是在最开始出现的——我们花了一些时间来了解如何在编程语言中高效地进行信息传递，并使消息传递变得有用）……对我来说，面向对象程序设计（Object Oriented Programming, OOP）意味着消息传递，进程状态的本地保存、保护和隐藏，以及后期绑定。
>
> ——Alan Curtis Kay 博士，美国计算机科学家，2003-06-23[Ram03]

生物细胞指所有生物体的最小结构和功能单元，它们通常被称为"生命的基石"。Alan Curtis Kay 用生物学家看待复杂生物有机体的方式来看待软件。Alan Curtis Kay 有这种观点并不奇怪，因为他拥有数学和分子生物学学士学位。

在面向对象中我们称 Alan Curtis Kay 所谓的"细胞"为"对象"。"对象"可以被视为具有结构和行为的"事物"。生物细胞具有围绕并封装它的细胞膜，这也可以应用于面向对象的对象中，即对象应该封装得很好，并可以通过定义良好的接口为用户提供服务。

此外，Alan Curtis Kay 强调"消息传递"在面向对象中扮演着重要角色。但是，他没有明确地说明具体的含义，在对象上调用名为 foo() 的方法与向该对象发送名为" foo"的消息意义一样吗？ Alan Curtis Kay 是否设想有消息传递的基础设施，如 CORBA（Common Object Request Broker Architecture，公共对象请求代理体系结构）和类似技术？ Kay 博士也是一位数学家，所以也可能是指一种名为 Actor 模型的消息传递数学模型，该模型在并发计算中非常流行。

无论是哪种情况，也不管 Alan Curtis Kay 在谈到消息传递时是怎样想的，我都认为这个观点很有意思，而且大体上可以从抽象层面解释面向对象程序的典型结构。但 Kay 博士的阐述绝对不足以回答以下几个重要问题：

❑ 如何找到并生成"细胞"（对象）？

❑ 如何设计这些"细胞"的公共可用接口？

❑ 如何管理谁可以与谁互通消息（依赖关系）？

面向对象主要是一种思维方式，而不是所使用的编程语言，它也可能被滥用和误用。

我已经见过许多用 C++ 语言或者像 Java 这样的纯面向对象语言编写的程序，其中都使用了类，但这些类只是由程序组成的大型命名空间而已。可以说，类似 Fortran 的程序几乎可以用任何编程语言编写。此外，每个具有面向对象思想的开发人员都可以使用面向对象的思想去开发软件，即使使用的是 ANSI-C、汇编语言或 shell 脚本。

6.2.2　类的设计原则

众所周知，在面向对象语言中，能形成前面描述的那些模块的机制就是类。类被视为封装了的软件模块，它们将结构特征（属性、数据成员、字段）和行为特征（成员函数、方法、操作）组合成一个聚合单元。

在像 C++ 这样的面向对象编程语言中，类是在函数之上更高层次的结构化概念。它们通常被描述为对象（实例）的蓝图，这足以让我们进一步去研究类的概念。本章给出了用 C++ 设计和编写出良好的类的几个重要原则。

1. 让类尽可能小

作为软件开发人员，我见过许多庞大的类，类包含成千上万行代码的情形并不罕见。在仔细观察后我注意到，这些大类通常只是被用作程序的命名空间而已，其开发人员通常并不真正了解面向对象。

我认为这种超大类的问题是显而易见的。如果类包含几千行代码，它们就很难理解，并且可维护性和可测试性通常很差，更不用说可复用性了。相关研究表明，大类通常包含更多的缺陷，并且它们往往违反单一职责原则。

上帝类反模式

许多系统都存在具有许多属性和数百种方法的异常大的类。这些类的名称通常以"Controller""Manager"或"Helpers"结尾。开发人员经常认为，系统中的某个地方必须有一个调动并协调所有内容的中心实例。这种思维方式产生的结果就是最终形成一个巨大的类，且其聚合度很差（见 3.6 节）。它们就像便利店，提供了丰富多彩的"商品"。

这样的类称为**上帝类**、**上帝对象**，有时也称为 Blob（Blob 是 1958 年美国的一部恐怖科幻电影的片名，该电影讲述的是一个外来的变形虫吃掉一个村庄的村民的故事），这就是**反模式**，它被认为是糟糕的设计。上帝类就像是一头不可驯养的"野兽"，难以维护、难以理解、难以测试且容易出错，对其他类有非常强的依赖性。在系统的生命周期中，这样的类会变得越来越大，这使问题变得越来越糟。

前面已经证明，对于函数而言，"尽可能小"是一个比较好的原则（见 4.3.2 节）。同理，对于类而言，似乎也应该有类似的原则：让类尽可能小！

如果"小"是类设计的目标，那么就有一个问题：多小才算小？

对于函数，第 4 章中给出了代码行数限制，对于类，能否也制定一个行数限制？

在 *The Thought Works Anthology* [Thought08] 中，Jeff Bay 贡献了一篇题为"Object Calisthenics: 9 Steps to Better Software Design Today"的文章，它建议单个类的行数不超过 50 行。

对于许多开发者来说，50 行的上限似乎是不可能的。他们有一种无法解释的抵抗情绪，特别是在创建某些类的时候。他们经常争论："不超过 50 行？但是，这将导致产生大量的小类，这些小类只有几个成员和函数。"然后他们肯定会举很多类不能再小的例子。

我确信那些开发者完全错了。我很确定每个软件系统都可以分解成非常小的基本块。如果要把类变小，你可能会把它拆成很多小类。但这就是面向对象开发！在面向对象的软件开发中，类是一种和函数或变量同样自然的语言元素。换句话说，不要害怕创建小类，小类更容易使用、理解和测试。

尽管如此，这会产生一个基本问题：定义代码行上限是正确的吗？我认为代码行（Line Of Code，LOC）可以是一个有用的指标。LOC 太多是一种不好的暗示，不信你可以仔细查看那些超过 50 行的类。但是，代码行很多不一定就存在问题，更好的标准是类的职责数。遵循单一职责原则的类通常很小，并且具有很少的依赖关系。它们清晰、易于理解，并且非常容易测试。

职责数是比代码行数更好的标准。类可以有 100 行、200 行，甚至 500 行代码，只要没有违反单一职责原则，那就完全没问题。话虽如此，高 LOC 还是可以作为一个指标，它可以暗示："你应该注意这些类！也许一切都很好，但它们太大了，可能有很多职责。"

2. 开闭原则

所有系统在其生命周期内都会发生变化。在开发预期会有版本更新的系统时，必须牢记这一点。

——Ivar Jacobson，瑞典计算机科学家，1992

对于任何类型的软件单元，尤其是类设计，另一个重要原则是开闭原则（Open-Closed Principle，OCP）。它指出软件实体（模块、类、函数等）都应该是可扩展的，但是应该禁止修改。

软件系统将随着时间的推移而发展，这是一个不争的事实。它必须满足不断增加的新需求，并根据客户的需要或技术的进步不断适应现有需求的变化。这些扩展不仅应该以优雅的方式实现，而且应该以尽可能小的代价完成，最好能在不更改现有代码的基础上实现。如果任何新的需求都会导致软件现有的且已经经过充分测试的代码发生一连串的变化和调整，那将是致命的。

在面向对象编程中，支持这一原则的一种方法就是继承。通过继承，可以在不修改类的情况下向类中添加新功能。此外，还有许多面向对象设计模式也支持 OCP，例如策略模式（详见第 9 章）。

3.7 节已经讨论过一种非常好的支持 OCP 的设计（见图 3-6）。在那里，我们通过接口将开关类和灯类解耦，这样设计将禁止修改，但仍然是可扩展的。我们可以轻松添加更多开关可控设备，不需要触及 Switch、Lamp 和 Switchable 接口等类型。你可以轻松想象，这种设计的另一个优点是现在很容易提供用于测试的测试替身（如模拟对象）。

不过，在 C++ 中，除了接口，还有什么特性可以用来实现 OCP 呢？

3. 类型擦除技术比较

继承是万恶之源。

——Sean Parent，GoingNative 2013

2020 年 1 月，我当时正在参加慕尼黑 OOP 大会（德语国家及周边最负盛名的软件开发者大会之一）。一天晚上，在和 Peter Sommerlad（ISO C++ 标准委员会成员，*Pattern-Oriented Software Architecture* 的合著者）吃饭时，我们讨论到了本书第 1 版，他给我的反馈是"虚方法太多了"。

因此，我想是时候讨论继承和动态多态的优缺点及其替代方案了。

当开发者提到面向对象的核心概念时，经常提起动态多态。多态（polymorphism）的单词由希腊语前缀"poly"（多）和后缀"morph"（形态、形状）组成，用来表示不同类型的实体共用同一接口。实际上，动态多态只是 C++ 中一般性概念"类型擦除"（type erasure）的一种。

类型擦除

C++ 的类型擦除是用来实现泛型接口的一系列技术，可以将底层的类型信息隐藏起来。换句话说，泛型接口的用户只需要知道抽象接口的形式，不需要知道具体的数据类型。因此，这也体现了第 3 章提到的信息隐藏原则，使得代码更加符合开闭原则。

注意，C++ 中的类型擦除不同于 Java 中的类型擦除。

也就是说，通过抽象基类实现面向对象类型的层次结构是实现类型擦除的一种方式。当然，这不是适用于所有情况的最好方法，因为它有一些缺点，如会影响性能。软件本身的质量要求、运行环境的限制都必须加以考虑。在性能要求非常高或内存有限的苛刻环境中（如嵌入式软件开发），基于面向对象的方法很快就会出现问题。另一个缺点是，我们必须通过指针或引用来使用它们，此时必须注意资源管理（内存分配和释放）。

这就是 Peter Sommerlad 所说的"虚方法太多"的意思。C++ 中还有哪些其他形式的类型擦除呢？

C 语言有一种基本形式的类型擦除，即使用 void 指针（void*）。以 C 语言标准库函数

qsort 为例，它使用著名的快速排序算法对给定数组进行排序（尽管 C 语言并不要求一定用快速排序实现）。

```cpp
void qsort(void* base, size_t nitems, size_t size,
  int(*comparator)(const void*, const void*));
```

qsort() 的最后一个参数是比较两个元素的函数。此函数接口设计的目的在于提供高度的灵活性，以便 qsort() 可用于任何给定类型和排序标准（需要比较的两个元素由 void 指针表示，尽管这样做并不安全）。

尽管这也是类型擦除的一种方式，但 C 语言标准库中的函数不应当继续在现代 C++ 程序中使用（见 4.4 节）。

实现类型擦除的一种更安全的方法是使用 C++ 模板。

❑ std::function（自 C++11 开始，定义在头文件 <functional> 中）是一个通用多态函数包装器，为函数、函数对象或有特定调用签名的 Lambda 表达式提供统一接口。我们将在第 7 章进一步讨论该模板。

❑ std::variant（自 C++17 开始，定义在头文件 <variant> 中）表示类型安全的共用体（union）。std::variant 实例可以保存任意类型的值，该值的类型必须是其模板参数中给定的类型之一。例如，std::variant<int,double> 可以保存整数或者双精度浮点数（在某些特殊情况下，也可以保存一个空值）。

❑ 算法库（定义在头文件 <algorithm> 中）（见 5.6.1 节）定义了许多灵活的函数模板，可满足各种用途。例如，它包括一个类型安全的 C 函数 qsort() 的替代者：std::sort()。此函数模板可用于不同数据容器的所有数据类型，包括老式的 C 风格数据。因为 C++ 编译器可以对已知类型进行优化，所以它比 qsort() 速度更快。

除了使用标准库提供的这些工具外，开发人员也可以用模板实现类型擦除。下面我们考虑代码清单 6-1 和代码清单 6-2 中用到的面向对象的动态多态。

代码清单 6-1　简单的类层次结构

```cpp
#include <string>
#include <memory>
class Fruit {
public:
  virtual ~Fruit() = default;
  virtual std::string getTypeOfInstanceAsString() const = 0;
};

class Apple final : public Fruit {
  std::string getTypeOfInstanceAsString() const override {
    return "class Apple";
  }
```

```cpp
};

class Peach final : public Fruit {
  std::string getTypeOfInstanceAsString() const override {
    return "class Peach";
  }
};

using FruitPointer = std::shared_ptr<Fruit>;
```

代码清单 6-2　通过其抽象基类使用的具体实例

```cpp
#include "Fruits.h"
#include <iostream>
#include <vector>

using Fruits = std::vector<FruitPointer>;

int main() {
  FruitPointer fruit1 = std::make_shared<Apple>();
  FruitPointer fruit2 = std::make_shared<Peach>();
  Fruits fruits{ fruit1, fruit2 };

  for (const auto& fruit : fruits) {
    std::cout << fruit->getTypeOfInstanceAsString() << ", ";
  }
  std::cout << std::endl;

  return 0;
}
```

　　这样的面向对象式的类型擦除安全、简单且直接，但也具有动态多态的缺点：每次在虚函数表中查找都会导致运行时性能损失。我认为在大多数程序中，该缺点是无关紧要的（见 3.8 节），但是在某些对时间有严格要求的场景，这会成为一个问题。此外，继承是紧耦合的最强形式，并且是白盒式可复用（派生类知道基类的实现）的[○]。

　　现在，我们来讨论另一种基于模板的实现：erasure 习惯用法，又称为"鸭子类型"（Duck-Typing）。

鸭子类型

　　据说是美国作家、诗人 James Whitcomb Riley（1849—1916 年）创造了该短语："当我看到一只鸟走路像鸭子，游泳像鸭子，叫声像鸭子，我就称它为鸭子。"

　　"鸭子测试"是一种溯因推导方法，该测试表明，人们可以通过研究其行为或典型特征

　　[○] 不是所有的继承都需要知道基类的实现，在有些场景下仅需基于基类头文件和已经编译好的基类库进行开发和编译。——译者注

来识别未知事物。在面向对象编程中，根据这一原则，可以通过对象的行为特征（即对象具有的功能）来确定对象的类型。

仍然以 Apple 和 Peach 为例，现在它们没有共同的基类，见代码清单 6-3。

代码清单 6-3　不共享基类 Fruit 的 Apple 和 Peach 类

```cpp
#include <string>

class Apple {
public:
  std::string getTypeOfInstanceAsString() const {
    return "class Apple";
  }
};
class Peach {
public:
  std::string getTypeOfInstanceAsString() const {
    return "class Peach";
  }
};
```

为了让用户在不知道是 Apple 实例还是 Peach 实例的情况下调用 getTypeOfInstance-AsString() 方法，需要使用代码清单 6-4 中的模板类。

代码清单 6-4　实现类型擦除的 PolymorphicObjectWrapper 类

```cpp
#include <concepts>
#include <memory>
#include <string>

template<typename Class>
concept ClassWithConstCallableMethod = requires (const Class& c) {
  { c.getTypeOfInstanceAsString() } -> std::same_as<std::string>;
};

class PolymorphicObjectWrapper {
public:
  template<ClassWithConstCallableMethod T>
  PolymorphicObjectWrapper(const T& obj) :
    wrappedObject_(std::make_shared<ObjectModel<T>>(obj)) {}

  std::string getTypeOfInstanceAsString() const {
    return wrappedObject_->getTypeOfInstanceAsString();
  }

private:
  struct ObjectConcept {
    virtual ~ObjectConcept() = default;
    virtual std::string getTypeOfInstanceAsString() const = 0;
```

```
};
  template< ClassWithConstCallableMethod T>
  struct ObjectModel final : ObjectConcept {
    ObjectModel(const T& obj) : object_(obj) {}
    std::string getTypeOfInstanceAsString() const override {
      return object_.getTypeOfInstanceAsString();
    }
  private:
    T object_;
  };

  std::shared_ptr<ObjectConcept> wrappedObject_;
};
```

PolymorphicObjectWrapper 类有一个智能指针 wrappedObject_，其类型是内部的抽象基类（称为接口）ObjectConcept。内部的模板类 ObjectModel<T> 实现了该接口。ObjectModel<T> 类的实例（如 ObjectModel<Apple> 或 ObjectModel<Peach>）通过抽象类 ObjectConcept 访问。PolymorphicObjectWrapper 类将其 getTypeOfInstanceAsString() 方法的调用传递给其 ObjectConcept 对象的接口，它对应一个 ObjectModel<T> 子类的方法。该子类最终调用底层类型的 getTypeOfInstanceAsString() 方法。为了使其工作，该模板参数 T 对应的具体类型必须满足接口要求，即它们必须有 ObjectConcept 接口声明的公有方法。我们通过定义名为 ClassWithConstCallableMethod 的 C++ concept（见 5.8.2 节）来进行约束，具体见代码清单 6-5。

代码清单 6-5　PolymorphicObjectWrapper 的使用示例

```
#include "Fruits.h"
#include "PolymorphicObjectWrapper.h"
#include <iostream>
#include <vector>

using Fruits = std::vector<PolymorphicObjectWrapper>;

int main() {
  Fruits fruits{ Apple(), Peach() };
  for (const auto& fruit : fruits) {
    std::cout << fruit.getTypeOfInstanceAsString() << ", ";
  }
  std::cout << std::endl;
  return 0;
}
```

代码清单 6-2（面向对象方式）和代码清单 6-5（类型擦除的习惯用法）的输出结果是一样的：

```
class Apple, class Peach,
```

基于模板的解决方案的优势在于，类型无须基类且保证安全[○]。该模板对于满足接口要求的数据类型都是适用的。其缺点在于，类型擦除习惯用法相比动态多态复杂度较高，且由于对象必须在创建后复制到 ObjectModel 中，会有一些性能损耗[○]。

4. 里氏替换原则

里氏替换原则（Liskov Substitution Principle，LSP）指出，不能通过给一条狗增加 4 条假腿来创造一只章鱼。

——Mario Fusco(@mariofusco)，2013-9-15，推特

面向对象的继承概念和多态概念乍一看似乎比较简单。继承是一种分类学概念，用于构建类型的特定层次结构，即子类型是从更通用的类型派生的。如前所述，多态通常意味着单个接口可以访问不同类型的对象。

到目前为止，一切都还好，但有时你会遇到子类型并不想要适应类型层次结构的情况。我们来讨论一个非常常见的例子，它经常用来说明这一问题。

（1）正方形困境

假设我们正在开发一个具有基本形状类型（如 Circle、Rectangle、Triangle 和 TextLabel）的类库，用于在画布上作图。该类库对应的 UML 图如图 6-2 所示。

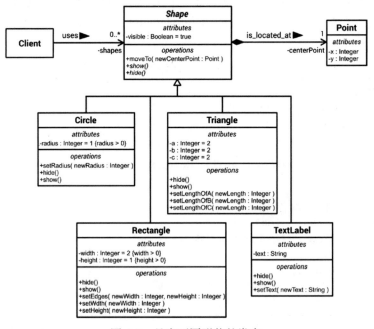

图 6-2 具有不同形状的类库

抽象基类 Shape 具有对所有特定形状都相同的属性和操作。例如，对于所有形状，它们从画布上的一个位置移动到另一个位置的方法都是相同的。但是，Shape 无法知道特定形状如何显示（绘制）或隐藏（删除）。因此，这些操作是抽象的，也就是说，它们不能（完全）在 Shape 中实现。

在 C++ 中，抽象类 Shape（及 Shape 所需的类 Point）的实现如代码清单 6-6 所示。

代码清单 6-6 Point 和 Shape 两个类的部分实现

```cpp
class Point final {
public:
  Point() = default;
  Point(const unsigned int initialX, const unsigned int initialY) :
    x { initialX }, y { initialY } { }
  void setCoordinates(const unsigned int newX, const unsigned int newY) {
    x = newX;
    y = newY;
  }
  // ...more member functions here...
private:
  unsigned int x { 0 };
  unsigned int y { 0 };
};

class Shape {
public:
  Shape() = default;
  virtual ~Shape() = default;
  void moveTo(const Point& newCenterPoint) {
    hide();
    centerPoint = newCenterPoint;
    show();
  }
  virtual void show() = 0;
  virtual void hide() = 0;
  // ...

private:
  Point centerPoint;
  bool isVisible{ true };
};

void Shape::show() {
  isVisible = true;
}

void Shape::hide() {
  isVisible = false;
}
```

final 说明符（C++11）

C++11 引入了 final，它有两种用法。

一方面，我们可以使用此说明符来避免在派生类中重写某个虚成员函数，如以下示例所示：

```cpp
class AbstractBaseClass {
public:
  virtual void doSomething() = 0;
};

class Derived1 : public AbstractBaseClass {
public:
  void doSomething() override final {
    //...
  }
};

class Derived2 : public Derived1 {
public:
  void doSomething() override { // Causes a compiler error!
    //...
  }
};
```

另一方面，我们还可以将完整的类（如 Shape 库中的 Point 类）标记为 final。这可以确保开发人员不会将这样的类用作继承的基类。

```cpp
class NotDerivable final {
  // ...
};
```

对于 Shape 中的所有具体类，我们可以看一下 Rectangle 类，其重要的代码见代码清单 6-7。

代码清单 6-7　Rectangle 类的部分代码

```cpp
class Rectangle : public Shape {
public:
  Rectangle() = default;
  Rectangle(const unsigned int initialWidth, const unsigned int
  initialHeight) :
    width { initialWidth }, height { initialHeight } { }

  void show() override {
    Shape::show();
    // ...code to show a rectangle here...
```

```
  }
  void hide() override {
    Shape::hide();
    // ...code to hide a rectangle here...
  }
  void setWidth(const unsigned int newWidth) {
    width = newWidth;
  }
  void setHeight(const unsigned int newHeight) {
    height = newHeight;
  }
  void setEdges(const unsigned int newWidth, const unsigned int newHeight) {
    width = newWidth;
    height = newHeight;
  }
  // ...
private:
  unsigned int width{ 2 };
  unsigned int height{ 1 };
};
```

客户端代码希望以类似的方式使用所有形状，无论面对哪个特定实例（Rectangle、Circle 等）。例如，所有形状都应该在画布上一次性显示，这可以使用以下代码实现：

```
#include "Shapes.h" // Circle, Rectangle, etc.
#include <memory>
#include <vector>

using ShapePtr = std::shared_ptr<Shape>;
using ShapeCollection = std::vector<ShapePtr>;

void showAllShapes(const ShapeCollection& shapes) {
  for (auto& shape : shapes) {
    shape->show();
  }
}

int main() {

  ShapeCollection shapes;
  shapes.push_back(std::make_shared<Circle>());
  shapes.push_back(std::make_shared<Rectangle>());
  shapes.push_back(std::make_shared<TextLabel>());
```

```
    // ...etc...
    showAllShapes(shapes);
    return 0;
}
```

现在，假设用户针对我们的库提出了一个新的需求：**他们希望有一个正方形！**

可能每个人都记得自己在小学时学过的几何课程。那时，老师也许说过正方形是一种特殊的矩形，它有四条长度相等的边和四个相等的角（90° 角）。因此，第一个明显的解决方案似乎是从 Rectangle 派生一个新类 Square，如图 6-3 所示。

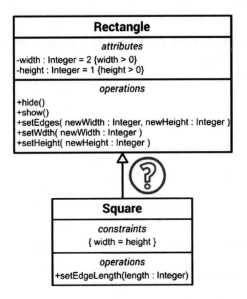

图 6-3 从 Rectangle 派生一个新类 Square

乍一看，这似乎是一个可行的解决方案。Square 继承了 Rectangle 的接口和实现，这样可以避免代码重复（见第 3.4 节的 DRY 原则），因为 Square 可以轻松地重用 Rectangle 中实现的行为。

正方形必须满足一个额外的简单要求，如上面的 UML 图中显示的 Square 类中的约束：{width=height}。此约束意味着 Square 类型的实例在所有情况下都可以确保四条边始终具有相等的长度。

因此，我们首先从 Rectangle 派生 Square：

```
class Square : public Rectangle {

public:
    //...
};
```

但事实上，这不是一个好的解决方案！

注意，Square 继承了 Rectangle 的所有操作。这意味着我们可以使用 Square 实例执行以下操作：

```
Square square;
square.setHeight(10);      // Err...changing only the height of a square?!
square.setEdges(10, 20);   // Uh oh!
```

首先，对于 Square 的用户来说，它提供一个带有两个参数的 setter（见 3.9 节中的最少惊讶原则）会令人非常费解。为什么有两个参数？哪个参数用于设置边的长度？是否必须将两个参数都设置为相同的值？如果不这样做，会发生什么事情？

当我们做以下事情时，情况将更加严重：

```
std::unique_ptr<Rectangle> rectangle = std::make_unique<Square>();
// ...and somewhere else in the code...
rectangle->setEdges(10, 20);
```

在这种情况下，客户端代码使用了有意义的 setter。矩形的两条边都可以独立设置。这并不奇怪，而且也正是我们所期望的。但结果可能很奇怪，Square 的实例事实上在这样的调用之后将不再是正方形，因为它的两个边长不等，所以我们再一次违反了最少惊讶原则，更糟糕的是违反了 Square 的类不变式（{width=height}）。

然而，现在有人可能争辩说，我们可以在类 Rectangle 中将 setEdges()、setWidth()和 setHeight() 声明为 virtual，并在 Square 类中使用 override 有选择地实现这些成员函数，而那些不允许被调用的函数则在使用时抛出异常。此外，我们在 Square 类中提供了一个新的成员函数 setEdge()，如代码清单 6-8 所示。

代码清单 6-8　Square 的一个非常糟糕的实现，它试图"删除"不需要继承的功能

```
#include <stdexcept>
// ...
class IllegalOperationCall : public std::logic_error {
public:

  explicit IllegalOperationCall(std::string_view message) :
  logic_error(message) { }
};

class Square : public Rectangle {
public:
  Square() : Rectangle { 2, 2 } { }
  explicit Square(const unsigned int edgeLength) :
    Rectangle { edgeLength, edgeLength } { }

  void setEdges([[maybe_unused]] const unsigned int newWidth,
    [[maybe_unused]] const unsigned int newHeight) override {
```

```
    throw IllegalOperationCall { ILLEGAL_OPERATION_MSG };
  }
  virtual void setWidth([[maybe_unused]] const unsigned int newWidth) override {
    throw IllegalOperationCall { ILLEGAL_OPERATION_MSG };
  }
  virtual void setHeight([[maybe_unused]] const unsigned int newHeight)
  override {
    throw IllegalOperationCall { ILLEGAL_OPERATION_MSG };
  }
  void setEdgeLength(const unsigned int length) {
    Rectangle::setEdges(length, length);
  }
private:
  static constexpr char* const ILLEGAL_OPERATION_MSG {
    "Unsolicited call of a prohibited   operation on an instance of class
    Square!" };
};
```

我认为这是一个非常糟糕的设计。它违反了面向对象的基本原则，即派生类不得删除其基类的继承属性，这种方法绝对不是应该采用的方案。首先，如果我们想使用 Square 的实例作为 Rectangle，则新的 setter setEdge() 将不可见。此外，其他的 setter 在使用时会抛出异常——这真的很糟！它破坏了面向对象的原则。

那么，这里的根本问题是什么呢？为什么从 Rectangle 中明显合理地推导出一个 Square 类会产生这么多困难？

导致这一问题的原因是，从 Rectangle 中导出 Square 违反了面向对象软件设计中的一个重要原则——**里氏替换原则**！

Barbara Liskov 是美国计算机科学家、美国麻省理工学院（MIT）的教授。Jeanette Wing 担任卡内基梅隆大学计算机科学校长教授直到 2013 年。他们两人在 1994 年发表的一篇论文中阐述了这一原理：

> 如果 S 类型是 T 类型的一个子类型，假设 q(x) 是 T 类型对象 x 的一个可证的属性，那么同样，q(y) 应该是 S 类型对象 y 的一个可证的属性。
>
> ——Barbara Liskov, Jeanette Wing[Liskov94]

这不一定是我们日常使用的定义方式，日常来说，派生类必须完全满足基类的约束，因此派生类对象的基类指针或引用可以在不知道有派生类存在的情况下使用它。

事实上，这意味着派生类型必须完全可替代其基类型。但在我们的示例中，这是不可能的。Square 类型的实例不能替换 Rectangle，其原因在于类内约束 {width = height}（类的不变式），该约束将由 Square 强制执行，但 Rectangle 无法满足该约束。

里氏替换原则分别为类层次结构制定了以下规则：

❑ 基类的前置条件（见 5.7.1 节）不能在派生类中增强，也就是说，派生类方法的前置条件（即方法的形式参数）要比基类方法的输入参数更宽松。

❑ 基类的后置条件（见 5.7.1 节）不能在派生类中削弱，也就是说，派生类方法的后置条件（即方法的返回值）要比基类的更严格。

❑ 基类的所有不变式（包括数据成员和函数成员）都不能通过派生子类更改或违反。

❑ 历史约束（即"历史规则"）：类的内部状态只能通过调用公共接口（即通过调用类的公共方法）来修改。当然，某个类的派生类可能会引入新的公共方法，但是，历史约束规定，派生类中新引入的方法不允许更改基类中禁止修改的那些状态。换句话说，派生类不应该忽略基类定义的约束，因为这会破坏那些依赖这些约束的代码。例如，如果基类被设计为不可变对象的蓝图（详见第 9 章），则派生类不应该在新引入的函数的帮助下使这个不可变的属性失效。此外，这也是应该把不可变类声明为 final 的原因之一。

上面的类图（见图 6-2）中的泛化关系（Square 和 Rectangle 之间的箭头）的解释通常用 "…IS A…" 翻译为 Square 是一个（ISA）Rectangle。但这可能会让人误会。在数学中，可以说正方形是一种特殊的矩形，但在编程中却不能！

为了解决这个问题，用户必须知道自己正在使用哪种类型。一些开发人员可能会说："没问题，这可以通过运行时类型信息（Run-Time Type Information，RTTI）来查看。"见代码清单 6-9。

运行时类型信息

运行时类型信息（有时也称为"运行时类型标识"）是一种 C++ 机制，指在运行时访问有关对象数据类型的信息。RTTI 背后的一般概念称为类型反射（Type Reflection），它也适用于其他编程语言，如 Java。

在 C++ 中，typeid 操作符（定义在头文件 <typeinfo> 中）和 dynamic_cast（见 4.4.4 节）都属于 RTTI。例如，要在运行时确定对象的类，可以这样写：

```
const std::type_info& typeInformationAboutObject = typeid(instance);
```

类型为 std::type_info（也定义在头文件 <typeinfo> 中）的 const 引用现在包含关于对象的类的信息，例如类的名称。从 C++11 开始，hash code 已经可以使用了（std::type_info::hash_code()），而引用相同类型的 std::type_info 对象的 hash code 与之相同。

重要的是，要知道 RTTI 只适用于那些产生多态的类，也就是说，它针对的是至少具有一个虚函数的类，不论这些虚函数是直接定义的还是继承来的。此外，RTTI 可以在某些编译器上被打开或关闭。例如，使用 gcc（GNU Compiler Collection，GNU 编译器集合）时，可以使用 -fno-rtti 选项禁用 RTTI。

代码清单 6-9　另一个例子：使用 RTTI 在运行时区分不同类型的形状

```
using ShapePtr = std::shared_ptr<Shape>;
using ShapeCollection = std::vector<ShapePtr>;
//...

void resizeAllShapes(const ShapeCollection& shapes) {
  try {
    for (const auto& shape : shapes) {
      const auto rawPointerToShape = shape.get();
      if (typeid(*rawPointerToShape) == typeid(Rectangle)) {
        Rectangle* rectangle = dynamic_cast<Rectangle*>(rawPointerToShape);
        rectangle->setEdges(10, 20);
        // Do more Rectangle-specific things here...
      } else if (typeid(*rawPointerToShape) == typeid(Square)) {
        Square* square = dynamic_cast<Square*>(rawPointerToShape);
        square->setEdge(10);
      } else {
        // ...
      }
    }
  } catch (const std::bad_typeid& ex) {
    // Attempted a typeid of NULL pointer!
  }
}
```

不要这样做！这不是（也不应该是）合理的解决方案，特别是对于整洁的现代 C++ 程序。在这个例子中，面向对象的许多优点（如动态多态）都会被消除。

> **注意** 每当你被迫在程序中使用 RTTI 来区分不同的类型时，它就是一种"设计味道"，也就是说，它是不好的面向对象的软件设计！

此外，代码将受到 if-else 结构的严重影响，并且可读性也大幅度下降。好像这还不够，try-catch 结构也清楚地表明某些事情可能会出错。

那么，我们该怎么做呢？

首先，应该仔细审查正方形究竟是什么。

从纯数学角度来看，正方形可以被视为具有相等边长的矩形。但是这个定义不能直接转换为面向对象的类型层次结构。**正方形并不是矩形的子类型！**

相反，正方形形状仅仅是矩形的特殊状态。如果一个矩形具有相同的边长，它只是一个矩形的状态，我们通常会针对这种特殊的矩形用自然语言赋予一个特殊的名称：正方形！

这意味着我们只需要在 Rectangle 类中添加一个检查器方法来查询它的状态,这样就可以避免定义一个显式的 Square 类。根据 KISS 原则(见 3.2 节),这个解决方案可能足以满足新的要求。此外,可以为用户提供方便的 setter 方法,以设置两个边长相等,详见代码清单 6-10。

代码清单 6-10　没有显式的 Square 类的简单解决方案

```cpp
class Rectangle : public Shape {
public:
  // ...
  void setEdgesToEqualLength(const unsigned int newLength) {
    setEdges(newLength, newLength);
  }
  bool isSquare() const {
    return width == height;
  }
  //...
};
```

(2)使用组合而不是继承

但是,如果强制要求定义一个明确的 Square 类(例如,因为有人要求一定要这么做),我们能做什么?如果是这种情况,那么我们永远不应该从 Rectangle 继承,而是要从 Shape 类继承。如图 6-4 所示,为了不违反 DRY 原则,我们使用 Rectangle 类的实例作为 Square 的内部实现。

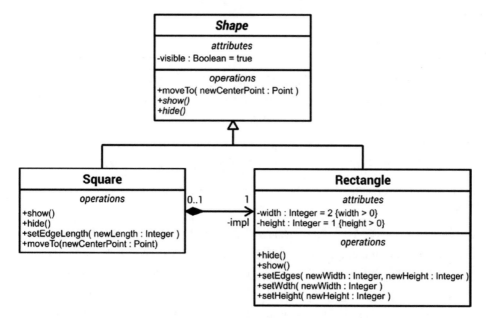

图 6-4　Square 使用并委托嵌入其内部的 Rectangle 实例来构建自己

在源代码中表示时，这个 Square 类的实现如代码清单 6-11 所示。

代码清单 6-11　Square 类将所有方法调用委托给嵌入的 Rectangle 实例

```cpp
class Square : public Shape {
public:
  Square() {
    impl.setEdges(2, 2);
  }

  explicit Square(const unsigned int edgeLength) {
    impl.setEdges(edgeLength, edgeLength);
  }

  void setEdgeLength(const unsigned int length) {
    impl.setEdges(length, length);
  }

  virtual void moveTo(const Point& newCenterPoint) override {
    impl.moveTo(newCenterPoint);
  }

  virtual void show() override {
    impl.show();
  }

  virtual void hide() override {
    impl.hide();
  }

private:
  Rectangle impl;
};
```

也许你已经注意到 moveTo() 方法也被重写了。为此，还必须在 Shape 类中使 moveTo() 方法成为虚方法。我们必须覆盖它，从 Shape 继承的 moveTo() 方法操作基类 Shape 的 centerPoint，而不是操作 Rectangle 实例的 centerPoint。此解决方案的一个缺点是，从基类 Shape 继承的某些部分是闲置的。

显然，使用这个解决方案无法把 Square 类的实例转换为 Rectangle 类：

```cpp
std::unique_ptr<Rectangle> rectangle = std::make_unique<Square>();
// Compiler error!
```

这个解决面向对象继承问题的方案背后的原理称为“优先使用组合而非继承”（Favor Composition over Inheritance，FCoI），有时也称为“优先委托而非继承”。对于功能的复用，面向对象编程中有两个选择：继承（“白盒复用”），组合或委托（“黑盒复用”）。有时候更好的方式是后者，因为只能通过其定义良好的公共接口来使用它，而不是从这种类型派生出一个子类型。通过组合（委托）复用而非通过继承复用，可以降低类与类之间的耦合程度。

5. 接口隔离原则

我们已经知道，接口是实现类之间松耦合的一种方法。在关于开闭原则的部分，我们可以看到，接口代码中具有可扩展和可变化的点。接口就像契约：类可以通过此契约请求服务，这些服务由实现该契约的其他类提供。

但是，当这些契约变得过于宽泛[注]时，即接口变得太宽或"肥胖"时，会出现什么问题呢？我们通过一个例子来证明其后果。假设我们有代码清单 6-12 所示的接口。

代码清单 6-12　Bird 类的接口

```cpp
class Bird {
public:
  virtual ~Bird() = default;

  virtual void fly() = 0;
  virtual void eat() = 0;
  virtual void run() = 0;
  virtual void tweet() = 0;
};
```

这个接口由具体的 Bird 类的派生类（例如 Sparrow 类）实现，见代码清单 6-13。

代码清单 6-13　Sparrow 类会覆盖并实现 Bird 类的所有纯虚成员函数

```cpp
class Sparrow : public Bird {
public:
  void fly() override {
    //...
  }
  void eat() override {
    //...
  }
  void run() override {
    //...
  }
  void tweet() override {
    //...
  }
};
```

到目前为止，一切顺利。现在，假设有另一个 Bird 类，即 Penguin，详见代码清单 6-14。

⊖　约束力不够或没有任何约束力的接口就是常提到的"宽接口"。——译者注

代码清单 6-14　Penguin 类

```cpp
class Penguin : public Bird {
public:
  void fly() override {
    // ???
  }
  //...
};
```

虽然企鹅是鸟，但它无法飞翔。我们的接口相对较小，因为它只声明了四个简单的成员函数，显然声明的这些成员函数不能适用于每个具体的鸟类。

接口隔离原则（Interface Segregation Principle，ISP）指出，接口不应该包含那些与实现类无关的成员函数，或者这些类不能以有意义的方式实现。在上面的示例中，Penguin 类无法为 Bird::fly() 提供有意义的实现，却被强制要求覆盖该成员函数。

接口隔离原则指出，我们应该将"宽接口"分离成更小且高度内聚的接口。生成的小接口也称为角色接口，详见代码清单 6-15。

代码清单 6-15　这三个角色接口是 Bird 类宽接口的更好的替代品

```cpp
class Lifeform {
public:
  virtual ~Lifeform() = default;
  virtual void eat() = 0;
  virtual void move() = 0;
};

class Flyable {
public:
  virtual ~Flyable() = default;
  virtual void fly() = 0;
};

class Audible {
public:
  virtual ~Audible() = default;
  virtual void makeSound() = 0;
};
```

现在，我们可以非常灵活地组合这些小的角色接口。这意味着那些要实现的类只需要为声明的成员函数提供有意义的功能，这些函数就能够以合理的方式被实现，详见代码清单 6-16。

代码清单 6-16　Sparrow 和 Penguin 两个类分别实现了相关的接口

```cpp
class Sparrow : public Lifeform, public Flyable, public Audible {
```

```
//...
};
class Penguin : public Lifeform, public Audible {
  //...
};
```

6. 无环依赖原则

有时需要让两个类互相"认识"。例如，假设我们正在开发一个网上商店，那么可以实现某些用例，且代表该网店的客户的类必须知道其相关的账户。对于其他用例，账户必须可以访问其所有者，即客户。

这种相互关系的 UML 图如图 6-5 所示。

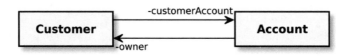

图 6-5　Customer 类和 Account 类之间的关联关系

这被称为环依赖。这两个类直接或间接地相互依赖。在本例中，只有两个类。涉及多个软件单元时，也可能产生环依赖。

我们来看图 6-5 中的环依赖是如何在 C++ 中实现的。

代码清单 6-17 和代码清单 6-18 的内容在 C++ 中肯定不能运行。

代码清单 6-17　文件 Customer.h 的内容

```
#pragma once

#include "Account.h"

class Customer {
// ...
private:
  Account account_;
};
```

代码清单 6-18　文件 Account.h 的内容

```
#pragma once

#include "Customer.h"

class Account {
private:
  Customer owner_;
};
```

我认为这里的问题是显而易见的。只要有人使用 Account 类或 Customer 类，就会在编译时触发连锁反应。例如，Account 拥有一个 Customer 实例，该 Customer 又拥有一个拥有 Customer 实例的 Account 实例，依此类推。由于 C++ 编译器的严格处理顺序，上述实现将导致编译器错误。

例如，通过将引用或指针与前置声明结合使用，可以避免这些编译器错误。前置声明是标识符（如类型、类）的声明，无须定义该标识符的完整结构。这些类型有时也称为不完整类型。因此，只能声明它们的指针或引用，但它们不能用于实例化成员变量，因为编译器对其大小一无所知，参见代码清单 6-19 和代码清单 6-20。

代码清单 6-19　修改后的具有 Account 前置声明的 Customer

```
#pragma once

class Account;

class Customer {
public:
  // ...
  void setAccount(Account* account) {
    account_ = account;
  }
  // ...
private:
  Account* account_;
};
```

代码清单 6-20　修改后的具有 Customer 前置声明的 Account

```
#pragma once

class Customer;

class Account {
public:
  //...
  void setOwner(Customer* customer) {
    owner_ = customer;
  }
  //...
private:
  Customer* owner_;
};
```

老实说，你是否觉得这个解决方案不够好？如果是，那也是有充分的理由的！编译器错误确实消失了，但这种"修复"会让人产生一种很不好的感觉。我们来看看如何使用这两个类，详见代码清单 6-21。

代码清单 6-21　创建 Customer 和 Account 类的实例，并相互设置

```cpp
#include "Account.h"
#include "Customer.h"
// ...
  Account* account = new Account { };
  Customer* customer = new Customer { };
  account->setOwner(customer);
  customer->setAccount(account);
// ...
```

这里有一个严重的问题：如果删除 Account 的实例，但 Customer 的实例仍然存在，会发生什么？ Customer 的实例将包含一个野指针（即指向无主之地的指针）！使用或解引用此类指针可能会导致严重的问题，例如产生未定义的行为或使应用程序崩溃。不要抱太大希望：使用 std::shared_ptr<T> 来代替裸指针也不能解决这个问题，相反，这会引发内存泄露。

前置声明在某些情况下非常有用，但使用它们来处理环依赖是一种非常糟的做法。这不是一个好的解决方案，它隐含了一个基本的设计问题。

这一设计问题就是环依赖问题。这是最糟的设计，Customer 和 Account 两个类不能分开，因此，它们不能彼此独立地使用，也不能彼此独立地测试。这使得进行单元测试变得更加困难。

如果遇到如图 6-6 所示的情况，问题就会变得更糟。

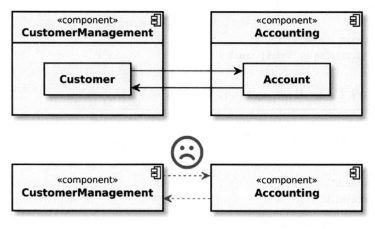

图 6-6　不同组件中的类之间环依赖产生的影响

Customer 和 Account 类分别位于不同的组件中，也许每个组件中都有更多的类，但这两个类具有环依赖关系。结果是这种环依赖也对架构层面产生了不好的影响，类级别的环依赖会导致组件级别的环依赖。CustomerManagement 和 Accounting 是紧密耦合的（见 3.7 节），不能单独（重复）使用。当然，也不可能再进行独立的组件测试。架构层面的模块化实际上已经名不副实了。

无环依赖原则指出，组件或类的依赖图应该没有环。环依赖是紧耦合的一种不良表现形式，应该不惜一切代价避免。

别紧张！环依赖关系总是可以被打破的，下面将分别介绍如何避免及如何打破它们。

7. 依赖倒置原则

前面我们讨论过环依赖是不好的，在任何情况下都应该避免。与许多其他不必要的依赖问题一样，"接口"（在 C++ 中，接口是使用抽象类进行模拟的）这一概念是我们处理环依赖问题的好帮手。

我们的目标是打破环依赖，同时保持 Customer 类可以访问 Account 类，Account 类也可以访问 Customer 类。

第一步是我们不再允许两个类直接相互访问。相反，我们只允许它们通过接口访问。从 Customer 或 Account 两个类中的哪一个提取接口都没有关系，这里从 Customer 类中提取名为 Owner 的接口。作为示例，Owner 接口仅声明一个纯虚成员函数，该函数必须由实现此接口的类覆盖，详见代码清单 6-22 和代码清单 6-23。

代码清单 6-22　新接口 Owner 的示例实现（Owner.h）

```cpp
#pragma once

#include <memory>
#include <string>

class Owner {
public:
  virtual ~Owner() = default;
  virtual std::string getName() const = 0;
};

using OwnerPtr = std::shared_ptr<Owner>;
```

代码清单 6-23　实现 Owner 接口的 Customer 类（Customer.h）

```cpp
#pragma once

#include "Owner.h"
#include "Account.h"

class Customer : public Owner {
public:
  void setAccount(AccountPtr account) {
    account_ = account;
  }
  std::string getName() const override {
    // return the Customer's name here...
  }
  // ...
```

```
private:
  AccountPtr account_;
  // ...
};

using CustomerPtr = std::shared_ptr<Customer>;
```

从上面的 Customer 类源代码中可以很容易地看出，Customer 类仍然知道其 Account 类。但是，当我们查看 Account 类更改后的实现时，它就已经不再依赖于 Customer 类了，详见代码清单 6-24。

代码清单 6-24　Account 类更改后的实现（Account.h）

```
#pragma once

#include "Owner.h"

class Account {
public:
  void setOwner(OwnerPtr owner) {
    owner_ = owner;
  }
  //...

private:
  OwnerPtr owner_;
};

using AccountPtr = std::shared_ptr<Account>;
```

用 UML 类图描述，类级别的更改设计如图 6-7 所示。

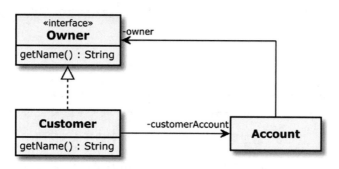

图 6-7　接口的引入消除了类级别的环依赖关系

非常好！通过第一步的重新设计，我们现在已经实现了类级别不再有环依赖关系的目标。现在，Account 类已经不知道 Customer 类的存在了。但是当我们从组件的角度来看时，情况会如何呢？其情况如图 6-8 所示。

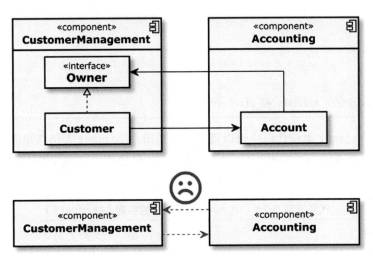

图 6-8　组件之间的环依赖关系仍然存在

　　遗憾的是，组件之间的环依赖关系尚未被打破。CustomerManagement 和 Account 的内部组件之间存在相互依赖的关系。然而，实现这一目标的步骤非常简单：只需要将 Owner 接口移动到另一个组件中即可，如图 6-9 所示。

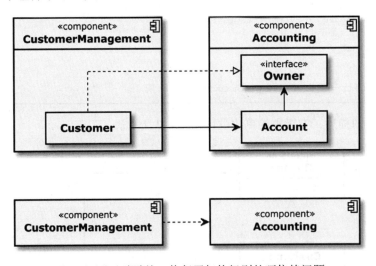

图 6-9　通过移动接口修复了架构级别的环依赖问题

　　太好了！现在组件之间的环依赖关系已经消失了，Accounting 组件不再依赖于 CustomerManagement，因此模块化的质量得到了显著提高。此外，现在可以独立测试 Accounting 组件了。

　　实际上，两个组件之间的不良依赖关系并没有真正消除。相反，通过引入 Owner 接口，类级别甚至多了一个依赖关系。我们真正做的应该是颠倒这种依赖关系。

依赖倒置原则（Dependency Inversion Principle，DIP）是一种面向对象的设计原则，用于解耦软件模块。该原则指出，面向对象设计的基础不是具体软件模块的特殊属性。相反，它们的共同特性应该被合并在共享的抽象体（如接口）中。Robert C. Martin（即"鲍勃大叔"）制定了如下原则：

A. 高级模块不应该依赖于低级模块，两者都应该依赖于抽象。

B. 抽象不应该依赖于细节，细节应依赖于抽象。

——Robert C. Martin [Martin03]

> **注意** 此引文中的术语"高级模块"和"低级模块"可能会引起误解。它们不一定是指在分层架构中的概念位置。在这种情况下，高级模块是需要其他模块提供外部服务的软件模块，而"其他模块"就是低级模块。高级模块是调用操作的模块，低级模块是内部功能被高级模块调用的模块。在某些情况下，这两类模块也可以位于软件架构的不同层次，或者像本例中那样位于不同组件中。

依赖倒置原则被认为是一种良好的面向对象设计原则。它仅通过抽象（如接口）来定义所提供和所需的外部服务，就可以促进可复用软件模块的开发。沿用我们上面讨论的案例，相应地重新设计 Customer 和 Account 之间的直接依赖关系，如图 6-10 所示。

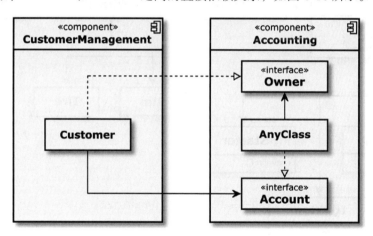

图 6-10　应用依赖倒置原则

两个组件中的类完全依赖于抽象。因此，对于 Accounting 组件的使用者来说，哪个类需要 Owner 接口或提供 Account 接口（见 3.5 节）已经不再重要——通过引入名为 AnyClass 的类来暗示这种情况，该类使用 Owner 实现 Account。

例如，如果我们现在必须更改或替换 Customer 类，又如，我们想要把 Accounting 放入测试夹具（test fixture）中做组件测试，那么不需要在 AnyClass 类中更改任何内容。反之同样适用。

依赖倒置原则允许软件开发人员有目的地设计模块之间的依赖关系，即定义依赖关系指向的方向。如果你想反转组件之间的依赖关系，也就是说，你想让 Accounting 依赖于 CustomerManagement，没问题，只需将 Accounting 中的两个接口重新定位到 CustomerManagement，依赖关系就会转变。不好的依赖关系会降低代码的可维护性和可测试性，我们可以以一种优雅的方式重新设计并减少它们。

8. 不要和陌生人说话

还记得前面提到的汽车示例吗？我们将汽车描述为几个部件（例如车身、发动机、齿轮等）的组合。这些部件由很多零件组成，而零件本身也可以由其他零件组成，于是汽车可以自上而下地分层分解。当然，汽车还可以有一个驾驶员。

把汽车分解过程可视化为 UML 类图，可能如图 6-11 所示。

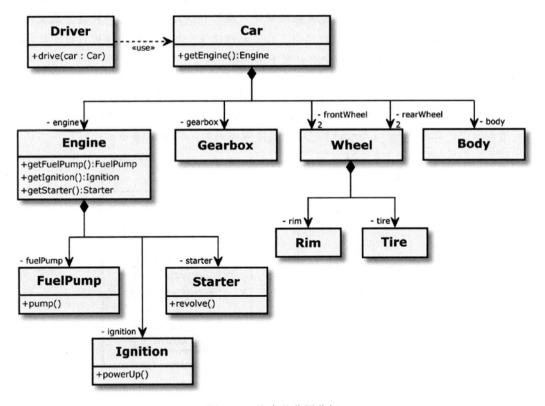

图 6-11　汽车的分层分解

根据第 5 章讨论的单一职责原则，上面的一切都很好，因为每个类都有明确的职责。现在，我们假设驾驶员想开车。这可以在 Driver 类中实现，如代码清单 6-25 所示。

代码清单 6-25　Driver 类的部分实现

```cpp
class Driver {
```

```cpp
public:
// ...
  void drive(Car& car) const {
    Engine& engine = car.getEngine();
    FuelPump& fuelPump = engine.getFuelPump();
    fuelPump.pump();
    Ignition& ignition = engine.getIgnition();
    ignition.powerUp();
    Starter& starter = engine.getStarter();
    starter.revolve();
  }
// ...
};
```

这里有什么问题吗？驾驶员必须直接控制汽车的发动机，打开燃油泵、点火系统，让启动装置旋转起来。你会希望成为这种车的驾驶员吗？更进一步地说，如果你只是想驾驶它，那么你对它包含以上这些部件的事实感兴趣吗？

我很确定你的回答是"不！"

现在，我们来看图 6-12，从 UML 类图中描述的相关部件看看这个实现对设计有何影响。

从图 6-12 中可以很容易地看出，Driver 类有许多不好的依赖关系，Driver 类不仅依赖于 Engine，而且还有几个与 Engine 组成部分相关的依赖。很容易想象，这将会产生一些不利的后果。

例如，如果内燃机被电力系统所取代，会发生什么呢？电力驱动没有燃油泵、点火系统和启动装置，因此必须调整 Driver 类的实现。这违反了开闭原则。此外，所有将 Car 和 Engine 的内部暴露在环境中的公共 getter 都违反了信息隐藏原则（见 3.5 节）。

从本质上来说，上述软件设计违反了迪米特法则（Law of Demeter，LoD），该法则又称为最少知识原则。迪米特法则可以被视为一种原则，就像"不要和陌生人说话"或"只与邻居说话"一样，这个原则规定应该进行"内向型"的编程，目标是管理面向对象设计中的通信结构。

迪米特法则假设：

❑ 允许成员函数直接调用其所在类的作用域内的其他成员函数。

❑ 允许成员函数直接调用其所在类的作用域内的成员变量的成员函数。

❑ 如果成员函数有参数，则允许成员函数直接调用这些参数的成员函数。

❑ 如果成员函数创建了局部对象，则允许成员函数调用这些局部对象的成员函数。

如果上述这四种类型的成员函数调用返回了一个在结构上比该类的直接相邻元素更远的对象，则应该禁止调用这些对象的成员函数。

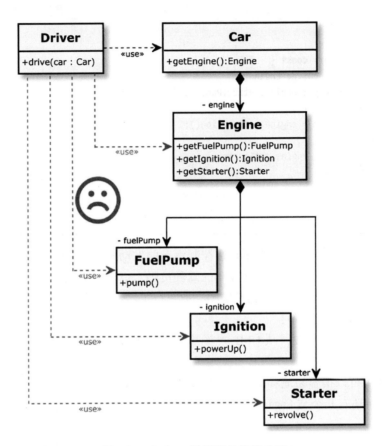

图 6-12　Driver 类糟糕的依赖关系

为什么称为"迪米特法则"

这一原则的名称可以追溯到 Demeter 项目中关于面向对象的软件开发。Demeter 项目是 20 世纪 80 年代后期的一个研究项目，主要侧重于通过自适应编程使软件更易于维护和扩展。迪米特法则由 Ian M. Holland 和 Karl Lieberherr 通过该项目发现并提出。在希腊神话中，Demeter 是宙斯的姐姐，也是谷物女神。

那么，对于我们的例子，解决不好的依赖关系的方案是什么呢？很简单，我们应该问自己，驾驶员真正想要什么？答案很简单：他想要开车！具体见代码清单 6-26。

代码清单 6-26　重构后 Driver 类仅需要开车

```cpp
class Driver {
public:
// ...
  void drive(Car& car) const {
```

```
    car.start();
  }
// ...
};
```

　　Car 用这个 start 命令做了什么？答案同样很简单：它将此方法调用委托给了它的 Engine，详见代码清单 6-27。

代码清单 6-27　Car 将 Start 命令委托给了 Engine

```
class Car {
public:
// ...
  void start() {
    engine.start();
  }
// ...
private:
  Engine engine;
};
```

　　最后但也很重要的一点是，Engine 知道如何以正确的顺序调用其部件的成员函数来执行 start 过程，这些部件在软件设计中直接相邻，如代码清单 6-28 所示。

代码清单 6-28　Engine 在内部启动各部件

```
class Engine {
public:
// ...
  void start() {
    fuelPump.pump();
    ignition.powerUp();
    starter.revolve();
  }
// ...
private:
  FuelPump fuelPump;
  Ignition ignition;
  Starter starter;
};
```

　　这些变化对于面向对象设计的积极影响可以在图 6-13 所示的类图中清楚地看到。

　　驾驶员对汽车零件的过度依赖消失了。无论汽车的内部结构如何，驾驶员都可以启动汽车。Driver 类不再需要知道 Engine、FuelPump 等。所有那些展示汽车或引擎内部结构给其他类知道的公共 getter 函数都消失了。这也意味着对 Engine 及其零件的更改只会产生局部的影响，不会直接导致整个设计的级联变化。

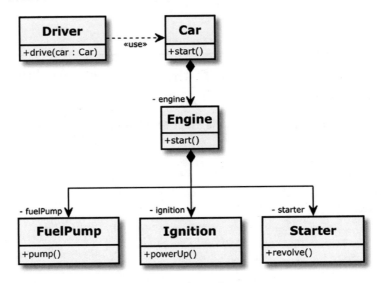

图 6-13　应用迪米特法则后依赖关系变少了

　　在设计软件时，遵循迪米特法则可以显著减少依赖关系。这降低了耦合程度，并遵循了信息隐藏原则和开闭原则。与许多其他原则一样，有可能存在一些例外但合理的情况，而开发人员必须给出非常充分的理由才能去违背这一原则。

9. 避免 "贫血类"

我曾经在几个项目中看到过如代码清单 6-29 所示的类。

代码清单 6-29　只用于存储数据的类

```cpp
class Customer {
public:
  void setId(const unsigned int id);
  unsigned int getId() const;
  void setForename(std::string_view forename);
  std::string getForename() const;
  void setSurname(std::string_view surname);
  std::string getSurname() const;
  //...more setters/getters here...

private:
  unsigned int id;
  std::string forename;
  std::string surname;
  // ...more attributes here...
};
```

这个 Customer 类可以表示任意软件系统中的客户，不包含任何逻辑。逻辑并不在这个类中实现，即使是和 Customer 相关的逻辑也不在这个类中实现，也就是说，这里仅对 Customer 类的属性进行操作。

写这个类的程序员把对象作为包装一堆数据的包。这只是具有数据结构的过程式编程，它与面向对象无关。所有这些 setter 和 getter 的设计都是特别简单的，严重违反了信息隐藏原则——实际上我们可以在这里使用一个简单的 C 结构体（struct）。

这种类称为贫血类，应不惜一切代价避免。它们可能经常在软件设计中出现，当它出现时设计就是 Martin Fowler [Fowler03] 所称的贫血领域模型的反模式。它与面向对象设计的基本思想完全相反，而面向对象的设计思想要求将数据和与操作数据的功能组合成高内聚的单元。

如果此逻辑在该类的属性上运行或仅与该类的直接邻居协作，只要不违反迪米特法则，就应该将逻辑放入类中。

10. 只说不问

"只说不问"原则与之前讨论的迪米特法则有一些相似之处。这个原则是对所有那些公共 get 方法的"战争宣言"，因为这些 get 方法揭示了一些关于对象内部状态的东西。该原则加强了类的封装，增强了信息隐藏原则（见 3.5 节），但其首要作用还是增强类的内聚性。

我们来看一个例子。假设 Car 示例中的成员函数 Engine::start() 的实现如代码清单 6-30 所示。

代码清单 6-30   一种不推荐的 Engine::start() 成员函数的实现

```cpp
class Engine {
public:
// ...
  void start() {
    if (! fuelPump.isRunning()) {
      fuelPump.powerUp();
      if (fuelPump.getFuelPressure() < NORMAL_FUEL_PRESSURE) {
        fuelPump.setFuelPressure(NORMAL_FUEL_PRESSURE);
      }
    }
    if (! ignition.isPoweredUp()) {
      ignition.powerUp();
    }
    if (! starter.isRotating()) {
      starter.revolve();
    }
    if (engine.hasStarted()) {
      starter.openClutchToEngine();
      starter.stop();
    }
```

```
  }
// ...
private:
  FuelPump fuelPump;
  Ignition ignition;
  Starter starter;
  static const unsigned int NORMAL_FUEL_PRESSURE { 120 };
};
```

显然，Engine 类的 start() 方法从它的各个部件查询许多状态并相应地做出响应。此外，Engine 会检查燃油泵的燃油压力，如果燃油泵压力过低则进行调节。这也意味着 Engine 必须知道正常燃油压力的值。由于 if 分支数量众多，因此圈复杂度很高。

"只说不问"原则提醒我们，如果对象能够自行决定，那么我们不应该要求对象提供有关其内部状态的信息，并在该对象之外决定该做什么。简单来说，这个原则告诉我们，在面向对象设计中，数据和操作这些数据的方法应该被组合成高内聚的单元。

如果我们将这个原则应用于本例，则 Engine::start() 方法只会告诉它的部件应该做什么，参见代码清单 6-31。

代码清单 6-31　将启动任务的各个阶段委派给发动机的相关负责部件

```
class Engine {
public:
// ...
  void start() {
    fuelPump.pump();
    ignition.powerUp();
    starter.revolve();
  }
// ...
private:
  FuelPump fuelPump;
  Ignition ignition;
  Starter starter;
};
```

每个部件都可以自己决定如何执行此命令，因为它们已经知道自己的职责了，例如，FuelPump 可以完成所有增加燃油压力而必须做的事情，参见代码清单 6-32。

代码清单 6-32　来自 FuelPump 类的摘录

```
class FuelPump {
public:
// ...
  void pump() {
    if (! isRunning) {
```

```
      powerUp();
      setNormalFuelPressure();
    }
  }
// ...

private:
  void powerUp() {
    //...
  }

  void setNormalFuelPressure() {
    if (pressure != NORMAL_FUEL_PRESSURE) {
      pressure = NORMAL_FUEL_PRESSURE;
    }
  }
  bool isRunning;
  unsigned int pressure;
  static const unsigned int NORMAL_FUEL_PRESSURE { 120 };
};
```

当然，并非所有 getter 都是不好的。有时，需要从对象获取一些信息，例如要把获取的信息显示在图形用户界面上时。

11. 避免类的静态成员

可以想象，现在很多读者都在想：使用静态成员变量和静态成员函数有什么问题？

好吧，也许你还记得 4.3.2 节描述的上帝类反模式。那里提到工具类通常更容易变成巨大的 "上帝类"。此外，这些工具类通常也包含许多静态成员函数，甚至没有例外。此类情况的一个能被接受的理由是这些类可以针对不同的目的提供不同的功能，这表示它是一种弱内聚类。我为它们创造了一个特殊的模式名称：**旧物商店反模式**。根据在线百科全书（维基百科），旧物商店是一个类似于二手店的零售商店，它以较低的价格提供各种各样的商品，参见代码清单 6-33 和代码清单 6-34。

代码清单 6-33　某工具类中的摘录

```
class JunkShop {
public:
  // ...many public utility functions...
  static int oneOfManyUtilityFunctions(int param);
  // ...more public utility functions...
};
```

代码清单 6-34　另一个使用工具类的类

```
#include "JunkShop.h"
```

```
class Client {
  // ...
  void doSomething() {
    // ...
    y = JunkShop::oneOfManyUtilityFunctions(x);
    // ...
  }
};
```

第一个问题是代码与这些"旧货商店"中的所有静态工具函数建立了硬连接。从上面的例子可以很容易地看出，工具类中的静态函数在另一个软件模块的实现中得到使用。因此，很难用其他工具来替换这个函数调用，但在单元测试（详见第 2 章）中，这可能不是你想要的效果。

此外，静态成员函数偏向于过程式编程风格，在面向对象中使用静态函数会使得面向对象显得有点荒谬，在静态成员变量的协助下，类的所有实例共享相同的状态本质上不是面向对象编程，因为它破坏了封装，对象不再完全控制其状态。

当然，C++ 不像 Java 式 C# 是纯粹的面向对象的编程语言，它没有禁止用 C++ 编写面向过程的代码。当你想要这样做时，应该使用简单的独立程序、函数、全局变量和命名空间。

我的建议是避免使用静态成员变量和静态成员函数。

该规则的一个例外是类的私有常量成员，因为它们是只读的并且不表示对象的状态。另一个例外是工厂方法，即创建对象实例（通常是类类型的实例，也被用作静态成员函数的命名空间）的静态成员函数。

6.3 模块

C++ 第一个版本发布于 1985 年，距今已经 37 年了，但是 C++ 的基础仍然是发布于 1972 年的 C 语言。至今，C++ 仍兼容 C 语言，这也意味着 C++ 继承了 C 语言的特性。随着现代 C++ 的更新（C++11、C++14、C++17 及 C++20），这些 C 语言的特性显得越发不合时宜，对现代编程风格的意义越来越小。如今，老式的 #include 在实现模块化的系统时已经不再适合。

新的编程语言（如 D 或者 Rust）通常包含内建的模块系统。随着 2017 年版本 9 的发布，Java 使用 Jigsaw 模块系统进行了改装。因此，现在也该是 C++ 有模块化系统的时代了。

6.3.1 #include 的缺点

老式的 #include 系统和头文件有什么缺点呢？其缺点从 #include 的含义出发比较容

易理解，预处理器对每个 #include 做简单的文本替代，即 #include 指令表示对被包含的文件内容进行复制粘贴操作，如图 6-14 所示。

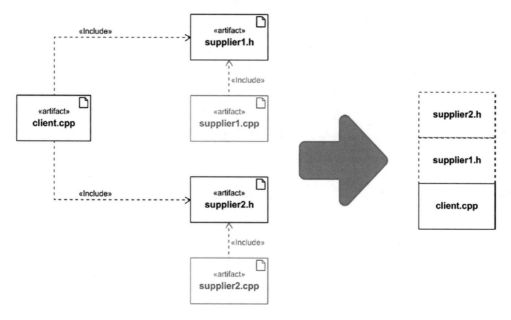

图 6-14　在 #include 的地方插入被包含的文件内容

首先，这一方法最主要的缺点在于编译时间长，尤其是在大型项目中。如果一个头文件包含在多个编译单元（Translation Unit）中，编译器必须多次执行复制粘贴操作，并且不仅文本的替换要花较长的时间，而且产生相应抽象语法树（Abstract Syntax Tree，AST）要花的时间更长。然后，由于没有被用到，成百上千行的代码又被优化掉了。

再者，头文件和源文件始终是两个文件，在保证接口和实现的一致性方面会存在一些问题，会违反 DRY 原则。

当不同头文件存在同一符号的多个定义（ODR 违规）时，某些意外的代码更改（如通过宏重新定义符号）将导致非常头疼的问题。设想有两个不同的头文件同时在全局作用域定义了常量 PI，且被同一个编译单元包含的情景。这也要求通过某种措施来防止同一头文件的多次包含，例如"包含保护宏"（include guard macro）习惯用法，否则会发生符号重复定义或类型冲突的问题。

ODR 违规

单一定义规则（One Definition Rule，ODR）在 C++ 开发中非常重要。ODR 的定义见当前 C++ 标准的 6.3 节，它规定编译单元不得包含单个变量的多个定义，对于函数、类、枚举、模板、默认参数、默认模板参数亦如此。

一个简单的 ODR 违规示例是，同一编译单元（.cpp 文件）包含的两个头文件都定义了同名类，编译器将终止并报错（抛出类类型重定义的消息）。

有一些 ODR 违规可以被编译器诊断出来，也有一些 ODR 违规编译器是无法发现的。后者可能导致程序运行时产生难以发现的问题。

6.3.2　使用模块来解决

模块是 C++20 标准中一项非常重要的新特性，它将头文件和实现文件彻底分开，因此前面提到的很多问题（例如 C 风格的宏和 C 预处理器）将迎刃而解。最终，模块将明显地加快软件编译速度，有利于软件的快速编译和分发。

文件扩展名说明

下面，我将用 *.mpp 作为模块文件的扩展名，*.bmi 作为编译好的模块接口（Built Module Interface，BMI）的扩展名。实际上，这些文件扩展名并无标准，可能随着编译器的不同而不同。例如，Microsoft Visual Studio C++ 编译器的模块接口文件扩展名为 *.ixx，产生的 BMI 文件扩展名为 *.ifc。Clang/LLVM 编译器的模块文件扩展名是 .*cppm，BMI 文件扩展名是 *pcm。

使用模块，图 6-14 中的情形将变成图 6-15 中的样子。

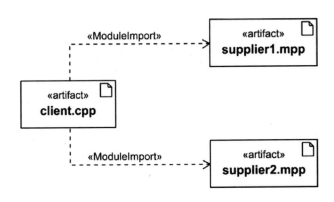

图 6-15　模块导入

该解决方案不再使用头文件，而是让编译单元之间共享资源。当然，这并非像单纯扔掉头文件并使用其编译后的文件那样简单。注意，图 6-15 中被 client.cpp 导入的文件从 *.cpp 变成了 *.mpp。迁移到模块系统并非免费的，期间很多东西必须加以考虑和改变。由于各种原因，有时可能无法迁移，例如遇到无法更改的第三方库时。

6.3.3　底层实现

在深入讨论模块之前，我们先来看一下当导入 C++ 模块时底层发生了哪些变化，它与包含头文件的区别在哪里。

如图 6-16 所示，模块导入显然不同于头文件的复制粘贴，当编译器遇到模块文件（本例中为 mathLibrary.mpp）被编译单元（main.cpp）导入时，该模块文件首先被翻译成一个 BMI 文件和一个目标（object）文件。

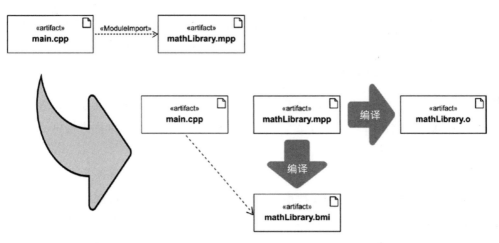

图 6-16　模块文件首先被翻译成一个 BMI 文件和一个目标文件

BMI 文件存在于文件系统中，包含该模块的元数据，描述了 mathLibrary.mpp 文件的外部接口（Exported Interface）。编译器还会生成链接器（Linker）链接模块以形成可执行文件时必须用到的目标文件 mathLibrary.o。

因此，使用模块时需要有额外的步骤来生成中间的 BMI 文件和目标文件，这也是与使用头文件时本质上不同的地方，包含头文件时不需要额外的耗时生成步骤。其最大优势在于，生成步骤只需执行一次，无论有多少编译单元需要导入模块。例如，用 import <iostream> 替代 #include <iostream> 可以避免一次又一次重复编译 <iostream> 头文件中上千行的代码。

不过，这也意味着有着严格的时序要求。导入模块时会创建一个操作序列，即编译器必须先处理模块以获得 BMI 文件，然后才能编译导入了该模块的编译单元。

编译大型项目时提高编译效率最重要的方式是并行化，尤其是当 CI/CD[⊖]环境连续高频率地执行编译时，单次编译必须非常快速。开发团队需要快速知道编译和自动化测试是否成功无误，此时并行化即根本。

⊖　Continuous Integration/Continuous Deployment，持续集成 / 持续部署。

使用模块时，其内部严格的顺序处理步骤使得实现并行化更加困难。当复杂的导入图（Import Graph）具有大的 DAG[⊖]深度时（如导入链很长且相互导入），并行化带来的速度优势可能荡然无存。Boost 库的作者之一 Rene Rivera 做过一项研究，研究了使用模块对编译性能的影响，尤其是在不同并发度下的影响。他给出如下结论：

受限于当前编译器的能力，模块化编译在低并发编译环境中非常有利。但在高并发编译环境中是否具有优势并不清晰。换句话说，目前模块并不能像传统编译方式那样随着并发度的提高而提高效率。

——Rene Rivera，"Are Modules Fast？"[Rivera19]

6.3.4　使用模块的三种方案

使用 C++ 模块对于正在进行的项目可能比较容易。如果在老式的头文件包含和新式的模块导入之间没有过渡阶段，这将是一个很大的障碍。因此，C++20 标准提供了三种导入方案，现在简要介绍如下。

1. include 转换

对于正在进行的项目，使用模块最容易的方法就是（头文件）include 转换。include 转换的意思是，将头文件包含直接视为模块导入。当满足某些约束条件时，尤其是当头文件可导入时，代码无须做任何修改，不论是服务使用端代码还是提供端代码。不过值得一提的是，include 转换是一项与编译器相关的特性。

可导入的头文件

同时适用于 include 转换和头文件导入的头文件必须是充分独立的或自包含的，即它不依赖其他预置的定义（如宏定义或前置声明）或者后置的定义删除（如宏的 #undef）。

例如，include 指令（如 #include <iostream>）将被自动转换为 import <iostream>。幸运的是，C++20 标准规定编译器供应商提供的标准库头文件必须是可导入的。相比而言，C 标准库的 C++ 包装器（如 <cstdio>、<cmath> 和 <cstdlib>）不是可导入的。不过，对于 C++ 整洁之道的开发者而言，这不是问题，因此这些库的内容不应当用在现代 C++ 程序中。

C++20 的 include 转换解决了老式风格的头文件包含的部分问题。首先，编译速度得到提升；其次，一些 ODR 违规可被避免，因为不同头文件中完全相同的定义不再冲突。最后，头文件不能再操作其他头文件，导入的编译单元也不会影响导入的头文件的内容。

⊖　Directed Acyclic Graph，有向无环图，即无环有限有向图。

2. 头文件导入

使模块的下一个方法是头文件导入［有时也称为头文件单元（Header Unit）］，这需要模块的使用者稍微改动一些代码。这些改动非常简单，即将 #include 改成 import，如代码清单 6-35 所示。

代码清单 6-35　头文件导入示例

```cpp
import <iostream>; // ...instead of #include <iostream>

int main() {
  std::cout << "Header Importation" << '\n';
  return 0;
}
```

头文件导入带来的好处和 include 转换的好处相同。

3. 模块导入

使用 C++ 模块最高级别的方法当然是模块导入，即使用专为现代 C++ 程序设计的模块。在这个阶段，理想情况下没有头文件，但整个软件是由编译单元和导入的模块构建的。

代码清单 6-36 给出了一个金融数学库（即模块）的简单示例，其中只包含一个函数。

代码清单 6-36　仅提供一个函数的简单模块

```cpp
module;

#include <cmath>

export module financialmath;

namespace financialmath {
  export long double calculateCompoundedInterest(const long double
  initialCapital,
    const long double rate,
    const unsigned short term) {
    return initialCapital * pow((1.0 + rate / 100.0), term);
  }
}
```

首先注意到，头文件中常见的样板代码（如 include guard 或 #pragma once 语句）已经不存在了，取而代之的是第 1 行的全局模块分段（Global Module Fragment），其下的内容不会被导出，仅在模块内部可见。例如，预处理器指令可置于此（如 #include 指令），如本例中的 <cmath>。下面的 export 关键字和模块名就是模块声明，它声明模块并将模块名 financialmath 暴露出来。在命名空间 financialmath 中，有一个名为 calculate-CompoundedInterest 的函数，该函数以给定的利率和给定的年期限对给定的初始资本执行复利计算。

注意，该函数以关键字 export 开头。使用此关键字，模块开发者可以明确模块的哪一部分可以被外界（模块的使用者）访问，哪一部分不可以被访问。因此，使用模块有一个巨大的优势：能更好地信息隐藏原则（见 3.5 节）。

代码清单 6-37 演示了模块在单元测试中的用法，该单元测试导出的函数。

代码清单 6-37　在单元测试中调用导出的函数

```
import financialmath;

TEST(FinancialmathModuleTest, FinalCapitalIsCalculatedCorrectly) {
  const auto finalCapital = financialmath::calculateCompoundedInterest(
                            3500.0, 4.0, 3);
  EXPECT_DOUBLE_EQ(3937.024, finalCapital);
}
```

除前面头文件转换和头文件导入提到的优势外，模块导入还具有其他优势。特别值得注意的是，头文件和源文件之间不再分离。所有内容都位于同一个模块文件中（当然这也有一些缺点，见后文）。此外，模块导入的顺序不再重要，使用者可以以任意顺序导入模块。不会存在环形导入，也不再出现 ODR 违规问题。

4. 接口和实现分离

正如前面提到的，只有单个模块文件有时并没有优势，尤其是当模块很复杂时。将接口和实现分离会很有帮助，这样一来接口文件清晰、易读，实现细节分离出去。

因此，即使对于模块，仍然可以将稳定的模块接口（模块接口单元，Module Interface Unit）和易变的模块实现（模块实现单元，Module Impementation Unit）分离开。微型 financialmath 模块可以分为代码清单 6-38 和代码清单 6-39 所示的两部分。

代码清单 6-38　financialmath 模块接口单元

```
export module financialmath;

export namespace financialmath {
  long double calculateCompoundedInterest(const long double initialCapital,
    const long double rate,
    const unsigned short term);
}
```

代码清单 6-39　financialmath 模块实现单元

```
module;

#include <cmath>

module financialmath;

namespace financialmath {
```

```
long double calculateCompoundedInterest(const long double initialCapital,
    const long double rate,
    const unsigned short term) {
    return initialCapital * pow((1.0 + rate / 100.0), term);
}
}
```

当然，这种分离也有缺点。正如头文件和源文件分离一样，模块接口和模块实现的分离也违反了 DRY 原则（见 3.4 节）。

至此，模块便简单介绍完了。还有很多关于模块的主题，例如模块分割、子模块创建等，这些并不在本书的讨论范围。现在，我们来看这个新概念对代码开发人员意味着什么，以及它对软件架构有什么影响。

6.3.5　模块的影响

C++20 模块最常提及的优势是编译速度的提升。这是一个好消息，但是我并不认为这是 C++20 最重要的特性。

我相信 C++20 模块会对整个 C++ 生态带来深远的影响，甚至超过 C++98 以来的任何特性。模块有减少（甚至去除）预处理器和大多数 C 风格宏的潜质，它改变了 C++ 项目的编译方式，影响编译系统和 CI/CD 工具链，并且影响软件架构的组织和结构（虽然软件架构不仅仅包含组件定义和代码整合）。

模块可以提供真正的封装功能，极大地支持第 3 章提到的信息隐藏原则。我们可以显式地指明模块的某个接口（可被导出），从而定义哪些能被公开访问，哪些不能被公开访问。我们可以聚合多个模块，形成一个大模块，从而得到类似图 6-1 所示的可按层次分解的结构。这些特性可以显著提高复杂 C++ 项目的可读性、可维护性和可扩展性，并且从开发者的角度来看，也可以去除很多不易理解的 C 风格宏定义。

Chapter 7 第 7 章

函数式编程

近年来，有一种编程范式在经历复兴，它通常被视为面向对象的一种反机制，这就是函数式编程。

早期的函数式编程语言之一是 Lisp（旧式写法为 LISP，因为它是 LISt Processing 的缩写）。它是美国计算机科学家和认知科学家 John McCarthy 于 1958 年在麻省理工学院设计出来的。McCarthy 还创造了"人工智能"（Artificial Intelligence，AI）这个术语，并将 Lisp 作为 AI 应用程序的编程语言。Lisp 基于 Lambda 演算（λ 演算），这是一种由美国数学家 Alonzo Church 于 20 世纪 30 年代引入的形式化模型。

Lambda 演算

很难找到简洁、明了地介绍 Lambda 演算的文章。很多关于这一主题的论文都写得非常学术化，读者需要具备很好的数学知识和逻辑知识才能理解。这里不会解释 Lambda 演算，因为这不是本书的主要内容。但只要在网上随便搜索一下，就能找到无数种解释。

可以这么说，Lambda 演算被认为是最简单、最小的编程语言。它包含两部分：一个函数定义方案和一个单一转换规则。这两个组成部分足以为函数式编程语言（如 Lisp、Haskell 和 Clojure 等）的形式化描述提供通用模型。

事实上，Lisp 是一系列计算机编程语言的统称，已经衍生出了很多种语言。例如，每一个曾经使用过著名的 Emacs 系列文本编辑器（如 GNU Emacs 或 X Emacs）的人，都应该知道 Emacs Lisp 语言，它被用作可扩展的自动化脚本语言。

使用 Lisp 开发的值得注意的函数式编程语言包括：

❏ Scheme：具有静态绑定的 Lisp 语言，于 20 世纪 70 年代在麻省理工学院人工智能实验室（AI Lab）诞生。

❑ Miranda：受商业支持的第一个纯粹的懒汉式函数式语言。

❑ Haskell：一种通用的纯函数式编程语言，以美国逻辑学家、数学家 Haskell Brooks Curry 的名字而命名。

❑ Erlang：由瑞典爱立信电信公司开发，主要致力于构建大规模可扩展、高可靠性的实时软件系统。

❑ F#（发音为 F sharp）：一种多范式编程语言，Microsoft.NET 框架的成员。F# 的主要范式是函数式编程，但它允许开发人员切换到 .NET 生态系统的命令模式或面向对象的编程模式。

❑ Clojure：由 Rich Hickey 创建的 Lisp 编程语言的现代版。Clojure 是纯函数式编程语言，可在 Java 虚拟机和公共语言运行时（Common Language Runtime，CLR；Microsoft.NET 框架的运行时环境）上运行。

截至目前，函数式编程语言仍然没有像其他类型的编程语言（如面向对象编程语言）那样被广泛使用，但它们的影响范围一直在增加。很明显的例子是 JavaScript 和 Scala，它们都是多范式语言（即它们不是纯函数式编程语言）。它们变得越来越流行，特别是在 Web 开发中，部分原因在于它们自己的函数式编程能力。

这就足以让我们深入探讨这个主题，探究这到底是一种什么样的编程风格，并讨论现代 C++ 在这方面提供了哪些新特性。

7.1 什么是函数式编程

很难找到人们普遍接受的函数式编程（Functional Programming，FP）定义。通常，人们会把函数式编程解读为一种编程风格，其中整个程序完全由纯函数构建。这便引出了一个问题：这里的"纯函数"是什么意思呢？我们将在 7.1.1 节中讨论这个问题。上面的说法基本上是正确的：函数式编程的基础便是数学意义上的函数。程序由一系列函数及函数求值和函数链构成。

就像面向对象编程（详见第 6 章）一样，函数式编程也是一种编程范式。这意味着它是思考软件构建的一种方式。然而，函数式编程范式的定义通常归因于其属性。与其他编程范式，尤其是面向对象编程相比，这些属性被认为是有利的，具体原因如下：

❑ **通过避免（全局）共享可变的状态消除了副作用**。在纯函数式编程中，函数调用没有任何副作用。纯函数的这一重要属性详见 7.1.1 节。

❑ **不可变的数据和对象**。在纯函数式编程中，所有数据都是不可变的，也就是说，数据结构一旦创建，就永远不会被改变。如果我们将函数应用于数据结构，那么将创建一个新的数据结构，它要么是新的数据结构，要么是旧的数据结构的变体。令人欣慰的是，不可变的数据具有线程安全的巨大优势。
- ❑ **函数组合和高级函数**。在函数式编程中，可以像对待数据一样对待函数。可以将函数存储在变量中，也可以将函数作为参数传递给其他函数，还可以将函数作为其他函数的返回结果。函数很容易链接。换句话说，函数就是该语言的"一等公民"。
- ❑ **更好更容易的并行化**。并发性基本上很难保证。软件设计人员必须注意多线程环境中的许多事情，当只有一个线程时，通常不必担心。在多线程并发的程序中寻找 bug 可能会非常痛苦。但是，如果函数调用永远不会产生副作用，如果没有全局状态，如果我们只处理不可变数据结构，那么使软件并行运行就容易得多。相反，使用命令式语言（如面向对象语言）时，需要用锁和同步机制来保护数据不被多个线程同时访问和操作（见 9.3 节）。
- ❑ **易于测试**。如果纯函数具有上面提到的所有属性，那么它也很容易被测试。在测试用例中，没必要考虑全局可变状态或其他副作用。

以后我们将看到，在 C++ 函数式编程中，无法自动完全确保以上所有积极的方面。例如，如果我们需要一个不可变的数据类型，那么必须按照第 9 章的说明进行设计。但现在，我们先深入研究一下这个主题，讨论一个核心问题：函数式编程中的"函数"到底是什么？

7.1.1 什么是函数

在软件开发中，可以找到很多名为函数的东西。例如，软件应用程序为其用户提供的一些功能，通常也称为程序的函数。在 C++ 中，类的方法有时也称为成员函数。计算机程序的子程序通常被认为是函数。毫无疑问，这些例子都是广义上的"函数"，但它们并不是我们在函数式编程中所说的"函数"。

当我们谈论函数式编程中的函数时，我们实际上讨论的是**真正的数学函数**。这意味着我们将函数视为一组输入参数与一组输出参数之间的关系，其中每组输入参数仅与一组输出参数相关。我们可以将函数表示为一个简单而通用的公式，即 $y=f(x)$。

这个简单的公式定义了函数的基本模式。它表示 y 的值取决于且仅取决于 x 的值。对于相同的 x 值，y 的值也总是相同的！换句话说，函数 f 将 x 的任何可能的值映射为唯一的 y 值。在数学和计算机编程中，这也称为引用透明（Referential Transparency）。

引用透明

在函数式编程中，经常被提起的一个重要优点是纯函数总是引用透明的。

"引用透明"这一术语起源于分析哲学，分析哲学是 20 世纪初开始发展起来的某些哲学运动的总称。分析哲学基于一种传统，该传统最初主要基于理想语言（形式逻辑）或分析日常语言。"引用透明"一词归功于美国哲学家和逻辑学家 Willard Van Oman Quine（1908—

2000）。

　　如果函数是引用透明的，那么就意味着任何时候只要使用相同的输入调用函数，就会得到相同的输出。换句话说，理论上我们能够直接用函数调用的结果替换函数调用本身，而这种改变不会产生任何不良影响。这使我们能够将函数连接在一起，就好像它们是盲盒一样。

　　引用透明直接引出了纯函数的概念。

7.1.2　纯函数和非纯函数

　　代码清单 7-1 给出了 C++ 中纯函数的一个简单示例。

代码清单 7-1　C++ 中纯函数的一个简单示例

```cpp
[[nodiscard]] double square(const double value) noexcept {
  return value * value;
};
```

　　很容易看出，square() 的输出值仅取决于传递给函数的参数值，因此使用相同的参数值调用两次 square() 将产生相同的结果。函数调用没有任何副作用，因为该函数调用后不会留下任何可能影响 square() 后续调用的"垃圾"。这些函数完全独立于外部状态，没有任何副作用，并且对于相同的输入始终产生相同的输出（具体来说，它们是引用透明的），因此它们被称为**纯函数**。

　　相比之下，命令式编程范式（如过程式编程或面向对象编程）不能保证无副作用，如代码清单 7-2 所示。

代码清单 7-2　证明类的成员函数可能产生副作用的示例

```cpp
#include <iostream>

class Clazz {
public:
  int functionWithSideEffect(const int value) noexcept {
    return value * value + someKindOfMutualState++;
  }

private:
  int someKindOfMutualState { 0 };
};

int main() {
  Clazz instanceOfClazz { };
  std::cout << instanceOfClazz.functionWithSideEffect(3) << std::endl;
  // Output: "9"
  std::cout << instanceOfClazz.functionWithSideEffect(3) << std::endl;
```

```
// Output: "10"
std::cout << instanceOfClazz.functionWithSideEffect(3) << std::endl;
// Output: "11"
return 0;
}
```

在这种情况下，每次调用名为 Clazz::functionWithSideEffect() 的成员函数都会改变类 Clazz 实例的内部状态。因此，尽管函数参数的给定值始终相同，但每次调用该成员函数都会返回不同的结果。在过程式编程中，可以使用过程操作的全局变量产生类似的效果。即使使用相同的参数调用，也会产生不同输出的函数被称为**非纯函数**。非纯函数的另一个明确指标是，在不使用其返回值的情况下调用它是有意义的。如果能这样使用函数，那么该函数一定有副作用。

在单线程环境中，全局状态可能很少会导致某些问题。但是现在假设有一个多线程环境，其中有多个线程正在运行，且函数以不确定的顺序被调用。在这样的环境中，全局状态或对象的实例状态通常很容易出问题，并且可能产生不可预测的行为或细微的错误。

7.2 现代 C++ 中的函数式编程

函数式编程一直是 C++ 的一部分！即使是在 C++98 标准中，也能够使用这种多范式语言以函数方式进行编程。这归因于 C++ 最开始的模板元编程（Template MetaProgramming，TMP）。

7.2.1 基于模板的函数式编程

许多 C++ 开发人员都知道的是，模板元编程是一种技术，其中编译器使用模板生成 C++ 源代码，然后再将源代码转换为目标代码。许多程序员可能没有意识到的一个事实是，模板元编程是函数式编程，而且它是图灵完备的。

图灵完备

"图灵完备"这一术语是以著名的英国计算机科学家、数学家、逻辑学家和密码学家阿兰·图灵（1912—1954）的名字命名的。图灵完备通常用于定义使语言成为"真正的"编程语言的规范。编程语言的特点就是图灵完备，你能解决的任何可能的问题理论上都可以通过图灵机来解决。图灵机是由阿兰·图灵发明的抽象理论机器，它是一个理想的计算模型。

在实践中，没有任何计算机系统是真正图灵完备的，原因是理想的图灵完备需要无限的内存和无限的递归，这是现在的计算机系统无法提供的。因此，一些系统在模拟时使用无限的内存，以此来近似图灵完备，但还是受底层硬件的物理限制。

作为证明，我们将只使用 TMP 来计算两个整数的最大公约数（Greatest Common Divisor，GCD）。两个整数（均不为零）的 GCD 是指它们能够同时整除的最大正整数。详见代码清单 7-3。

代码清单 7-3　使用模板元编程计算最大公约数

```cpp
01  #include <iostream>
02
03  template< unsigned int x, unsigned int y >
04  struct GreatestCommonDivisor {
05    static const unsigned int result = GreatestCommonDivisor< y, x % y
      >::result;
06  };
07
08  template< unsigned int x >
09  struct GreatestCommonDivisor< x, 0 > {
10    static const unsigned int result = x;
11  };
12
13  int main() {
14    std::cout << "The GCD of 40 and 10 is: " << GreatestCommonDivisor
      <40u, 10u>::result
15      << std::endl;
16    std::cout << "The GCD of 366 and 60 is: " << GreatestCommonDivisor
      <366u, 60u>::result <<
17      std::endl;
18    return 0;
19  }
```

以下是程序的输出：

```
The GCD of 40 and 10 is: 10
The GCD of 366 and 60 is: 6
```

编译时使用模板计算 GCD 的这种风格的显著之处在于它是真正的函数式编程。使用的两个类模板完全没有状态。没有可变变量，这意味着变量一旦初始化，值将不能改变。模板实例化期间使用了递归过程，该过程在第 9～11 行的特定模板发挥作用的时候退出。如上所述，模板元编程具有图灵完备性，这意味着可以使用该技术在编译时完成任何可能的计算。

模板元编程无疑是一个强大的工具，但它也有一些缺点。特别是如果大量使用模板元编程，代码的可读性和可理解性就会受到严重影响。TMP 的语法和习惯用法很难理解。当出现问题时，用户可能会遇到大量且通常晦涩的错误信息，虽然现在使用 C++20 的 concept

可以大幅度减少这种情况（详见第 5 章）。当然，随着模板元编程的大量使用，编译时间也会增加。因此，TMP 是设计和开发通用库（如 C++ 标准库）的比较合适的方法，但即使需要这种通用编程（如代码重复最小化），也应该仅用于那些精心设计的现代应用程序代码中。

从 C++11 开始，编译时不再需要使用模板元编程进行计算了。在常量表达式（constexpr，参见 5.3.2 节）的帮助下，GCD 可以很容易地被实现为常见的递归函数，如代码清单 7-4 所示。

代码清单 7-4　递归 GCD 函数可以在编译时进行计算

```cpp
constexpr unsigned int greatestCommonDivisor(const unsigned int x,
                                             const unsigned int y) noexcept
{
  return y == 0 ? x : greatestCommonDivisor(y, x % y);
}
```

有必要提一下，上面的例子用到的数学算法称为欧几里得算法，它是以古希腊数学家欧几里得的名字命名的。

从 C++17 开始，数值算法 std::gcd() 已经成为 C++ 标准库的一部分（定义在头文件 <numeric> 中），因此我们不再需要自己实现它，详见代码清单 7-5。

代码清单 7-5　使用头文件 <numeric> 中的函数 std::gcd()

```cpp
#include <iostream>
#include <numeric>

int main() {
  constexpr auto result = std::gcd(40, 10);
  std::cout << "The GCD of 40 and 10 is: " << result << std::endl;
  return 0;
}
```

7.2.2　仿函数

在 C++ 中，一直可以定义和使用像函数一样的对象，它们被简称为仿函数（Functor）。从技术上来说，仿函数是一个定义了括号运算符的类，即定义了 operator() 的类。实例化这些类之后，就可以像调用函数一样调用这个类的对象了。

根据 operator() 包含的参数个数，仿函数可分为生成器（0 个参数）、一元仿函数（1 个参数）和二元仿函数（2 个参数）等。我们先来看生成器。

1. 生成器

正如名称 "生成器" 所揭示的那样，这种类型的仿函数用于生成某些东西，详见代码清单 7-6。

代码清单 7-6 生成器（没有参数的仿函数）示例

```
class IncreasingNumberGenerator {
public:
  [[nodiscard]] int operator()() noexcept { return number++; }
private:
  int number { 0 };
};
```

工作原理非常简单：每次调用 IncreasingNumberGenerator::operator() 时，都将成员变量 number 的实际值返回给调用者，并将该成员变量的值增加 1。以下用法示例表示在标准输出上打印 number 值由 0 到 2 的变化：

```
int main() {
  IncreasingNumberGenerator numberGenerator { };
  std::cout << numberGenerator() << std::endl;
  std::cout << numberGenerator() << std::endl;
  std::cout << numberGenerator() << std::endl;
  return 0;
}
```

还记得 5.6.1 节引用的 Sean Parent 的话 "代码中不能出现原始循环！" 吗？我们要用一定数量的递增的值填充 std::vector<T>，不应该自己动手实现循环。相反，我们可以使用头文件 <algorithm> 中定义的 std::generate 或 std::ranges::generate（从 C++20 开始支持）。两者都是函数模板，它将给定 Generator 对象生成的值分配给某个范围内的每个元素。因此，我们可以通过代码清单 7-7 所示的简单且可读性很好的代码，用 IncreasingNumberGenerator 填充具有递增数字序列的 vector。

代码清单 7-7 用 std::ranges::generate 填充具有递增数字序列的 vector

```
#include <algorithm>
#include <vector>

using Numbers = std::vector<int>;

int main() {
  const std::size_t AMOUNT_OF_NUMBERS { 100 };
  Numbers numbers(AMOUNT_OF_NUMBERS);
  std::ranges::generate(numbers, IncreasingNumberGenerator());
  // ...now 'numbers' contains values from 0 to 99...
  return 0;
}
```

很容易想象，这些仿函数不满足纯函数的严格要求。生成器通常具有可变状态，也就是说，当调用 operator() 时，这些仿函数通常会产生一些副作用。在我们的例子中，可变状态由私有成员变量 IncreasingNumberGenerator::number 表示，它在每次调用括号运算符后递增。

---
std::iota（自 C++11 开始）和 std::ranges::iota_view（自 C++20 开始）

从 C++11 开始，头文件 <numeric> 已经包含名为 std::iota() 的函数模板，它以编程语言 APL 的函数符号 l（Iota）命名，它不是生成器仿函数，但可以用来填充容器并以一种优雅的方式递增序列的值。从 C++20 开始，这个函数模板也被指定为 constexpr，可以用于编译时计算。

因此，前面的代码清单中填充 vector 的那行也可以写成：

std::iota(begin(numbers), end(numbers), 0);

随着 C++20 引入 ranges 库，还有另一种方法，即 range 工厂 std::ranges::iota_view（定义在头文件 <ranges> 中），它通过重复递增初始值来生成元素序列。

```cpp
auto view = std::ranges::iota_view { 0, 100 };
std::vector<int> numbers(std::begin(view), std::end(view));
// ...now 'numbers' contains values from 0 to 99...
```

Generator 类型的仿函数的另一个示例是随机数生成器仿函数模板类，如代码清单 7-8 所示。该仿函数基于 Mersenne Twister 算法（定义在头文件 <random> 中），它封装了伪随机数生成器（Pseudo Random Number Generator，PRNG）的初始化和使用方式所必需的所有内容。

代码清单 7-8　生成器仿函数模板类，它封装了伪随机数生成器

```cpp
#include <random>

template <typename NUMTYPE>
class RandomNumberGenerator {
public:
  RandomNumberGenerator() {
    mersenneTwisterEngine.seed(randomDevice());
  }

  [[nodiscard]] NUMTYPE operator()() {
    return distribution(mersenneTwisterEngine);
  }

private:
  std::random_device randomDevice;
  std::uniform_int_distribution<NUMTYPE> distribution;
  std::mt19937_64 mersenneTwisterEngine;
};
```

代码清单 7-9 给出了仿函数 RandomNumberGenerator 的使用方式。

代码清单 7-9　用 100 个随机数填充 vector

```
#include "RandomGenerator.h"
#include <algorithm>
#include <functional>
#include <iostream>
#include <vector>

using Numbers = std::vector<short>;
const std::size_t AMOUNT_OF_NUMBERS { 100 };

Numbers createVectorFilledWithRandomNumbers() {
  RandomNumberGenerator<short> randomNumberGenerator { };
  Numbers randomNumbers(AMOUNT_OF_NUMBERS);
  std::generate(begin(randomNumbers), end(randomNumbers), std::ref(randomNu
  mberGenerator));
  return randomNumbers;
}

void printNumbersOnStdOut(const Numbers& numbers) {
  for (const auto& number : numbers) {
    std::cout << number << std::endl;
  }
}

int main() {
  auto randomNumbers = createVectorFilledWithRandomNumbers();
  printNumbersOnStdOut(randomNumbers);
  return 0;
}
```

2. 一元仿函数

接下来，我们看一个一元仿函数的例子，它是一个仿函数，其括号运算符有一个参数，详见代码清单 7-10。

代码清单 7-10　一元仿函数示例

```
class ToSquare {
public:
  [[nodiscard]] constexpr int operator()(const int value) const noexcept {
  return value * value; }
};
```

顾名思义，这个仿函数在括号运算符中对传递给它的值做平方运算。并不一定总是这样，因为一元仿函数也可以拥有私有成员变量，即一个可变状态。它也可以对全局变量进行读访问或写访问（虽然这不应该是现在的正常情况）。

使用 ToSquare 仿函数，我们可以扩展上面的示例并将其应用于具有升序整数序列的

vector，如代码清单 7-11 所示。

代码清单 7-11　vector 中的 100 个数字都做了平方运算

```
#include <algorithm>
#include <vector>

using Numbers = std::vector<int>;

int main() {
  const std::size_t AMOUNT_OF_NUMBERS { 100 };
  Numbers numbers(AMOUNT_OF_NUMBERS);
  std::generate(begin(numbers), end(numbers), IncreasingNumberGenerator());
  std::transform(begin(numbers), end(numbers), begin(numbers), ToSquare());
  // ...to be continued...
  return 0;
}
```

使用的算法 std::transform（定义在头文件 <algorithm> 中）将给定的函数或函数对象应用于一个范围（由前两个参数定义），并将结果储存在另一个范围（由第三个参数定义）中。在我们的例子中，两个范围是相同的。

3. 谓词

谓词是一种特殊的仿函数。如果只有一个参数的一元仿函数返回一个布尔值（用于指示某些测试的结果为 true 或 false），则该一元仿函数称为一元谓词，如代码清单 7-12 所示。

代码清单 7-12　谓词示例

```
class IsAnOddNumber {
public:
  [[nodiscard]] constexpr bool operator()(const int value) const noexcept {
    return (value % 2) != 0;
  }
};
```

该谓词可以应用于数字序列，并用 std::erase_if 算法删除所有奇数，如代码清单 7-13 所示。

代码清单 7-13　用 std::erase_if 删除 vector 中的所有奇数

```
#include <algorithm>
#include <vector>

// ...

using Numbers = std::vector<int>;

int main() {
  const std::size_t AMOUNT_OF_NUMBERS = 100;
```

```
Numbers numbers(AMOUNT_OF_NUMBERS);
std::generate(begin(numbers), end(numbers), IncreasingNumberGenerator());
std::transform(begin(numbers), end(numbers), begin(numbers), ToSquare());
std::erase_if(numbers, IsAnOddNumber());
// ...
return 0;
}
```

> 注
> 意 除非使用的是 C++20 标准，否则需要用 erase-remove（擦除 - 删除）习惯用法（详
> 见 3.3 节）从 vector 中删除奇数。

为了能够更灵活并以更通用的方式使用仿函数，我们通常把它实现为模板类。因此，我们可以将一元仿函数 IsAnOddNumber 重构为模板类，以便它可以适用于所有整数类型，如 short、int、unsigned int、uint64_t 等。使用 C++20 concept 很容易实现这一点，如代码清单 7-14 所示。

代码清单 7-14　确保模板参数是一个整数数据类型

```
#include <concepts>

template <std::integral T>
class IsAnOddNumber {
public:
  [[nodiscard]] constexpr bool operator()(const T value) const noexcept {
    return (value % 2) != 0;
  }
};
```

在 main() 函数体内，我们使用谓词（std::erase_if 函数调用）将其稍微调整一下：

```
// ...
std::erase_if(numbers, IsAnOddNumber<Numbers::value_type>());
// ...
```

如果现在我们在 IsAnOddNumber 模板中使用非整数的数据类型，例如 double，则会从编译器得到一个明确的错误消息。

代码清单 7-15 展示了整个示例，使用 std:for_each 和 PrintOnStdOut 仿函数在标准输出上输出 vector 内容。

代码清单 7-15　三种仿函数的完整示例代码

```
#include <algorithm>
#include <concepts>
#include <iostream>
#include <vector>
```

```cpp
class IncreasingNumberGenerator {
public:
  [[nodiscard]] int operator()() noexcept { return number++; }

private:
  int number { 0 };
};

class ToSquare {
public:
  [[nodiscard]] constexpr int operator()(const int value) const noexcept {
    return value * value;
  }
};

template <std::integral T>
class IsAnOddNumber {
public:
  [[nodiscard]] constexpr bool operator()(const T value) const noexcept {
    return (value % 2) != 0;
  }
};

class PrintOnStdOut {
public:
  void operator()(const auto& printable) const {
    std::cout << printable << '\n';
  }
};

using Numbers = std::vector<int>;

int main() {
  const std::size_t AMOUNT_OF_NUMBERS = 100;
  Numbers numbers(AMOUNT_OF_NUMBERS);
  std::generate(begin(numbers), end(numbers), IncreasingNumberGenerator());
  std::transform(begin(numbers), end(numbers), begin(numbers), ToSquare());
  std::erase_if(numbers, IsAnOddNumber<Numbers::value_type>());
  std::for_each(cbegin(numbers), cend(numbers), PrintOnStdOut());
  return 0;
}
```

之所以在这里完整地展示这个示例是因为我们将在本章的后面对其进行改进。

最后，我们接着讨论函数，看一下二元仿函数。

4. 二元仿函数

如前所述，二元仿函数是一个类似函数的对象，它有两个参数。如果仿函数对它的两个参数进行操作以执行某些计算（如加法）并返回该操作的结果，那么我们将其称为二元运算符。如果这样的仿函数具有布尔类型的返回值（用于某种测试），如代码清单 7-16 所示，则称为二元谓词。

代码清单 7-16 二元谓词的示例，它比较它的两个参数

```cpp
class IsGreaterOrEqual {
public:
  [[nodiscard]] bool operator()(const auto& value1, const auto& value2)
  const noexcept {
    return value1 >= value2;
  }
};
```

 注意 在 C++11 之前，比较好的做法是让仿函数依据它们的参数数量分别继承 std:: unary_function 和 std::binary_function（两者都定义在头文件 <functional> 中）模板。但这些模板在 C++11 中已被标记为"已弃用"，并且在 C++17 中已经被删除了。

7.2.3 绑定包装和函数包装

在 C++ 语言中，函数式编程的下一个发展规划是在 2005 年出版的 *C++ Technical Report 1*（TR1）草案中提出的，该草案是标准 ISO/IEC TR 19768:2007 C++ 扩展库（Library Extension）的统称。TR1 指定了 C++ 标准库的一系列扩展，其中包括函数式编程的扩展。该技术报告是后来 C++11 标准的库扩展提案，事实上，13 个提议库中有 12 个（略有修改）被纳入了 2011 年出版的新语言标准。

在函数式编程方面，TR1 引入了两个函数模板 std::bind 和 std::function，它们都定义在库的头文件 <functional> 中。

函数模板 std::bind 是函数及其参数的一个绑定包装器。我们可以将实际值"绑定"到函数（或函数指针或仿函数）的一个或所有参数上。换句话说，我们可以用现有的函数或仿函数创建新的仿函数对象。我们从一个简单的例子开始介绍，如代码清单 7-17 所示。

代码清单 7-17 用 std::bind 包装二元仿函数 multiply()

```cpp
#include <functional>
#include <iostream>

[[nodiscard]] constexpr double multiply(const double multiplicand,
  const double multiplier) noexcept {
  return multiplicand * multiplier;
}

int main() {
  const auto result1 = multiply(10.0, 5.0);
  auto boundMultiplyFunctor = std::bind(multiply, 10.0, 5.0);
```

```
const auto result2 = boundMultiplyFunctor();
std::cout << "result1 = " << result1 << ", result2 = " << result2 <<
std::endl;
return 0;
}
```

在这个例子中，我们用 std::bind 将 multiply() 函数与两个浮点数字面值（10.0 和 5.0）包装在一起。字面值表示函数的两个参数 multiplicand 和 multiplier 绑定的实际值。最后，我们得到一个新的仿函数对象，它存储在变量 boundMultiplyFunctor 中。这样，我们就可以像调用定义了括号运算符的普通仿函数一样调用它。

你可能会疑惑：这么做的目的是什么？绑定函数模板的实际好处是什么？

std::bind 允许在编程中使用局部应用（partial application）——或偏函数应用（partial fuction application）。局部应用是只有一部分函数参数绑定到值或变量，而另一部分尚未绑定的过程。未绑定的参数由占位符 _1、_2、_3 等替换，这些占位符在命名空间 std::placeholders 中定义，如代码清单 7-18 所示。

代码清单 7-18　局部应用的一个例子

```
#include <functional>
#include <iostream>

[[nodiscard]] constexpr double multiply(const double multiplicand,
  const double multiplier) noexcept {
  return multiplicand * multiplier;
}

int main() {
  using namespace std::placeholders;

  auto multiplyWith10 = std::bind(multiply, _1, 10.0);
  std::cout << "result = " << multiplyWith10(5.0) << std::endl;
  return 0;
}
```

在上面的示例中，multiply() 函数的第二个参数绑定到浮点数字面值 10.0，而第一个参数绑定到占位符。std::bind() 的返回值是一个仿函数对象，储存在变量 multiplyWith10 中。该变量现在可以像函数一样被调用，而我们只需要传递一个参数，即要乘以 10.0 的值。

局部应用是一种自适应技术，它允许我们在各种情况下使用函数或仿函数，尤其当我们需要使用它们的功能，但只能提供一些参数时。此外，在占位符的帮助下，函数参数的顺序可以适应客户端代码的预期。例如，multiplicand 和 multiplier 在参数列表中的位置可以通过将它们映射到新的仿函数对象来互换，方法如下：

```
auto multiplyWithExchangedParameterPosition = std::bind(multiply, _2, _1);
```

在使用 multiply() 函数的例子中，这显然是无意义的（记住乘法的交换率），因为新的函数对象将产生与原始 multiply() 函数完全相同的结果。但在其他情况下，参数的顺序自适应可以提高函数的可用性。局部应用是一种用于接口适配的工具。

此外，在将函数作为返回参数时，使用 auto 关键字进行自动类型推导（见 5.3.1 节）可以提供很有价值的帮助，因为如果我们检查 GCC 编译器从 std::bind() 调用返回了什么，就会发现编译器返回的是以下复杂类型的对象：

```
std::_Bind_helper<bool0,double (&)(double, double),const _Placeholder<int2>
&,const _Placeholder<int1> &>::type
```

这很可怕，不是吗？在源代码中明确地写出这样的类型不仅没有帮助，而且代码的可读性也会受到很大的影响。借助关键字 auto，我们没有必要明确定义这些类型。但是在极少数情况下，必须明确定义类型，比如使用模板类 std::function 时，这是一个通用的多态函数包装器。该模板可以包装任意可调用对象（普通函数、仿函数、函数指针等），也可以管理用于存储该对象的内存。例如，要将乘法函数 multiply() 包装到 std::function 对象中，代码如下：

```
std::function<double(double, double)> multiplyFunc = multiply;
auto result = multiplyFunc(10.0, 5.0);
```

虽然我们已经讨论了 std::bind、std::function 和局部应用技术，但遗憾的是，由于 C++11 和 Lambda 表达式的引入，这些模板已经很少使用了。

7.2.4　Lambda 表达式

随着 C++11 的出现，该语言扩展了一个新的值得注意的特性：Lambda 表达式！与之相关的术语还有 Lambda 函数、函数字面量（Function Literal）和 Lambda，有时它们也被称为闭包（Closure）。实际上，它也是函数式编程的通用术语，当然，这种叫法也不完全正确。

闭包

在命令式编程语言中，我们认为当执行程序离开变量所在的作用域时，变量便不再可用。例如，当函数调用已完成并返回结果给其调用者时，该函数的所有局部变量将从调用栈中被删除，它们用到的内存也会被释放。

而在函数式编程中，我们可以构建一个**闭包**，它是一个具有持久的局部变量作用域的函数对象。换句话说，闭包允许部分或全部局部变量的作用域与函数绑定，并且只要该函数存在，该作用域对象将一直存在。

在 C++ 中，我们可以在 Lambda 表达式捕获列表的帮助下创建此类闭包。闭包与

Lambda 表达式不同，正如面向对象的对象（实例）与其类不同一样。

Lambda 表达式的特殊之处在于它们通常是内联实现，即在使用时实现。这有时可以提高代码的可读性，编译器可以更有效地应用其优化策略。当然，Lambda 函数也可以被视为数据，例如，它们可以储存在变量中，也可以作为函数参数传递给高级函数（见 7.3 节）。

Lambda 表达式的基本结构如下：

```
[ capture list ](parameter list) -> return_type_declaration { lambda body }
```

由于本书并非介绍 C++ 语言的书籍，因此这里不会解释有关 Lambda 表达式的所有基础知识。即使你是第一次看到这样的内容，也应该清楚其返回类型、参数列表和 Lambda 体与普通函数几乎相同。乍一看似乎有两个不寻常的地方。首先，Lambda 表达式不像普通函数或仿函数对象那样有名称，这就是它又被称为匿名函数的原因。其次，开头的方括号也称为 Lambda 引入符。顾名思义，Lambda 引入符标记了 Lambda 表达式的开头。此外，引入符还可以包含捕获列表（Capture List）。

捕获列表之所以重要是因为这里列出了外部作用域的所有变量，这些变量可以在 Lambda 体内使用，不论它们是通过值（复制）来捕获还是通过引用来捕获。换句话说，这些是 Lambda 表达式的闭包。

Lambda 表达式的示例定义如下：

```
[](const double multiplicand, const double multiplier) { return
multiplicand * multiplier; }
```

这是我们用 Lambda 表达式重写的乘法函数。引入符有一个空白的捕获列表，这意味着此 Lambda 表达式不捕获任何数据。在本例中，Lambda 表达式也没有指定返回值类型，因为编译器可以很容易地推导出返回值类型。

通过将 Lambda 表达式赋值给变量，我们可以创建相应的运行时对象，即闭包。实际上这是正确的：编译器根据 Lambda 表达式生成一个未指定类型的仿函数类，该表达式在运行时被实例化并被赋值给变量。捕获列表中捕获的内容转换为仿函数对象的构造函数参数和成员变量。Lambda 参数列表中的参数转换为仿函数括号运算符（operator()）中的参数，如代码清单 7-19 所示。

代码清单 7-19　使用 Lambda 表达式实现两个双精度数相乘

```cpp
#include <iostream>

int main() {
  auto multiply = [](const double multiplicand, const double multiplier) {
    return multiplicand * multiplier;
  };
  std::cout << multiply(10.0, 50.0) << std::endl;
  return 0;
}
```

然而，上面的代码可以写得更简短，因为 Lambda 表达式可以通过在 Lambda 体后面附加带有参数的括号而直接在其定义的地方被调用，如代码清单 7-20 所示。

代码清单 7-20 定义 Lambda 表达式的同时直接调用 Lambda 表达式

```cpp
int main() {
  std::cout <<
    [](const double multiplicand, const double multiplier) {
      return multiplicand * multiplier;
    }(50.0, 10.0) << std::endl;
  return 0;
}
```

当然，上面的例子仅用于演示，因为 Lambda 表达式的这种用法没有任何意义。代码清单 7-21 的示例使用了两个 Lambda 表达式，其中一个被算法 std::transform 调用，用于把 vector（名为 quote）中的元素用尖括号分别括起来，然后将它们储存在另一个名为 result 的 vector 中。另一个被 std::for_each 调用，用于在标准输出上输出 result 的内容。

代码清单 7-21 将 vector 中的每个元素都放入尖括号，然后将结果存入另一个 vector 中

```cpp
#include <algorithm>
#include <iostream>
#include <string>
#include <vector>

int main() {
  std::vector<std::string> quote { "That's", "one", "small", "step", "for",
    "a", "man,", "one", "giant", "leap", "for", "mankind." };
  std::vector<std::string> result;

  std::transform(begin(quote), end(quote), back_inserter(result),
    [](const std::string& word) { return "<" + word + ">"; });
  std::for_each(begin(result), end(result),
    [](const std::string& word) { std::cout << word << " "; });

  return 0;
}
```

程序输出的结果如下：

```
<That's> <one> <small> <step> <for> <a> <man,> <one> <giant> <leap> <for>
<mankind.>
```

7.2.5 通用 Lambda 表达式

随着 C++14 标准的发布，Lambda 表达式得到了进一步的改进。从 C++14 开始，允许

使用 auto（见 5.3.1 节）作为函数或 Lambda 表达式的返回类型。换句话说，将由编译器来推导返回值的类型，这样的 Lambda 表达式称为通用 Lambda 表达式。

示例详见代码清单 7-22。

代码清单 7-22　针对不同数据类型的值使用通用 Lambda 表达式

```
#include <complex>
#include <iostream>

int main() {
  auto square = [](const auto& value) noexcept { return value * value; };

  const auto result1 = square(12.56);
  const auto result2 = square(25u);
  const auto result3 = square(-6);
  const auto result4 = square(std::complex<double>(4.0, 2.5));

  std::cout << "result1 is " << result1 << "\n";
  std::cout << "result2 is " << result2 << "\n";
  std::cout << "result3 is " << result3 << "\n";
  std::cout << "result4 is " << result4 << std::endl;

  return 0;
}
```

编译函数时，参数类型和结果类型可以根据具体参数（字面值）的类型（在本示例中为 double、unsigned int、int 和复数类型 std::complex<T>）自动推导出来。通用 Lambda 表达式在与标准库算法的交互中非常有用，因为它们是普遍适用的。

7.2.6　Lambda 模板

在 C++14 的基础上，C++17 标准扩展了 C++ Lambdas[○]的功能。例如，在 C++17 中，可以在编译时计算 Lambdas，即 constexpr lambdas。C++20 标准还进一步进行了改进，使 Lambdas 的使用更加方便，并支持一些高级用法。

然而，在 C++20 标准中，关于 Lambda 表达式一个值得注意的新插件就是 Lambda 模板！

现在，你可能感到有点惊喜，也可能还有些疑惑！既然从 C++14 开始，我们已经有了通用 Lambda（用法上有点像模板），还需要 Lambda 模板吗？

我们来比较两个表示乘法的 Lambda 表达式，一个用通用 Lambda（C++14）实现，另一个用 Lambda 模板（C++20）实现：

```
auto multiply1 = [](const auto multiplicand, const auto multiplier) {
```

○　因为涉及通用 Lambda 和 Lambda 模块，所以用了复数形式。——译者注

```
  return multiplicand * multiplier;
};
auto multiply2 = []<typename T>(const T multiplicand, const T multiplier) {
  return multiplicand * multiplier;
};
```

如果用两个同一类型的参数调用它们，则不会注意到差异：

```
auto result1 = multiply1(10, 20);
auto result2 = multiply2(10, 20);
```

在这两种情况下，其接收结果的变量的值均为 200。但是，如果我们用不同类型的两个参数（例如，用 int 类型表示 multiplicand，用 bool 类型表示 multiplier）调用它们，会发生什么呢？

```
auto result3 = multiply1(10, true);
auto result4 = multiply2(10, true);
```

在这种情况下，编译器也能成功地编译通用模板 multiply1（result3 的结果是 10，因为编译器将 true 转换成 int[integral promotion]，其值为 1）。然而，在实例化 Lambda 模板 multiply2 时会得到一个编译器错误，它类似于以下错误信息：

```
error: deduced conflicting types for parameter 'T' ('int' and 'bool')
```

使用 Lambda 模板，无法防止开发人员意外错误地实例化或使用 Lambda 表达式。此外，C++20 concept（见 5.8.2 节）可以用来执行 Lambda 模板参数的编译时验证，如代码清单 7-23 所示。

代码清单 7-23　Lambda 模板也可以使用 C++20 concept 进行约束

```
#include <concepts>
#include <iostream>
#include <string>

template <typename T>
concept Number = std::integral<T> || std::floating_point<T>;

int main() {
  auto add = [] <Number T> (const T addend1, const T addend2) {
    return addend1 + addend2;
  };

  const std::string string1 { "Hello" };
  const std::string string2 { "World" };

  auto result1 = add(10, 20);              // OK
  auto result2 = add('x', 'y');            // OK
  auto result3 = add(10.0, 20.0);          // OK
  auto result4 = add(string1, string2);    // Compiler-error: constraints not satisfied!
```

```
    std::cout << result1 << ", " << result2 << ", " << result3 << std::endl;

    return 0;
}
```

在本例中，Lambda 模板只允许用于数值数据类型（如 int、float、double 等）。虽然操作符 std::string::operator+ 允许连接两个字符串，但 Number<T> concept 禁止 Lambda 模板实例化。

7.3　高级函数

函数式编程的一个核心概念是高级函数（High-order Function）。它们是一等函数的附属物。高级函数是将一个或多个其他函数作为参数的函数，它们可以返回一个函数。在 C++ 中，任何可调用对象，如 std::function 包装器实例、函数指针、由 Lambda 表达式创建的闭包、手工编写的仿函数及任何实现 operator() 的对象，都可以作为参数传递给高级函数。

这里只做简短介绍，因为前面已经用到了几个高级函数。C++ 标准库中的许多算法（见5.6.1 节）都是这种函数。根据它们的用途，可以采用一元运算符、一元谓词或二元谓词，并应用于容器及容器中元素的子区间。

当然，尽管头文件 <algorithm> 和 <numeric> 出于不同的目的提供了许多功能强大的高级函数，但是你也可以自己实现高级函数或高级模板函数，参见代码清单 7-24。

代码清单 7-24　自定义高级函数的例子

```
#include <functional>
#include <iostream>
#include <vector>

template<typename CONTAINERTYPE, typename UNARYFUNCTIONTYPE>
void myForEach(const CONTAINERTYPE& container, UNARYFUNCTIONTYPE
unaryFunction) {
  for (const auto& element : container) {
    unaryFunction(element);
  }
}

template<typename CONTAINERTYPE, typename UNARYOPERATIONTYPE>
void myTransform(CONTAINERTYPE& container, UNARYOPERATIONTYPE
unaryOperator) {
  for (auto& element : container) {
    element = unaryOperator(element);
```

```
  }
}

template<typename NUMBERTYPE>
class ToSquare {
public:
  NUMBERTYPE operator()(const NUMBERTYPE& number) const noexcept {
    return number * number;
  }
};

template<typename TYPE>
void printOnStdOut(const TYPE& thing) {
  std::cout << thing << ", ";
}

int main() {
  std::vector<int> numbers { 1, 2, 3, 4, 5, 6, 7, 8, 9, 10 };
  myTransform(numbers, ToSquare<int>());
  std::function<void(int)> printNumberOnStdOut = printOnStdOut<int>;
  myForEach(numbers, printNumberOnStdOut);
  return 0;
}
```

在本例中，两个自定义的高级模板函数 myTransform() 和 myForEach() 仅适用于整个容器，因为与标准库算法不同，它们没有迭代器接口。但关键是，开发人员可以自定义 C++ 标准库中并不存在的高级函数。

现在，我们将更加详细地研究三个高级函数（Map、Filter 和 Reduce），因为它们在函数式编程中起着重要的作用。

每种严格的函数式编程语言都必须提供至少三个有用的高级函数，即 Map、Filter 和 Reduce（又称 Fold）。即使根据编程语言的不同会有不同的名称，也可以在 Haskell、Erlang、Clojure、JavaScript、Scala，以及具有函数式编程功能的许多其他语言中找到相应的这三个函数。因此，我们可以合理地认为，这三个高级函数构成了非常常见的函数式编程模式。

因此，这些高级函数也包含在了 C++ 的标准库中，这一点不足为奇。你也不会因为我们已经使用过这些函数而感到惊讶了。

接下来，我们依次来认识一下这些函数。

1. Map

Map 可能是三个函数中最容易理解的一个。借助这个高级函数，我们可以将一个运算符函数应用于列表的每个元素。在 C++ 中，该函数由标准库算法 std::transform（定义在头文件 <algorithm> 中）提供，之前的一些代码清单中已经用到该算法了。

2. Filter

Filter 也很容易理解。顾名思义，这个高级函数涉及谓词和列表，可以从列表中删除任何不满足谓词条件的元素。在 C++ 中，该函数由标准库算法 std::remove_if（定义在头文件 <algorithm> 中）提供，之前的一些代码清单中已经用到了该算法。

不过，这里给出了另一个 std::remove_if 例子。如果你患有一种名为 aibohphobia 的疾病（aibohphobia 是一种幽默的表述，表示对回文有恐惧心理），那么应该从单词列表中过滤掉回文，如代码清单 7-25 所示。

代码清单 7-25　从 vector 中删除所有回文

```cpp
#include <algorithm>
#include <iostream>
#include <string>
#include <vector>

class IsPalindrome {
public:
  bool operator()(const std::string& word) const {
    const auto middleOfWord = begin(word) + word.size() / 2;
    return std::equal(begin(word), middleOfWord, rbegin(word));
  }
};

int main() {
  std::vector<std::string> someWords { "dad", "hello", "radar", "vector",
    "deleveled", "foo", "bar", "racecar", "ROTOR", "", "C++", "aibohphobia" };
  someWords.erase(std::remove_if(begin(someWords), end(someWords),
  IsPalindrome()),
    end(someWords));
  std::for_each(begin(someWords), end(someWords), [](const auto& word) {
    std::cout << word << ",";
  });
  return 0;
}
```

程序输出的结果如下：

```
hello,vector,foo,bar,C++,
```

3. Reduce

Reduce（又名 Fold、Ccollapse 或 aggregate）是三个高级函数中最强大的函数，乍一看可能有点难以理解。Reduce 通过在值列表上应用二元运算符来获得单一的结果值。在 C++ 中，该函数由标准库算法 std::accumulate（定义在头文件 <numeric> 中）。有人说 std::accumulate 是标准库中最强大的算法。

我们来看一个简单的例子。通过这种方式可以轻松得到 vector 中所有值的和，如代码清单 7-26 所示。

代码清单 7-26　利用 std::accumulate 计算 vector 中所有值的和

```
#include <numeric>
#include <iostream>
#include <vector>

int main() {
  std::vector<int> numbers { 12, 45, -102, 33, 78, -8, 100, 2017, -110 };

  const int sum = std::accumulate(begin(numbers), end(numbers), 0);
  std::cout << "The sum is: " << sum << std::endl;
  return 0;
}
```

我们使用的 std::accumulate 并不期望参数列表中有显式的二元运算符，它只计算所有值的和。当然，也可以通过 Lambda 表达式提供二元运算符，如代码清单 7-27 所示。

代码清单 7-27　使用 std::accumulate 查找 vector 中最大的值

```
int main() {
  std::vector<int> numbers { 12, 45, -102, 33, 78, -8, 100, 2017, -110 };

  const int maxValue = std::accumulate(begin(numbers), end(numbers), 0,
    [](const int value1, const int value2) {
    return value1 > value2 ? value1 : value2;
  });
  std::cout << "The highest number is: " << maxValue << std::endl;
  return 0;
}
```

左侧折叠和右侧折叠

函数式编程中关于元素列表的折叠通常有**左侧折叠**（Left Fold）和**右侧折叠**（Right Fold）两种方式。

如果将第一个元素与其余元素的递归组合结果组合在一起，则称为右侧折叠。相反，如果将除最后一个元素之外的其他所有元素的递归组合结果与最后一个元素组合在一起，则称为左侧折叠。

例如，如果我们要用"+"运算符对值列表取和，那么对于左侧折叠操作，其括号形式为 ((A+B)+C)+D。对于右侧折叠，括号形式将为 A+(B+(C+D))。在简单关联"+"运算的情况下，无论是左侧折叠还是右侧折叠，其结果没有任何区别。但是在非关联二元函数的情况下，元素组合的顺序可能会影响最终结果。

在 C++ 中，我们同样可以区分左侧折叠和右侧折叠。如果使用 std::accumulate 和普通的迭代器，则会得到左侧折叠：

std::accumulate(begin, end, init_value, binary_operator)

相反，如果使用 std::accumulate 和反向迭代器，则会得到右侧折叠：

std::accumulate(rbegin, rend, init_value, binary_operator)

4. C++17 中的折叠表达式

从 C++17 开始，该语言增加了一个有趣的新特性，称为折叠表达式。C++17 中的折叠表达式被实现为可变参数模板（可变参数模板在 C++11 就可用了），即可以以类型安全的方式获取任意数量的参数的模板。这些任意数量的参数保存在参数包（parameter pack）中。

C++17 在二元运算符的帮助下可直接减少参数包中的参数（即执行折叠）。C++17 折叠表达式的一般语法如下：

```
( ... operator parampack )                // left fold
( parampack operator ... )                // right fold
( initvalue operator ... operator parampack )  // left fold with an init
                                               value
( parampack operator ... operator initvalue )  // right fold with an init
                                               value
```

带有 init 值的左侧折叠示例如代码清单 7-28 所示。

代码清单 7-28　带有 init 值的左侧折叠示例

```
#include <iostream>

template<typename... PACK>
int subtractFold(int minuend, PACK... subtrahends) {
  return (minuend - ... - subtrahends);
}

int main() {
  const int result = subtractFold(1000, 55, 12, 333, 1, 12);
  std::cout << "The result is: " << result << std::endl;
  return 0;
}
```

注意，当运算不满足结合律时，就不能使用右侧折叠。折叠表达式支持 32 个运算符，包括 ==、&& 和 || 等逻辑运算符。

代码清单 7-29 给出了一个测试参数包至少包含一个偶数的示例。

代码清单 7-29　检查参数包是否包含偶数值

```
#include <iostream>
```

```cpp
template <typename... TYPE>
bool containsEvenValue(const TYPE&... argument) {
  return ((argument % 2 == 0) || ...);
}
int main() {
  const bool result1 = containsEvenValue(10, 7, 11, 9, 33, 14);
  const bool result2 = containsEvenValue(17, 7, 11, 9, 33, 29);

  std::cout << std::boolalpha;
  std::cout << "result1 is " << result1 << "\n";
  std::cout << "result2 is " << result2 << std::endl;
  return 0;
}
```

程序输出的结果如下：

```
result1 is true
result2 is false
```

7.4　管道与范围适配器

喜欢使用 UNIX 或 Linux 操作系统的人应该知道，在这些操作系统上执行任务有一种特别方便、高效的方法——Shell 编程。UNIX 或 Linux 的 Shell 是一种基于命令行的人机接口。UNIX 或 Linux 操作系统有许多类型的 Shell，如 Bash（Bourne again shell）、Korn Shell 和 Z Shell。

在这些 Shell 的帮助下，可以非常高效地执行复杂任务，主要原因就是使用了管道（pipelining）。有人说，1972 年引入的管道可能是除了正则表达式之外，UNIX 历史上最重要的创新之一。管道是一种消息传递模式，它描述了一系列处理元素。在 Shell 中，管道是一组进程（通常是小程序），它们通过标准流链接在一起，以便每个进程的输出（stdout）作为另一个进程的输入（stdin），从而把数据直接传递给下一个进程。

例如，假设我们有一个名为 customers.txt 的文本文件，其中按行存储了成百上千的客户名称（前面带有日期），如下所示（摘录）：

```
2020-11-05,Stephan Roth
2020-11-22,John Doe
2020-10-15,Mark Powers
⋮
```

在 Bash 命令行中，我们现在执行以下命令序列：

```
$ cat customers.txt | sort -r > customers2.txt
```

那么会发生什么呢？首先，cat（concatenate 的缩写）命令在标准输出（stdout）上列出

文本文件 customers.txt 的内容。在管道操作符（|）的帮助下，该输出流被重定向为 sort 的输入流。sort 命令用于对文本文件中的行进行排序。在本例中，我们通过命令行选项 -r 指定排序顺序应该颠倒，即使用升序排序，而非降序排序。sort 命令的输出流再次被重定向，因为我们不希望在屏幕上看到它的输出，而是希望将它写入新的文本文件。大于号（>）告诉 Shell 将排序输出重定向到 customers2.txt 文件。

第 5 章简要介绍了新的 C++20 ranges 库，但是忽略了其中的一些新特性：范围适配器（range adaptor）和管道操作符链接！正如可以使用管道将 UNIX Shell 上的命令链接在一起一样，使用 C++20 范围适配器也可以做到这一点。

你可能还记得下面来自 5.6.1 节 "不包含元素的视图" 的代码，如代码清单 7-30 所示。

代码清单 7-30　5.6.1 节 "不包含元素的视图" 的代码

```cpp
#include <iostream>
#include <ranges>
#include <vector>

std::vector<int> integers = { 2, 5, 8, 22, 45, 67, 99 };
auto view = std::views::reverse(integers); // does not change 'integers'
```

回想一下，视图（view）是惰性求值（Lazy Evaluation）的，也就是说，无论它应用什么变换，当有人请求元素时，视图才会执行它。作为范围适配器，它不会修改相关的底层范围（在本例中是名为 integers 的 vector）。

由于视图具有适配器的特性，因此可以轻松链接起来。现在我们通过添加更多视图和一些 Lambda 表达式来扩展一下这个示例，参见代码清单 7-31。

代码清单 7-31　链接范围适配器

```cpp
#include <algorithm> // required for std::ranges::for_each
#include <iostream>
#include <ranges>
#include <vector>

int main() {
  std::vector<int> integers = { 2, 5, 8, 22, 45, 67, 99 };
  auto isOdd = [] (const int value) { return value % 2 != 0; };
  auto square = [] (const int value) { return value * value; };
  auto printOnStdOut = [] (const int value) { std::cout << value << '\n';
};

  auto view = std::views::transform(std::views::reverse(std::views::filter(
integers, isOdd)),
    square);

  std::ranges::for_each(view, printOnStdOut);
  return 0;
}
```

程序输出的结果如下：

```
9801
4489
2025
25
```

从整洁代码开发人员的角度来看，这个代码清单仍然有一个可以改进的地方：用于创建视图的嵌套范围适配器。这仅仅是一行代码，但要看一眼便能理解这里发生了什么并不容易。在真正的软件应用程序中应考虑这一点，因为嵌套范围适配器可能比这个相对简单的示例复杂得多。

这就是新的 C++20 管道操作符发挥作用的地方。它虽然是"语法糖"[○]，但可用于简单的函数链接。创建视图 view 的那行代码也可以写作：

```cpp
auto view = integers | std::views::filter(isOdd) | std::views::reverse |
  std::views::transform(square);
```

这很方便，不是吗？这看起来非常类似于在 UNIX Shell 中构建管道，正如我们在本节开头看到的那样。只需简单地从左到右阅读表达式，即可轻松理解视图的组成方式。由于视图的强大功能，C++20 ranges 库使开发人员能够以函数式编程风格编写代码。

我曾声明过，将再次回顾并改进代码清单 7-15。有了前面介绍的所有新的函数式编程概念，我们可以重构代码清单 7-15 的示例，使它更加紧凑、更加优雅，详见代码清单 7-32。

代码清单 7-32　重构代码清单 7-15

```cpp
#include <concepts>
#include <iostream>
#include <ranges>

template <typename T>
concept Streamable = requires (std::ostream& os, const T& value) {
  { os << value };
};

int main() {
  auto toSquare = [] (const auto value) { return value * value; };
  auto isAnEvenNumber = [] <std::integral T> (const T value) {
    return (value % 2) == 0;
  };
  auto print = [] <Streamable T> (const T& printable) {
    std::cout << printable << '\n';
  };
  for (const auto& value : std::views::iota(0, 100)
    | std::views::transform(toSquare)
    | std::views::filter(isAnEvenNumber)) {
```

[○]　描述编程语言中旨在使部分代码更容易阅读或表达的语法。

```
        print(value);
    }

    return 0;
}
```

7.5　整洁的函数式编程代码

毫无疑问，使用 C++ 并没有令函数式编程停滞不前。过去十年间，从 C++11 开始，许多有用的概念已经融入这个相对较老的编程语言中了。

但是以函数式编程风格编写的代码不够好，也不整洁。函数式编程语言在过去几年中日益普遍，这很可能会使你相信函数式编程代码本身具有很好的可维护性、可读性，更易于测试，并且要比面向对象的代码更不容易出错。**其实那都是假象**！相反，精巧的函数式编程代码可以做一些不平凡的事情，但它可能很难理解。

例如，我们进行一个简单的折叠操作，它与前面的例子非常相似：

```
// Build the sum of all product prices
const Money sum = std::accumulate(begin(productPrices),
end(productPrices), 0.0);
```

如果在没有注释的情况下阅读此段代码，是否能揭示代码意图？请记住 4.2 节提到的内容：每当你有编写代码注释的冲动时，首先应该考虑如何改进代码，使注释变得多余。

所以，我们真正想要阅读或编写的代码是这样的：

```
const Money totalPrice = buildSumOfAllPrices(productPrices);
```

你是否更喜欢函数式编程而不是面向对象编程？但我相信你会赞同 KISS、DRY 和 YAGNI（详见第 3 章）在函数式编程中也是非常好的原则！你认为在函数式编程中可以忽略单一职责原则（见 6.1.1 节）吗？不可以！如果一个函数不止做一件事，那么它将导致与面向对象编程类似的问题。我认为不必提及富有表现力的良好命名（见 4.1 节）了，它们对于函数式编程的代码的可理解性和可维护性也非常重要。一定要记住，开发人员花费在阅读代码上的时间比花费在编写代码上的时间多很多。

　注意　无论使用何种编程风格，良好的软件设计原则仍然适用！

因此，我们可以得出结论：面向对象的软件设计者和程序员使用的大多数设计原则也可以被喜欢函数式编程的程序员使用。

就我个人而言，我更喜欢平衡地组合使用两种编程风格。使用面向对象编程范式可以很好地解决许多设计上的挑战。多态是面向对象编程的一大优点，我们可以利用依赖倒置原则（见 6.2.2 节）反转源代码和运行时的依赖关系。

相反，使用函数式编程可以很好地解决复杂的数学计算和算法。如果必须满足较高的性能和效率要求，那么将不可避免地要求某些任务之间实现并行化，此时函数式编程可以发挥至关重要的作用。

无论是以面向对象编程的风格编写软件，还是以函数式编程的风格编写软件，或是以两种风格适当结合的方式编写软件，都应该始终牢记：

编写代码时，要始终把维护代码的人当作知道你住在哪里的有暴力倾向的精神病患者。

——John F. Woods, 1991, in a post to the comp. lang. C++ newsgrous

测试驱动开发

水星计划的迭代周期是固定的，时间也很短（半天）。开发团队对所有的更改都进行了技术审查，而有趣的是，每次微调之前都应用了测试优先开发、规划及测试编写的极限编程实践。

——Craig Larman & Victor R.Basili，"Iterative and Incremental Development:
A Brief History"，IEEE，2003

第 2 章提到，一套完善、快速的单元测试可以保证代码正确运行。那为什么测试驱动开发（Test-Driven Development，TDD）如此特别，以至于要使用单独的一章来进行介绍呢？

测试驱动开发（又称为测试优先开发）的原则在最近几年越来越流行。TDD 已经成为软件从业人员工具箱里的重要工具之一。这有点出人意料，因为测试优先开发并不是新概念。水星计划是由 NASA 在 1958—1963 年主导开发的美国第一个载人航天项目。虽说 60 年前这个项目应用的"测试优先开发"并不完全是我们今天所讨论的 TDD，但我们可以认为这个基本概念很早以前就在专业的软件开发领域出现了。

然而，这种方法在之后的几十年中被遗忘了。在数不清的项目和几十亿行的代码中，测试总是被推迟到开发过程的最后一步。这种在项目计划中推迟测试以至于有时候产生灾难性后果的原因是显而易见的：如果项目所剩的时间越来越短，首先被开发团队放弃的便是重要的测试。

随着软件开发的敏捷实践越来越流行，以及 2000 年初极限编程（eXtreme Programming，XP）方法的出现，测试驱动开发被重新提上了日程。Kent Beck 编写了他最知名的书 *Test-Driven Development: By Example*[Beck02]，TDD 等测试优先的方法经历了一场"文艺复兴"，日渐成为软件从业者工具箱里的重要工具。

本章不仅会解释为什么虽然"测试"一词包含在测试驱动开发的概念中，但其目的并非提供质量保证，TDD 的优势比单纯验证代码正确性多得多，而且会介绍 TDD 与传统单元测试的区别，同时还会详细讨论 TDD 的流程并给出如何在 C++ 中应用 TDD 的详细实践示例。

8.1　传统单元测试的缺点

毫无疑问，如同我们在第 2 章中所看到的，拥有一套单元测试基本上比没有任何测试要好得多。但在许多项目中，某种程度上单元测试是和被测的模块代码并行编写的，有时甚至是在开发的模块完成以后编写的。图 8-1 的 UML 活动图描绘了这种过程。

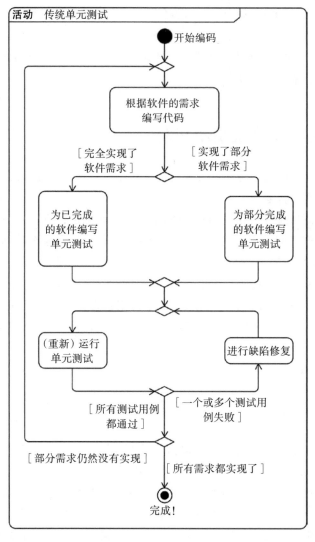

图 8-1　传统单元测试的流程

这种广泛使用的方法有时也称为传统单元测试（Plain Old Unit Testing，POUT）。基本上，POUT 意味着软件会以"代码优先"而不是测试优先的方式开发，这意味着测试代码永远在被测代码完成后才开始编写。对于许多开发人员来说，这种顺序是他们唯一的逻辑顺序。他们认为，要测试某些东西，那么这些东西需要在测试之前就先开发好。在某些开发组织中，这种方法也被错误地称为"测试驱动开发"，这显然是不对的。

如前所述，有传统单元测试至少比没有测试好。尽管如此，传统单元测试有以下缺点：

❑ 没有事后编写单元测试的迫切性。一旦某个功能能够运行（或者看起来可以运行），就没有太多动力为这些代码增加单元测试了，既因为这很无趣，也因为大部分开发者会经不起诱惑而投身到下一个更有趣的任务中。

❑ 已完成的代码可能难以测试。为已经存在的代码增加单元测试通常都不容易，因为最初的开发者并没有在可测试性方面预留空间，这往往会导致出现紧耦合的代码。

❑ 附加的单元测试往往很难达到较高的代码覆盖率。为已完成的代码编写测试容易导致某些问题（甚至缺陷）被忽略。

8.2 作为颠覆者的测试驱动开发

测试驱动开发完全颠覆了传统的开发过程。对于没有接触过 TDD 的开发者来说，这种方法意味着开发范式的转变。

正因为被称为测试优先方法，TDD 不同于传统单元测试，它在对应代码的测试没有编写前不允许任何生产代码出现。换句话说，TDD 意味着在编写某个特性或功能的生产代码前一定要先编写测试代码。这是一步一步完成的：在测试实现后，才会编写刚刚好通过测试的生产代码，没有多余的代码！如果开发的模块仍然有未实现的需求，则继续这个过程。

乍一看，为不存在的代码编写单元测试似乎自相矛盾，而且有点愚蠢。这能有效吗？

别担心，这确实有效。在探讨完 TDD 的详细流程后，所有的质疑都将被消除。

8.2.1 TDD 的流程

当我们实现测试驱动开发时，图 8-2 描绘的步骤将重复进行直到开发的模块可以满足所有已知的需求。

首先，值得一提的是开始点"开始测试驱动开发"之后的第一个操作是开发者需要考虑准备满足哪一个需求。这里指的是哪一种类的需求吗？

这些需求是软件系统一定要满足的需求，既指站在顶层代表整个系统的业务相关人的需求，也指底层抽象需求（即为了实现业务相关人需求所衍生的组件、类和函数的需求）。事实上，在 TDD 和测试优先方法中，在生产代码被编写之前，需求会被单元测试固化下来。在对开发的单元应用测试优先方法时，就处于测试金字塔（见图 2-1）的底层，毫无疑问，此时需求就指底层抽象需求。自然，这种测试优先方法也可以应用在顶层抽象中，例如一种称为验收测试驱动开发（Acceptance Test-Driven Development，ATDD）的方法，它是一种包含了验收测试但要求在编码前编写验收测试的开发方法。

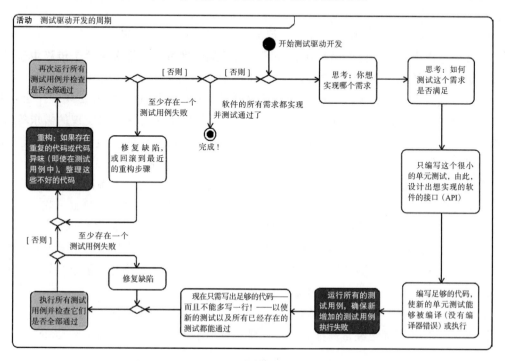

图 8-2　以 UML 活动图描绘的 TDD 详细流程

接下来将编写一个小测试，同时设计好公共接口（API）。这可能有点意外，因为在第一个周期第一次运行时，我们仍然没有编写任何产品代码。那么，我们针对什么设计接口呢？

最简单的答案是：所针对的代码正是我们现在要填充的，不过要从一个与以往不同的角度来填充。我们将从这部分尚待开发的软件未来会出现的外部使用者的角度看待这个问题。用一小段测试代码来描述未来我们将如何使用这些要开发的代码。换句话说，这个步骤引导我们实现拥有良好可测试性和可用性的软件单元。

在完成适当的测试代码之后，当然也必须满足编译器的要求并提供测试所需的接口。

另一个惊人的情况发生了，新的单元测试必须（立即）失败。为什么呢？

答案很简单，那就是我们必须保证测试确实能够失败。即使是单元测试也可能出现错误的实现。例如，不管我们如何编写产品代码，测试都能通过。因此，我们必须确保新编写的测试是有效的。

现在，我们来到了这个流程的高潮环节：编写足够的（但不多余）代码从而使新的测试（以及之前所有的测试）都能够通过！在这个环节至关重要的是遵守原则，不多写任何超过需要的代码（见 3.2 节的 KISS 原则）。开发者需要确定在不同的情况下怎样处理才是合适的。有时候一行代码（甚至一个语句）就已经足够，有时候甚至需要调用库函数。如果是后一种情况，那就需要确定如何整合使用这个库，特别是如何使用测试替身（见 2.5.13 节）替换它。

如果我们正确地完成了所有工作并运行单元测试，测试将会通过。

在这个过程中，我们已经做得比较好了。**如果测试通过了，那么在这个步骤中永远都能够达到 100% 的测试覆盖率**。永远！不仅是技术性测试覆盖指标（如条件覆盖率、分支覆盖率或表达式覆盖率）达到 100%。更重要的是，不管我们在这个阶段实现了什么需求，我们都达到了 100% 的单元测试覆盖率！当然，至此可能仍然有许多未实现的需求等待代码开发人员去开发。这没问题，因为我们可以一次又一次地应用 TDD 直到所有的需求都被满足。但对于每个已经满足了的需求而言，我们拥有 100% 的单元测试覆盖率。

这赋予了我们极大的力量！拥有这张密不透风的单元测试安全体系网，我们现在可以无畏地进行重构了。代码异味（如重复的代码）或者设计问题可以统统被修复。我们不需要担心破坏了原有的功能，因为常态化执行的单元测试会立刻向我们反馈这些问题。令人愉悦的是，即使在重构过程中有一个或多个测试失败了，那么也一定是极少数的代码变更导致的。

在重构完成后，我们便能继续 TDD 循环去实现另一个还未被满足的需求。如果没有更多需求了，那便代表我们的工作已经完成。

图 8-2 描述了 TDD 循环的诸多细节。图 8-3 给出了 TDD 的核心流程，归纳了它的三个关键步骤，TDD 循环也经常被称为"红 – 绿 – 重构"（Red-Green-Refactor）循环。

图 8-3　TDD 的核心流程

❑ 红（Red）：我们编写了一个测试失败的单元测试。

❑ 绿（Green）：我们编写足够（但不多余）的代码，使得新的测试和所有现存的测试都能通过。

❑ 重构（Refactor）：产品代码及单元测试中的冗余代码和其他代码异味被修复。

红和绿的模式来自许多可以集成单元测试框架的 IDE（Integrated Development Environment，集成开发环境），它们将通过的测试显示为绿色，失败的测试显示为红色。

介绍完理论后，我将解释并举例说明如何使用 TDD 方法开发一个完整软件。

8.2.2　TDD 示例：罗马数字的代码招式

我们当下所讨论的代码招式（Code Kata），其概念来自 Dave Thomas，他是经典书籍 *The Pragmatic Programmer*[Hunt99] 的一位作者。Dave 认为开发者应该通过一个个小型的、与工作不相关的代码库进行反复练习，从而能够像音乐家一样精进他们的专业技能。他说开发者必须持续学习并提升自己，为此他们必须在练习过程中不断实践理论，利用反馈信息来逐步优化提升自己的能力。

代码招式正是一种为了达到这一目的所做的小型编码练习。"招式"一词来自武术领域，在远东的武术运动中，人们使用招式一遍又一遍练习基础的动作，目的是让动作达到完美。

这类练习也在软件开发领域流传着。为了提高编程能力，开发者必须通过小型的练习修炼他们的技艺。招式成为软件工艺运动的重要代表。这些招式可以侧重于开发者所需要掌握的不同能力，例如，了解 IDE 的键盘快捷键，学习一门新的编程语言，专注于特定的设计原则，或者练习 TDD。互联网上有许多适合不同用途的招式合集，如由 Dave Thomas 收集的招式详见 http://codekata.com。

在我们迈出 TDD 的第一步后，我们使用一个侧重算法的代码招式：著名的罗马数字代码招式。

TDD 招式：将阿拉伯数字转换为罗马数字

罗马人使用字符代表数字。例如，他们用"V"代表阿拉伯数字 5。

我们的任务是使用 TDD 开发一段代码，从而实现将 1～3999 的任意数字转换为对应的罗马表达式。

罗马数字系统通过拉丁字符的组合表示。当今所使用的罗马数字基于下面 7 个字符：

```
    1 ⇒ I
    5 ⇒ V
   10 ⇒ X
   50 ⇒ L
  100 ⇒ C
  500 ⇒ D
1 000 ⇒ M
```

数字通过组合字符并求和来表示。例如，阿拉伯数字 12 通过 XII（10+1+1）来表示；数字 2017 则表示为 MMXVII。

不同的是 4、9、40、90、400 和 900。为了避免重复出现 4 次相同的字符，举例来说，数字 4 并不用 IIII 表示，而是用 IV 表示。这称为减法符号，也就是说，前置的符号 I 所代表的数字将被 V 减掉（5-1=4）。另一个例子是 CM，它代表 900（1000-100）。

顺便说一下，在罗马数字中没有 0，并且也没有负数。

1. 准备工作

在我们编写第一个测试代码之前，需要做一些准备工作并搭建测试环境。

我使用 Google Test（https://github.com/google/googletest）作为这个招式的测试框架，这是一个基于 New BSD 协议发布的独立的 C++ 单元测试框架。当然，任何其他的 C++ 单元测试框架也可以用在这个招式上。

同时也强烈建议使用一个版本控制系统。除了一些例外情况，我们都会在每个 TDD 的循环过程中向版本控制系统提交一次代码。这样做的一大好处是当我们做了可能错误的决定时可以随时回退。

另一方面，我们必须考虑如何组织源代码。对于这个招式，我的建议是从一个独立的源文件开始，这个文件（ArabicToRomanNumeralsConverterTestCase.cpp）会包含未来所有的单元测试。由于 TDD 会持续指导我们形成软件单元，因此可以稍后决定是否增加更多的文件。

如代码清单 8-1 所示，为了形成基本的功能测试框架，我们编写一个 main 函数来初始化 Google Test 并执行所有测试，同时编写一个刻意失败的单元测试（PreparationsCompleted）。

代码清单 8-1　ArabicToRomanNumeralsConverterTestCase.cpp 文件的初始内容

```cpp
#include <gtest/gtest.h>

int main(int argc, char** argv) {
  testing::InitGoogleTest(&argc, argv);
  return RUN_ALL_TESTS();
}

TEST(ArabicToRomanNumeralsConverterTestCase, PreparationsCompleted) {
  GTEST_FAIL();
}
```

在编译和链接之后，我们执行二进制文件，从而运行测试。这个小程序在标准输出（stdout）中的内容应如代码清单 8-2 所示。

代码清单 8-2　运行测试的输出

```
[==========] Running 1 test from 1 test case.
[----------] Global test environment set-up.
```

```
[----------] 1 test from ArabicToRomanNumeralsConverterTestCase
[ RUN      ] ArabicToRomanNumeralsConverterTestCase.PreparationsCompleted
../ ArabicToRomanNumeralsConverterTestCase.cpp:9: Failure
Failed
[  FAILED  ] ArabicToRomanNumeralsConverterTestCase.PreparationsCompleted
(0 ms)
[----------] 1 test from ArabicToRomanNumeralsConverterTestCase (2 ms total)

[----------] Global test environment tear-down
[==========] 1 test from 1 test case ran. (16 ms total)
[  PASSED  ] 0 tests.
[  FAILED  ] 1 test, listed below:
[  FAILED  ] ArabicToRomanNumeralsConverterTestCase.PreparationsCompleted

 1 FAILED TEST
```

> 📷注
> 意　由于单元测试框架和版本的不同，你的输出可能和该示例有所区别。

正如我们所期望的，这个测试失败了。标准输出的内容对我们定位错误很有帮助。它指出了出错的测试的名称、文件名、代码行数及出错的原因。在这个例子中，错误是由 Google Test 的一个宏触发的。

如果现在将测试代码中的 GTEST-FAIL() 宏替换为 GTEST-SUCCEED() 宏，那么重新编译后将会如同代码清单 8-3 一样测试成功。

代码清单 8-3　运行测试成功的输出

```
[==========] Running 1 test from 1 test case.
[----------] Global test environment set-up.
[----------] 1 test from ArabicToRomanNumeralsConverterTestCase
[ RUN      ] ArabicToRomanNumeralsConverterTestCase.PreparationsCompleted
[       OK ] ArabicToRomanNumeralsConverterTestCase.PreparationsCompleted (0 ms)
[----------] 1 test from ArabicToRomanNumeralsConverterTestCase (0 ms total)

[----------] Global test environment tear-down
[==========] 1 test from 1 test case ran. (4 ms total)
[  PASSED  ] 1 test.
```

很好，这意味着我们已经做好所有准备，可以开始我们的招式了。

2. 第一个测试

首先，我们必须决定实现哪一个需求。然后，为它编写一个失败的单元测试。举个例子，我们决定先从转换单个阿拉伯数字开始，即先实现将数字 1 转换为 I 。

因此，我们将刚才的单元测试模型改造成真正的单元测试，使它能够反馈这个需求是否被满足。同时，我们也需要设计这个转换功能的接口（见代码清单 8-4）。

代码清单 8-4　第一个测试（不相关的源代码已省略）

```
TEST(ArabicToRomanNumeralsConverterTestCase, 1_isConvertedTo_I) {
  ASSERT_EQ("I", convertArabicNumberToRomanNumeral(1));
}
```

正如所看到的，我们准备构造一个以阿拉伯数字为参数，并且返回一个字符串的函数。但这段代码还不能通过编译，因为函数 convertArabicNumberToRomanNumeral() 并不存在。不能通过编译的测试代码在 TDD 中也被视为失败的测试。

这意味着我们必须停下编写单元测试的脚步，开始编写足够多的产品代码以让它能够通过编译。因此，我们开始编写转换函数，甚至直接将它和其他测试代码一起放在源代码文件中。当然，我们知道它们不会一直保持如代码清单 8-5 的这种状态。

代码清单 8-5　满足编译要求的基本函数实现

```
#include <gtest/gtest.h>
#include <string>

int main(int argc, char** argv) {
  testing::InitGoogleTest(&argc, argv);
  return RUN_ALL_TESTS();
}

std::string convertArabicNumberToRomanNumeral(const unsigned int
arabicNumber) {
  return "";
}

TEST(ArabicToRomanNumeralsConverterTestCase, 1_isConvertedTo_I) {
  ASSERT_EQ("I", convertArabicNumberToRomanNumeral(1));
}
```

现在，代码可以成功通过编译。眼下函数只会返回一个空字符串。

此外，我们现在有了一个可执行的测试，它肯定会失败（红），因为这个测试用例期望得到一个 I，但函数只返回了一个空字符串（见代码清单 8-6）。

代码清单 8-6　执行注定失败（红）的单元测试之后 Google Test 的输出

```
[==========] Running 1 test from 1 test case.
[----------] Global test environment set-up.
[----------] 1 test from ArabicToRomanNumeralsConverterTestCase
[ RUN      ] ArabicToRomanNumeralsConverterTestCase.1_isConvertedTo_I
../ArabicToRomanNumeralsConverterTestCase.cpp:14: Failure
Value of: convertArabicNumberToRomanNumeral(1)
  Actual: ""
Expected: "I"
[  FAILED  ] ArabicToRomanNumeralsConverterTestCase.1_isConvertedTo_I (0 ms)
```

```
[----------] 1 test from ArabicToRomanNumeralsConverterTestCase (0 ms total)

[----------] Global test environment tear-down
[==========] 1 test from 1 test case ran. (6 ms total)
[  PASSED  ] 0 tests.
[  FAILED  ] 1 test, listed below:
[  FAILED  ] ArabicToRomanNumeralsConverterTestCase.1_isConvertedTo_I

 1 FAILED TEST
```

这正是我们所期望的。

现在，我们要更改函数 convertArabicNumberToRomanNumeral() 的实现，以让其通过测试。这里的规则是，只做可能使其成功的最简单的事情。有什么比直接返回一个 I 更简单的事情呢？详见代码清单 8-7。

代码清单 8-7　改动后的函数实现（源代码不相关的部分已隐藏）

```cpp
std::string convertArabicNumberToRomanNumeral(const unsigned int
arabicNumber) {
  return "I";
}
```

你可能会说："等一下！这不是一个实现阿拉伯数字到罗马数字的转换算法！你这是在作弊！"

当然，这个算法还没有完全实现。你必须转变观念，TDD 的规则让我们只编写最简单的代码以通过当前的测试，这是一个渐进的过程，我们才刚刚开始。

```
[==========] Running 1 test from 1 test case.
[----------] Global test environment set-up.
[----------] 1 test from ArabicToRomanNumeralsConverterTestCase
[ RUN      ] ArabicToRomanNumeralsConverterTestCase.1_isConvertedTo_I
[       OK ] ArabicToRomanNumeralsConverterTestCase.1_isConvertedTo_I (0 ms)
[----------] 1 test from ArabicToRomanNumeralsConverterTestCase (0 ms total)

[----------] Global test environment tear-down
[==========] 1 test from 1 test case ran. (1 ms total)
[  PASSED  ] 1 test.
```

很好！代码现在通过了测试（绿），可以进入重构阶段了。事实上，现在没什么需要重构的，因此我们可以直接进入下一个 TDD 循环。但首先，我们需要将代码提交到版本控制系统中。

3. 第二个测试

我们选择将 2 转换为 II 作为第二个单元测试。

```cpp
TEST(ArabicToRomanNumeralsConverterTestCase, 2_isConvertedTo_II) {
```

```
  ASSERT_EQ("II", convertArabicNumberToRomanNumeral(2));
}
```

毫无意外，这个测试将会失败（红），因为 convertArabicNumberToRomanNumeral() 函数返回了 I。在我们确认测试失败后，继续完善函数的实现以让它通过测试。同样，我们编写最简单的代码来实现目的（见代码清单 8-8）。

代码清单 8-8　增加一些代码以通过测试

```
std::string convertArabicNumberToRomanNumeral(const unsigned int
arabicNumber) {
  if (arabicNumber == 2) {
    return "II";
  }
  return "I";
}
```

两个测试都通过（绿）了。

我们现在需要重构什么吗？可能还不需要，但你可能已经意识到，我们很快便需要重构某些功能。下面，我们继续处理第三个测试。

4. 第三个测试及整理

毫无意外，第三个测试验证数字 3 的转换。

```
TEST(ArabicToRomanNumeralsConverterTestCase, 3_isConvertedTo_III) {
  ASSERT_EQ("III", convertArabicNumberToRomanNumeral(3));
}
```

当然，这个测试也失败（红）了。当前及之前所有测试的实现可能看起来像下面这样：

```
std::string convertArabicNumberToRomanNumeral(const unsigned int
arabicNumber) {
  if (arabicNumber == 3) {
    return "III";
  }
  if (arabicNumber == 2) {
    return "II";
  }
  return "I";
}
```

这种肤浅的设计风格带来的不快感如同你在第二个测试中感受到的那样，并不是没有根据的。至少像我们这种对整洁代码有经验的开发者，不应该满足于明显重复的代码。显然，我们不能再这样继续下去了。一系列无穷无尽的 if 语句不是好的解决方案，因为它最终会导致可怕的结果。是时候进行重构了，而我们可以无所畏惧地去做，100% 覆盖的单元测试给我们带来更多的安全感。

如果我们深入审查 convertArabicNumberToRomanNumeral() 函数，就能发现一种模式。阿拉伯数字就像罗马数字中字符 I 的计数器。换句话说，可以不断将数字减 1 并增加一个字符 I，直到数字变成 0。

这可以通过一个优雅的 while 循环和字符串连接来实现，如代码清单 8-9 所示。

代码清单 8-9　重构后的转换函数

```
std::string convertArabicNumberToRomanNumeral(unsigned int arabicNumber) {
  std::string romanNumeral;
  while (arabicNumber >= 1) {
    romanNumeral += "I";
    arabicNumber--;
  }
  return romanNumeral;
}
```

这看起来很好。我们消除了冗余的代码并将其替换为一种较好的解决方案。我们还需要去掉 arabicNumber 参数的 const 修饰，因为我们需要在函数中使用这个阿拉伯数字。与此同时，现有的三个单元测试仍然能够通过。

此时，可以继续下一个测试了。当然，你可以用数字 5 继续测试，不过这里选择将 10 转换为 X。我希望对 10 转换的这一组处理能像 1、2、3 一样具有类似的模式。当然，数字 5 会在后面处理。请看代码清单 8-10。

代码清单 8-10　第四个单元测试

```
TEST(ArabicToRomanNumeralsConverterTestCase, 10_isConvertedTo_X) {
  ASSERT_EQ("X", convertArabicNumberToRomanNumeral(10));
}
```

毫无意外，这个测试失败（红）了。下面是 Google Test 输出到 stdout 的内容：

```
[ RUN      ] ArabicToRomanNumeralsConverterTestCase.10_isConvertedTo_X
../ArabicToRomanNumeralsConverterTestCase.cpp:31: Failure
Value of: convertArabicNumberToRomanNumeral(10)
  Actual: "IIIIIIIIII"
Expected: "X"
[  FAILED  ] ArabicToRomanNumeralsConverterTestCase.10_isConvertedTo_X (0 ms)
```

测试失败了，因为 10 不是 IIIIIIIIII，而应该是 X。但是，当我们看到 Google Test 的输出时，能否设想一下，用在 1、2、3 上的方法是否也可以应用到 10、20、30 上呢？

虽然这个思路可以想象到，但在没有对应单元测试指引我这个解决方案时，我们不应该提前创造它们。如果我们在处理数字 10 的代码中一次性把 20 和 30 的产品代码也实现了，那我们就不是在进行测试驱动开发。因此，我们仍然使用最简单的办法解决这个问题。详见代码清单 8-11。

代码清单 8-11 可以支持转换数字 10 的转换函数

```cpp
std::string convertArabicNumberToRomanNumeral(unsigned int arabicNumber) {
  if (arabicNumber == 10) {
    return "X";
  } else {
    std::string romanNumeral;
    while (arabicNumber >= 1) {
      romanNumeral += "I";
      arabicNumber--;
    }
    return romanNumeral;
  }
}
```

新增的测试和现有的所有测试都通过（绿）了。我们可以继续添加阿拉伯数字 20 和 30 的测试。在完成这两个测试的 TDD 循环之后，转换函数看起来就像代码清单 8-12 这样。

代码清单 8-12 第 6 次 TDD 循环后、重构前的代码

```cpp
std::string convertArabicNumberToRomanNumeral(unsigned int arabicNumber) {
  if (arabicNumber == 10) {
    return "X";
  } else if (arabicNumber == 20) {
    return "XX";
  } else if (arabicNumber == 30) {
    return "XXX";
  } else {
    std::string romanNumeral;
    while (arabicNumber >= 1) {
      romanNumeral += "I";
      arabicNumber--;
    }
    return romanNumeral;
  }
}
```

至少，在现在看起来已经迫不及待地需要进行代码重构了。眼前的代码有一些代码异味，例如代码冗余和很高的圈复杂度。不过，我们的猜测也得到了证实，对数字 10、20 和 30 的处理与数字 1、2、3 的处理具有类似的模式。我们在代码清单 8-13 中试一下吧！

代码清单 8-13 所有 if-else 判断在重构后都消失了

```cpp
std::string convertArabicNumberToRomanNumeral(unsigned int arabicNumber) {
  std::string romanNumeral;
  while (arabicNumber >= 10) {
    romanNumeral += "X";
```

```
    arabicNumber -= 10;
  }
  while (arabicNumber >= 1) {
    romanNumeral += "I";
    arabicNumber--;
  }
  return romanNumeral;
}
```

所有的测试都立即通过了。看起来，我们走在正确的道路上了。

但是，我们必须牢记 TDD 循环中重构的目的。前面提到：产品代码及**单元测试中**的冗余代码和其他代码异味被修复。

我们必须审查一下测试代码。目前，它们看起来像代码清单 8-14 这样。

代码清单 8-14　现有的单元测试存在大量重复代码

```
TEST(ArabicToRomanNumeralsConverterTestCase, 1_isConvertedTo_I) {
  ASSERT_EQ("I", convertArabicNumberToRomanNumeral(1));
}

TEST(ArabicToRomanNumeralsConverterTestCase, 2_isConvertedTo_II) {
  ASSERT_EQ("II", convertArabicNumberToRomanNumeral(2));
}

TEST(ArabicToRomanNumeralsConverterTestCase, 3_isConvertedTo_III) {
  ASSERT_EQ("III", convertArabicNumberToRomanNumeral(3));
}

TEST(ArabicToRomanNumeralsConverterTestCase, 10_isConvertedTo_X) {
  ASSERT_EQ("X", convertArabicNumberToRomanNumeral(10));
}

TEST(ArabicToRomanNumeralsConverterTestCase, 20_isConvertedTo_XX) {
  ASSERT_EQ("XX", convertArabicNumberToRomanNumeral(20));
}

TEST(ArabicToRomanNumeralsConverterTestCase, 30_isConvertedTo_XXX) {
  ASSERT_EQ("XXX", convertArabicNumberToRomanNumeral(30));
}
```

还记得我在第 2 章讲述的关于测试代码质量的内容吗？测试代码的质量必须和产品代码的质量一样高。换句话说，我们的测试也需要被重构，因为它们存在很多重复的代码，需要以更优雅的方式实现。此外，还需要提升它们的可读性和可维护性。那么，我们能做什么呢？

观察一下这 6 个测试，可以发现测试中的验证部分看起来十分相似，可以用一种更通用的方式描述："检查阿拉伯数字 <x> 是否被转换成罗马数字 <string>。"

一种解决方案是提供一个独立的断言（也称为自定义断言或自定义匹配器），看起来就像这样：

```
checkIf(x).isConvertedToRomanNumeral("string");
```

5. 使用自定义断言实现更精巧的测试

为了实现自定义断言，我们首先编写一个会失败的单元测试，但让它不同于以前编写的那些：

```
TEST(ArabicToRomanNumeralsConverterTestCase, 33_isConvertedTo_XXXIII) {
    checkIf(33).isConvertedToRomanNumeral("XXXII");
}
```

数字 33 的转换很可能已经实现了。因此，不同于指定期望的值（XXXII），我们通过刻意指定一个错误的结果让这个测试失败（红）。但这个测试也因为另一个原因（编译器无法成功编译测试代码）而失败。名为 checkIf() 的函数并不存在，同时也没有 isConvertedToRomanNumeral()。

因此，我们首先编写自定义断言来满足编译器的需求。自定义断言包含两部分（见代码清单 8-15）：

❏ 一个独立的 checkIf(\<parameter\>) 函数——返回自定义断言类的对象。

❏ 自定义断言类包含了真正的断言方法——验证被测试对象的一个或多个属性。

代码清单 8-15　针对罗马数字的一个自定义断言

```
class RomanNumeralAssert {
public:
    RomanNumeralAssert() = delete;
    explicit RomanNumeralAssert(const unsigned int arabicNumber) :
        arabicNumberToConvert(arabicNumber) { }
    void isConvertedToRomanNumeral(std::string_view expectedRomanNumeral)
const {
        ASSERT_EQ(expectedRomanNumeral,
        convertArabicNumberToRomanNumeral(arabicNumberToConvert));
    }

private:
    const unsigned int arabicNumberToConvert;
};

RomanNumeralAssert checkIf(const unsigned int arabicNumber) {
    RomanNumeralAssert assert { arabicNumber };
    return assert;
}
```

注意　除了独立的 checkIf() 函数外，也可以在断言类中使用静态公开的类函数。当可能面对 ODR 违规（例如，函数名称的冲突）时这就很有必要。当然，当使用类函数时，必须指定命名空间：

```
RomanNumeralAssert::checkIf(33).isConvertedToRomanNumeral
("XXXIII");
```

现在，代码可以成功编译了，但是测试会如同意料中的一样在运行时失败，详见代码
清单 8-16。

代码清单 8-16　Google Test 在 stdout 中的部分输出

```
[ RUN      ] ArabicToRomanNumeralsConverterTestCase.33_isConvertedTo_XXXIII
../ArabicToRomanNumeralsConverterTestCase.cpp:30: Failure
Value of: convertArabicNumberToRomanNumeral(arabicNumberToConvert)
  Actual: "XXXIII"
Expected: expectedRomanNumeral
Which is: "XXXII"
[  FAILED  ] ArabicToRomanNumeralsConverterTestCase.33_isConvertedTo_XXXIII
(0 ms)
```

因此，我们需要修改测试代码，将我们期望的结果更新成正确的值，如代码清单 8-17
所示。

代码清单 8-17　自定义断言让测试代码更精巧

```
TEST(ArabicToRomanNumeralsConverterTestCase, 33_isConvertedTo_XXXIII) {
  checkIf(33).isConvertedToRomanNumeral("XXXIII");
}
```

现在，我们将之前所有的测试合并为一个，如代码清单 8-18 所示。

代码清单 8-18　所有的检查可以优雅地合并到一个测试函数中

```
TEST(ArabicToRomanNumeralsConverterTestCase,
conversionOfArabicNumbersToRomanNumerals_Works) {

  checkIf(1).isConvertedToRomanNumeral("I");
  checkIf(2).isConvertedToRomanNumeral("II");
  checkIf(3).isConvertedToRomanNumeral("III");
  checkIf(10).isConvertedToRomanNumeral("X");
  checkIf(20).isConvertedToRomanNumeral("XX");
  checkIf(30).isConvertedToRomanNumeral("XXX");
  checkIf(33).isConvertedToRomanNumeral("XXXIII");
}
```

可以看到，现在的测试代码没有冗余，干净，而且易于阅读。我们自定义的直观的断
言看起来非常优雅，而且现在增加更多测试将变得极其简单，因为每增加一个测试只需要
增加一行代码。

你可能会争论说，这种重构也有缺点，新的测试方法的命名没有重构前的那些测试准

确（见 2.5.2 节）了。我们能忍受这个微小的缺点吗？我觉得可以。在这里，我们做出了妥协，因为这个微小的缺点足以被新测试带来的可维护性和可扩展性所弥补。

现在，我们可以继续 TDD 循环并连续为以下三个测试编写产品代码：

```
checkIf(100).isConvertedToRomanNumeral("C");
checkIf(200).isConvertedToRomanNumeral("CC");
checkIf(300).isConvertedToRomanNumeral("CCC");
```

经过三次迭代后，重构之前的代码看起来如同代码清单 8-19 这样。

代码清单 8-19　第 9 次 TDD 循环重构前的转换函数

```cpp
std::string convertArabicNumberToRomanNumeral(unsigned int arabicNumber) {
  std::string romanNumeral;
  if (arabicNumber == 100) {
    romanNumeral = "C";
  } else if (arabicNumber == 200) {
    romanNumeral = "CC";
  } else if (arabicNumber == 300) {
    romanNumeral = "CCC";
  } else {
    while (arabicNumber >= 10) {
      romanNumeral += "X";
      arabicNumber -= 10;
    }
    while (arabicNumber >= 1) {
      romanNumeral += "I";
      arabicNumber--;
    }
  }
  return romanNumeral;
}
```

相同的模式再一次出现，就像之前的 1、2、3 和 10、20、30 一样。我们可以对百位数使用类似的循环，如代码清单 8-20 所示。

代码清单 8-20　新出现的模式，哪些代码是可变的，哪些是固定的都清晰可辨

```cpp
std::string convertArabicNumberToRomanNumeral(unsigned int arabicNumber) {
  std::string romanNumeral;
  while (arabicNumber >= 100) {
    romanNumeral += "C";
    arabicNumber -= 100;
  }
  while (arabicNumber >= 10) {
    romanNumeral += "X";
```

```
      arabicNumber -= 10;
  }
  while (arabicNumber >= 1) {
    romanNumeral += "I";
    arabicNumber--;
  }
  return romanNumeral;
}
```

6. 再次进行整理

此时，我们必须再次检查代码。如果我们继续以这样的方式写代码，代码中就会有非常多的重复代码，因为三个 while 循环看起来非常相似。实际上，我们可以利用这三个 while 循环中的相似部分。

是时候重构了！这三个 while 循环中唯一不同的是阿拉伯数字和对应的罗马数字部分。我们的思路是将这些可变的部分从循环中剥离出来。

首先，我们创建一个结构体（struct）来映射阿拉伯数字和对应的罗马数字。另外，我们还需要一个该结构体的数组（会使用 C++ 标准库中的 std::array）。刚开始我们只会向数组中添加一个元素，代表字符 C 到数字 100 的映射，详见代码清单 8-21。

代码清单 8-21　引入一个数组以用于存储阿拉伯数字及对应罗马数字的映射

```
struct ArabicToRomanMapping {
  unsigned int arabicNumber;
  std::string romanNumeral;
};

const std::array arabicToRomanMappings {
  ArabicToRomanMapping { 100, "C" }
};
```

在完成这些准备工作之后，我们更改转换函数中的第一个 while 循环，看看这个思路是否可行，详见代码清单 8-22。

代码清单 8-22　用新数组中的元素替换第一个 while 循环中的原有代码

```
std::string convertArabicNumberToRomanNumeral(unsigned int arabicNumber) {
  std::string romanNumeral;
  while (arabicNumber >= arabicToRomanMappings[0].arabicNumber) {
    romanNumeral += arabicToRomanMappings[0].romanNumeral;
    arabicNumber -= arabicToRomanMappings[0].arabicNumber;
  }
  while (arabicNumber >= 10) {
    romanNumeral += "X";
    arabicNumber -= 10;
  }
```

```
    while (arabicNumber >= 1) {
      romanNumeral += "I";
      arabicNumber--;
    }
    return romanNumeral;
  }
```

所有测试都通过了。因此，我们可以继续将 10 到 X 和 1 到 I 的映射也填充到数组中，详见代码清单 8-23。

代码清单 8-23　一个新的模式：使用循环可以消除明显的代码冗余

```
const std::array arabicToRomanMappings {
  ArabicToRomanMapping { 100, "C" },
  ArabicToRomanMapping {  10, "X" },
  ArabicToRomanMapping {   1, "I" }
};
std::string convertArabicNumberToRomanNumeral(unsigned int arabicNumber) {
  std::string romanNumeral;
  while (arabicNumber >= arabicToRomanMappings[0].arabicNumber) {
    romanNumeral += arabicToRomanMappings[0].romanNumeral;
    arabicNumber -= arabicToRomanMappings[0].arabicNumber;
  }
  while (arabicNumber >= arabicToRomanMappings[1].arabicNumber) {
    romanNumeral += arabicToRomanMappings[1].romanNumeral;
    arabicNumber -= arabicToRomanMappings[1].arabicNumber;
  }
  while (arabicNumber >= arabicToRomanMappings[2].arabicNumber) {
    romanNumeral += arabicToRomanMappings[2].romanNumeral;
    arabicNumber -= arabicToRomanMappings[2].arabicNumber;
  }
  return romanNumeral;
}
```

同样，所有测试都通过了。但仍然有很多重复的代码，因此我们需要继续重构。好消息是我们现在发现三个 while 循环只在数组的索引部分有区别。这意味着如果我们遍历这个数组，就只需要一个 while 循环了，详见代码清单 8-24。

代码清单 8-24　使用基于范围的 for 循环，代码不再违反 DRY 原则

```
std::string convertArabicNumberToRomanNumeral(unsigned int arabicNumber) {
  std::string romanNumeral;
  for (const auto& mapping : arabicToRomanMappings) {
    while (arabicNumber >= mapping.arabicNumber) {
      romanNumeral += mapping.romanNumeral;
      arabicNumber -= mapping.arabicNumber;
    }
```

```
    }
    return romanNumeral;
}
```

所有测试都通过了。此时，代码紧凑而易读。更多阿拉伯数字到罗马数字的转换可以通过添加到数组来实现。以阿拉伯数字 1000 为例，它必须被转换成罗马数字 M，对应的测试如下：

```
checkIf(1000).isConvertedToRomanNumeral("M");
```

意料之中，测试失败了。通过向数组添加阿拉伯数字 1000 到罗马数字 M 的元素，新的测试，当然也包括之前的所有测试，应该都能通过。

```
const std::array arabicToRomanMappings {
    ArabicToRomanMapping { 1000, "M" },
    ArabicToRomanMapping {  100, "C" },
    ArabicToRomanMapping {   10, "X" },
    ArabicToRomanMapping {    1, "I" }
};
```

在进行这种小修改后，成功的测试证实了我们的假设：这是可行的！这样，就太简单了。现在我们可以增加更多的测试了，例如数字 2000 和 3000 的测试。即使是 3333，也可以立刻进行测试：

```
checkIf(2000).isConvertedToRomanNumeral("MM");
checkIf(3000).isConvertedToRomanNumeral("MMM");
checkIf(3333).isConvertedToRomanNumeral("MMMCCCXXXIII");
```

太好了，我们的代码甚至这些测试用例也可以工作。但是，仍然有部分罗马数字还没有被实现。例如，阿拉伯数字 5 需要被转换成罗马数字 V。

```
checkIf(5).isConvertedToRomanNumeral("V");
```

测试果然失败了。一个有趣的问题是，我们需要怎么做才能让测试通过呢？可能你会想对这个用例做特殊处理。但这真的是一种特殊情况吗？我们可以用之前的处理方式处理吗？

可能最简单的处理方式仍然是在数组当前的索引中添加一个新的元素。这值得一试……

```
const std::array arabicToRomanMappings {
    ArabicToRomanMapping { 1000, "M" },
    ArabicToRomanMapping {  100, "C" },
    ArabicToRomanMapping {   10, "X" },
    ArabicToRomanMapping {    5, "V" },
    ArabicToRomanMapping {    1, "I" }
};
```

我们的假设是正确的，所有的测试都通过了！甚至阿拉伯数字 6 和 37 也可以被正确地转换为对应的罗马数字。我们通过添加这些用例的断言来验证一下：

```
checkIf(6).isConvertedToRomanNumeral("VI");
//...
checkIf(37).isConvertedToRomanNumeral("XXXVII");
```

7. 接近终点

毫无疑问，我们可以用相同的方式处理 50 到 L 和 500 到 D 的转换。

接下来，我们需要处理的是所谓的减法符号的实现。例如，阿拉伯数字 4 必须被转为罗马数字 IV。我们如何才能优雅地实现这些特殊用例呢？

 如果你正在疑惑如何找到针对这个代码招式的关键测试用例，那么我想提醒你的是要注意 2.5.12 节中讨论的等价划分和边界值分析的相关内容。

经过短暂的考虑我们清楚地发现这些用例并没有任何特殊性！归根到底，没有任何规则限制我们在往数组中添加映射关系时，字符串必须是一个字符而不能是两个。例如，我们可以添加一个 4 到 IV 的映射到 arabicToRomanMappings 数组中。可能你会问"这不是一种旁门左道的实现方式吗？"不，我不这样认为。这种方法既实际又简单，不会将事情不必要地复杂化。

因此，我们首先添加一个会失败的新测试：

```
checkIf(4).isConvertedToRomanNumeral("IV");
```

为了让这个新的测试通过，我们添加针对 4 的映射（见数组中的倒数第二个元素）：

```cpp
const std::array arabicToRomanMappings {
  ArabicToRomanMapping { 1000, "M"  },
  ArabicToRomanMapping {  500, "D"  },
  ArabicToRomanMapping {  100, "C"  },
  ArabicToRomanMapping {   50, "L"  },
  ArabicToRomanMapping {   10, "X"  },
  ArabicToRomanMapping {    5, "V"  },
  ArabicToRomanMapping {    4, "IV" },
  ArabicToRomanMapping {    1, "I"  }
};
```

在成功执行所有测试并确认它们都通过之后，就可以确定该解决方案对阿拉伯数字 4 的转换也有效！因此，我们可以对 9 到 IX、40 到 XL 及 90 到 XC 等映射重复这个模式。方法都是相同的，所以这里不再展示这些代码（最终的完整代码会在代码清单 8-25 中展示），不过我觉得这并不难理解。

8. 完成

一个有趣的问题是：我们什么时候知道程序已经完成了？是当我们开发的软件已经完

成，所有的需求都满足时吗？什么时候不需要再继续 TDD 循环呢？我们真的需要在单元测试中验证 1～3999 所有数字的转换吗？

答案很简单，**如果我们开发的代码成功实现了所有的需求，而且再也找不到新的单元测试可以让我们编写新的产品代码了，那么程序就算完成了！**

这也确实是 TDD 招式的情形。我们仍然可以在测试函数中增加更多的断言，但每次不需要修改产品代码，测试就可以通过。这便是 TDD "告诉" 我们 "程序已经完成" 的方式。

最终的结果如代码清单 8-25 所示。

代码清单 8-25　这段代码已被提交到 GitHub 且提交信息是 "Done"

```cpp
#include <gtest/gtest.h>
#include <string>
#include <array>

int main(int argc, char** argv) {
  testing::InitGoogleTest(&argc, argv);
  return RUN_ALL_TESTS();
}

struct ArabicToRomanMapping {
  unsigned int arabicNumber;
  std::string romanNumeral;
};

const std::string arabicToRomanMappings {
  ArabicToRomanMapping { 1000, "M"  },
  ArabicToRomanMapping {  900, "CM" },
  ArabicToRomanMapping {  500, "D"  },
  ArabicToRomanMapping {  400, "CD" },
  ArabicToRomanMapping {  100, "C"  },
  ArabicToRomanMapping {   90, "XC" },
  ArabicToRomanMapping {   50, "L"  },
  ArabicToRomanMapping {   40, "XL" },
  ArabicToRomanMapping {   10, "X"  },
  ArabicToRomanMapping {    9, "IX" },
  ArabicToRomanMapping {    5, "V"  },
  ArabicToRomanMapping {    4, "IV" },
  ArabicToRomanMapping {    1, "I"  }
};

std::string convertArabicNumberToRomanNumeral(unsigned int arabicNumber) {
  std::string romanNumeral;
  for (const auto& mapping : arabicToRomanMappings) {
    while (arabicNumber >= mapping.arabicNumber) {
      romanNumeral += mapping.romanNumeral;
      arabicNumber -= mapping.arabicNumber;
    }
```

```cpp
    }
    return romanNumeral;
}

// Test code starts here...

class RomanNumeralAssert {
public:
    RomanNumeralAssert() = delete;
    explicit RomanNumeralAssert(const unsigned int arabicNumber) :
        arabicNumberToConvert(arabicNumber) { }
    void isConvertedToRomanNumeral(std::string_view expectedRomanNumeral)
    const {
        ASSERT_EQ(expectedRomanNumeral, convertArabicNumberToRomanNumeral
        (arabicNumberToConvert));
    }

private:
    const unsigned int arabicNumberToConvert;
};
RomanNumeralAssert checkIf(const unsigned int arabicNumber) {
    return RomanNumeralAssert { arabicNumber };
}

TEST(ArabicToRomanNumeralsConverterTestCase,
conversionOfArabicNumbersToRomanNumerals_Works) {
    checkIf(1).isConvertedToRomanNumeral("I");
    checkIf(2).isConvertedToRomanNumeral("II");
    checkIf(3).isConvertedToRomanNumeral("III");
    checkIf(4).isConvertedToRomanNumeral("IV");
    checkIf(5).isConvertedToRomanNumeral("V");
    checkIf(6).isConvertedToRomanNumeral("VI");
    checkIf(9).isConvertedToRomanNumeral("IX");
    checkIf(10).isConvertedToRomanNumeral("X");
    checkIf(20).isConvertedToRomanNumeral("XX");
    checkIf(30).isConvertedToRomanNumeral("XXX");
    checkIf(33).isConvertedToRomanNumeral("XXXIII");
    checkIf(37).isConvertedToRomanNumeral("XXXVII");
    checkIf(50).isConvertedToRomanNumeral("L");
    checkIf(99).isConvertedToRomanNumeral("XCIX");
    checkIf(100).isConvertedToRomanNumeral("C");
    checkIf(200).isConvertedToRomanNumeral("CC");
    checkIf(300).isConvertedToRomanNumeral("CCC");
    checkIf(499).isConvertedToRomanNumeral("CDXCIX");
    checkIf(500).isConvertedToRomanNumeral("D");
    checkIf(1000).isConvertedToRomanNumeral("M");
    checkIf(2000).isConvertedToRomanNumeral("MM");
    checkIf(2017).isConvertedToRomanNumeral("MMXVII");
```

```
    checkIf(3000).isConvertedToRomanNumeral("MMM");
    checkIf(3333).isConvertedToRomanNumeral("MMMCCCXXXIII");
    checkIf(3999).isConvertedToRomanNumeral("MMMCMXCIX");
}
```

> 注意 罗马数字的招式及所有的提交历史可以在 GitHub（https://github.com/Apress/clean-cpp20）中找到。

还有一个重要的步骤要完成：我们必须分离产品代码和测试代码。我们把 ArabicToRomanNumeralsConverterTestCase.cpp 当作工作台一样持续使用，但现在是时候把我们的成果从其他辅助工具中抽出来了。换句话说，现在产品代码必须被移动到一个尚未创建的新文件中；当然，单元测试还是可以测试这些代码的。

在最后的这个重构步骤，我们可以做出一些设计决策。例如，确定是仍然保留一个独立的转换函数，还是必须要将转换函数和数组包装在一个新的类中？我更倾向于后者（将代码封装到类中），因为这可以看作面向对象的设计，而且通过封装可以更容易地隐藏实现细节。

无论产品代码会被如何提供及如何整合到使用环境中（这取决于用途），我们充分的单元测试覆盖率使得不太可能会有出错的机会。

8.3 TDD 的优势

测试驱动开发（TDD）是一个持续设计和开发软件组件的工具及技术。这也是缩写 TDD 常被解释为测试驱动设计（Test-Driven Design）的原因。它是一种（当然不是唯一的一种）能够在编写产品代码之前考虑需求和设计的方式。

TDD 比较明显的优势有如下几点：

❑ **如果使用得当，TDD 会迫使你在编写代码时的步伐变小**。这种方式可以保证你只需编写少量的代码就能达到一切都正常工作的状态。这也意味着你离一切都正常工作的状态只有少量代码的差距。这正是与传统模式下提前编写和修改大量产品代码（有时候导致软件数小时甚至数天无法编译运行）的主要区别。

❑ **TDD 建立了非常快速的反馈循环**。开发者必须持续确保他们仍然在处理正确的系统。因此，拥有快速的反馈循环能够让开发者在几秒钟内知道一切都正常工作，这非常重要。复杂的系统测试和集成测试（特别是那些需要手工介入的测试）通常很慢（见 2.2 节的测试金字塔），并不适合用于测试驱动开发。

❑ **提前创建单元测试可以帮助开发者思考什么是真正需要做的事情**。换句话说，TDD 可以保证避免不经过大脑思考的编码。这很好，因为不经过思考写出来的代码往往问题很多，难以阅读，有时候甚至是多余的。很多开发者经常由于追求编写速度以至于无法编写出质量良好的代码。TDD 是让开发者放慢脚步的一种方式。不要担心，让开发者放慢速度是好事，因为高测试覆盖率将很快展现积极的影响，开发工作会有明显的质量提升和速度提升。

❏ **使用 TDD，详尽的文档将以一份可执行代码的形式呈现。**相比之下，用 Office 软件和自然语言编写的文档并不能执行，它们是"僵硬的工艺品"。

❏ **开发者会更下意识而负责任地处理依赖关系。**如果需要另一个软件组件——甚至是外部系统（如数据库），那么这些依赖可以通过抽象（接口）来引入并且可以在测试中被测试替身（假对象）所替代。这样产出的软件模块（如类）会更轻量，而且是松耦合的，只包含通过测试所必需的代码。

❏ **产出的产品代码默认情况下有 100% 的单元测试覆盖率**[⊖]。如果正确应用 TDD，所有的产品代码都应该是由编写好的单元测试进行驱动的。

测试驱动开发有利于形成优良而可持续的软件设计。但如同其他各种工具和方法一样，TDD 实践并不是良好设计的保障。它并不是解决设计问题的灵丹妙药。设计的决策者仍然是开发者而不是工具。但是至少，TDD 是避免糟糕设计的好方法。许多在日常工作中应用 TDD 的开发者都证实使用该方法可以避免写出杂乱的代码。

开发者也不再对何时完成所有需求功能感到疑惑：如果所有单元测试都通过（绿）了并且再也找不到能够产生新的代码的新测试用例，那就意味着这个模块所有的需求都满足了，而且开发工作都已经完成了！令人愉悦的是，产出的成果质量很高。

此外，TDD 的工作模式也驱动了待开发代码的设计，特别是在接口层面。使用 TDD 和测试优先方法，API 的设计和实现将由它们的测试用例引导。任何尝试过给遗留代码添加单元测试的人都知道这件事情的困难程度，因为这些遗留系统通常基于"代码优先"的方式进行开发。许多烦琐的依赖关系和糟糕的 API 设计使这些系统的测试工作变得很复杂。而如果一个软件单元难以测试，通常它也会难以使用或复用。换句话说，TDD 更早地反馈了软件单元的可用性，也就是，这部分软件被整合到其他系统的难易程度。

8.4 不应该使用 TDD 的场合

最后一个问题是：我们需要在所有的代码开发过程中使用测试优先的方法吗？

我的答案是：**不用！**

无疑，测试驱动开发是引导软件模块设计和实现的优良实践。理论上，所有软件系统都可以使用这个方式进行开发。而作为积极的附加作用，写出的代码默认也都能拥有 100%

⊖ 对于实际的复杂软件来说，达到 100% 的测试覆盖率是不太可能的，因为不仅要从代码的角度思考，还要从工程经济的角度思考。——译者注

的测试覆盖率。

但有些项目的模块非常简单、小巧、直白，以至于它们没必要使用这个方法。如果你能够不假思索地写出代码（因为复杂度和风险都很低），那自然可以这么做。类似的情况还有纯粹的不包含功能的数据类（这可能是一种代码异味；见 6.2.2 节的"避免'贫血类'"部分），以及简单地把两个模块整合到一起的胶水代码。

此外，原型设计过程是 TDD 中非常困难的部分。当你进入一个新的领域，或者将要开发的软件处在一个非常有创造力的环境中但同时你又没有相关的业务经验时，你可能会感到迷茫而不知道该往哪个方向寻找答案。对于需求易变而模糊的项目，编写单元测试将极具挑战。有时候，更好的办法是先快速地提供基础的解决方案，然后再在后续的步骤中通过附加的单元测试保障质量⊖。

另一个 TDD 不能提供帮助的方面是搭建良好的架构。TDD 不能代替软件系统的粗粒度结构（子系统、组件等）的重构。当你面对的是框架、库、技术或架构模式的基础决策时，TDD 可能无法发挥作用。

UI 代码似乎也和这种做法相抵触。使用测试驱动的方法开发程序的（图形）用户界面看起来十分困难，甚至是不可能的。除去其他原因，这可能是因为往往需要发挥一点想象力来确定用户界面的样式，思考一些问题，如在用例中用户需要怎样的视觉引导？我们探讨的是多少个界面或者对话框？前置条件是什么？在出现事件或错误时，用户看到的视觉反馈是怎样的？所有这些问题可能都不太容易回答，即使是对某领域的专家或其他业务干系人而言。

在这些情况下，一种称为行为驱动开发（Behavior Driven Development，BDD）的方法可能比较有用，它是 TDD 的一种扩展。BDD 推行与业务方和 QA 人员共同编写具有验收标准的规范故事。这些故事可以被（虚拟地或真实地）按步骤执行，从而模拟待开发软件的状态变化。使用 BDD，可以系统地探索用户与软件的交互，从中衍生出对 UI 的具体需求。

对于其他的情况，我强烈推荐 TDD。当你需要使用 C++ 开发软件单元（如函数或类）时，这种方法可以省去大量的时间，消除困惑或者避免错误，是一个不错的起点。

对于一切比几行代码更复杂的事情，使用测试驱动开发方法的软件开发者可以跟其他开发者一样快，甚至更快。

——Sandro Mancuso

 提示 如果你想要深入研究 C++ 中的测试驱动开发，那么推荐阅读 Jeff Langr 的 *Modern C++ Programming with Test-Driven Development*[Langr13]。这本书深入地探讨了 TDD，可为你提供有关在 C++ 中应用 TDD 的挑战和优势的详细教程。

⊖ 实际上也确实如此，我们通常会先提供基础的解决方案进行试错或与客户进行沟通，然后再做进一步的调整和细化。——译者注

TDD 不能代替代码审查

> 只要仔细审查，任何缺陷都是显而易见的。
>
> ——Eric S. Raymond, Linus's law,The Cathedral and the Bazaar, 1999

最后，我们用一个不只是在 C++ 开发环境中发挥重要作用的主题——代码审查来结束本章。

代码审查是软件开发中共享知识和保证质量的行之有效的手段。谁没有过这种体验呢？有时候仅仅让同事快速浏览一下你被困扰了几小时的棘手问题，他便能立即提出解决问题的方案。

代码审查并不仅仅是审查和优化其他开发者编写的一段代码。在团队中，代码审查可以帮助开发者更了解他们的代码库。他们可以分享优化软件的思路，同时也可以学习到增强技能的新技术和经验。代码审查简化了针对代码库的沟通，能让新的团队成员更快速地理解他们正在开发的系统。

以下的问题可以在代码审查的过程中提出来并进行讨论：

❑ 代码有明显的缺陷吗？

❑ 代码是否满足易读、易理解及可维护的要求？是否遵循了整洁代码的原则？是否有不良的或不必要的依赖关系？

❑ 是否所有的需求都被考虑到并实现了？

❑ 是否有足够的测试？

❑ 新增的代码是否遵守现有的风格和编码格式规范？

❑ 代码的实现是否适当而高效？是否有更简便、更优雅且更好的方法（例如开发者不了解的库函数）可以达到相同的目的？

❑ 能从被审查的代码中学到什么，得到什么，或者吸取哪些教训？例如，能否学到一种特别优雅而良好的解决方案，或者以前不了解的库功能？

代码审查可以通过多种形式进行。非正式的代码审查甚至可以是，让同事简单浏览你刚写的代码，看看他们有没有发现什么问题。在某些开发机构中，代码审查是正式的，甚至有明确的流程。在其他的一些机构中，代码审查被当作一种常规的团队社交活动，例如，每周组织一次一到两小时的开发团队会议，一边吃蛋糕喝咖啡一边讨论一些代码。在结对编程（pair programming）的情况下，会进行持续的代码审查。

除现实的（结对）代码审查技术（即一些团队成员花费一两个小时聚在一起探讨代码问题）之外，也有一些中心化的软件工具支持代码审查功能，它们经常和版本控制系统及开发者的 IDE 整合在一起。这些工具既有优点，也有缺点。这些工具的优点是可自动保证可追溯性，同时它们往往也提供报告。此外，它们还可以节省时间，因为不再需要通过耗时的线下会议来审查代码了。

这些工具的缺点在于你需要找到一个适合自己的开发过程的工具。此外，你需要确保这些工具不会替代团队不可或缺的面对面的交流：软件开发也是一种社会活动，直接沟通是其成功的关键因素之一。

有些人认为，应用测试驱动开发就基本不需要代码审查了。他们认为有了 TDD 的帮助，开发者已经被强迫产出足够高质量的代码，因而代码审查不再能够带来代码质量的任何提升。

注意：这是一种谬论！ 如果开发者独自编写了测试用例、代码及 API，那么代码可能存在一些其他开发者才能发现的盲点，即多个开发者可以从不同角度审视代码。如果每个开发者都在闭门造车，知识不再被分享，人们也不再互相学习，长此以往，代码质量将受到影响。

一种并行组合代码审查和 TDD 的方法是前面提到的结对编程。结对的伙伴可以讨论他们的测试用例、算法、结构、命名及 API 的设计，从而相互提升。缺陷能被更早地发现，因为四只眼睛比两只眼睛看得更多。早期的频繁反馈可以明显提升代码质量，而你所能获取的最快的反馈只可能来自你的结对伙伴。通过两两结对，知识和经验可以在团队中持续地传播。

第 9 章

设计模式和习惯用法

君子生非异也，善假于物也。工匠者一旦为某类问题找到了一个好的解决方案，会将其加入智囊中，以便处理将来会遇到的类似问题。理想情况下，他们将这种解决方案转换并记录为"规范形式"（Canonical Form），供自己和他人所使用。

规范形式

"规范形式"是指将某部分功能进行精简提炼，得到的更一般的形式。设计模式的规范形式描述了模式的基本属性：名称、上下文、问题、场景、解决方案、示例、缺点等。

同样的道理也适用于软件开发人员。有经验的开发人员，能够根据在工作中反复遇到的问题，总结出问题的解决方案，并与其他人进行分享。这背后的原则就是：**不要重新造轮子**！

1995 年，一本众所周知、好评如潮的书 *Design Patterns: Elements of Reusable Object-Oriented Software*[Gamma95] 出版了。该书共有 4 位作者，分别是 Erich Gamma、Richard Helm、Ralph Johnson 和 John Vlissides，这 4 个人也被称为"四人组"（Gang of Four, GoF）。该书介绍了软件设计模式的原则，并提出了 23 种面向对象的设计模式。在软件领域，直到现在该书仍然被认为是最重要的一本书。

一些人认为 Gamma 等人发明了这本书中所描述的所有设计模式，但事实并不是这样的。设计模式不是被发明的，而是被发现的。该书作者研究了在灵活度、可维护性和可扩展性等方面做得很好的软件系统，发现了这些优秀系统的共同特征，并用规范的形式加以描述。

⊖ 该书已由机械工业出版社出版，中文书名为《设计模式：可复用面向对象软件的基础（典藏版）》（ISBN：978-7-111-61833-1）。——编辑注

该书出版后，人们认为在接下来的几年中会出现大量设计模式的书，但事实并非如此。在接下来的几年中，也有一些和模式主题相关的其他书籍，如 *Pattern-Oriented Software Architecture*[⊖]，又称 POSA[Bush96]，以及 *Patterns of Enterprise Application Architecture*[⊖] [Fowler02]。不过随着软件开发新趋势的发展，有时会出现新模式。例如，近年来在高度分布式、高可用性和超大规模的软件系统环境中，微服务架构逐渐被人所熟知。例如断路器容错模式 [Nygard18]，它可以处理对其他系统或进程的远程请求可能失败或耗时过长的问题。

9.1　设计原则与设计模式

在前面几章中，我们讨论了很多设计原则，这些设计原则与本章讨论的设计模式有什么关系呢？哪一个更重要？

假设有一天，面向对象编程会变得彻底不受欢迎，函数式编程（见第 7 章）将成为主流的编程范式。KISS 原则、DRY 原则、YAGNI 原则、单一职责原则、开闭原则、信息隐藏原则等是否会变得无效，变得毫无价值呢？答案是否定的。

原则是决策底层的"真理"或"规律"，一般独立于某种编程范式或技术。例如，KISS 原则（见 3.2 节）是一个非常普遍的原则，无论使用的是面向对象的编程风格还是函数式的编程风格，也无论使用的是 C++、C#、Java 还是 Erlang 等编程语言，都应当保持极简且有效的代码风格（KISS 原则）。

相反，设计模式则是在特定的环境下，为解决具体问题而设计的解决方案，特别是著名的由 GoF 编写的 *Design Patterns* 一书中所描述的那些与面向对象紧密相关的解决方案。因此，原则更持久、更重要。如果你已经深入理解原则，那么就可以找到合适的设计模式来解决特定的问题。

> 设计模式为人们提供解决方案；原则帮助人们构建自己的设计模式。
>
> ——Eoin Woods in a keynote on the Joint Working IEEE/IFIP
> Conference on Software Architecture 2009(WICSA2009)

9.2　常见设计模式及应用场景

除了《设计模式：可复用面向对象软件的基础》一书中描述的 23 种设计模式之外，还有很多种设计模式。即便如今，新的模式也层出不穷，特别是在分布式高并发系统中，出

⊖ 该书已由机械工业出版社出版，中文书名为《面向模式的软件体系结构卷Ⅰ：模式系统》(ISBN：978-7-111-11182-6)。——编辑注

⊖ 该书已由机械工业出版社出版，中文书名为《企业应用架构模式》(ISBN：978-7-111-30393-0)。——编辑注

现了一些可确保故障恢复，保证一致性的特定模式。一些设计模式经常在项目的开发中出现，而另一些设计模式则很少出现。

下面讨论一些我认为最重要的设计模式。

顺便提一下，在前面的章节中我们已经使用了一些设计模式，有些章节甚至用得比较频繁，只是我们没有提到它们。在《设计模式：可复用面向对象软件的基础（典藏版）》一书中可以找到一个设计模式，叫作迭代器！

在我们继续讨论别的设计模式之前，请大家将以下内容牢记于心。

⚠ **警告** 不要滥用设计模式！设计模式很酷，也很令人着迷，但过度使用它们，特别是如果没有充分的理由证明是合理地使用设计模式，可能会带来灾难性的后果，也可能会遇到过度设计的痛苦。永远记住 KISS 和 YAGNI 原则（详见第 3 章）。

现在，我们来看一些设计模式。

9.2.1 依赖注入模式

依赖注入是敏捷架构的关键元素。

——Ward Cunningham, paraphrased from the"Agile and Traditional Development"
panel discussion at Pacific NW Software Quality Conference(PNSQC)2004

事实上，我以《设计模式：可复用面向对象软件的基础（典藏版）》中没有提到的这一设计模式开始这一节是有重要原因的，因为我相信，依赖注入（Dependency Injection，DI）是目前为止能够帮助软件开发人员显著改进软件设计的最重要的模式，这种模式可以被看作游戏规则的改变者。

在深入研究依赖注入模式之前，我们首先要考虑另一种不利于良好软件设计的模式：单例模式！

1. 单例反模式

你应该听说过单例（Singleton）模式。乍一看，单例模式是一种"简单"（貌似简单）且使用广泛的设计模式，不仅仅在 C++ 领域，甚至有些代码库都有单例模式。例如，这种模式经常用于日志记录器（用于记录日志的对象）、数据库连接、中央用户管理或表示来自现实世界的东西（如硬件，包括 USB 设备或打印机接口等）。此外，工厂和一些工具类通常以单例的形式实现，后者本身就是不好的习惯，因为它们是低内聚的表现（详见第 3 章）。

《设计模式：可复用面向对象软件的基础（典藏版）》的作者经常被记者问到："什么时候修订他们的书并出版新的版本？"通常他们的回答是找不到修订这本书的理由，因为这本书的内容在很大程度上仍然是有效的。在接受 *InformIT* 的采访时，记者希望能得到稍微详细一点的回答。下面是整个采访的一小段摘录，它揭示了 Gamma 关于单例的观点

（LarryO'Brien 是采访者，Erich Gamma 是被采访者）：

⋮

Larry: 你会如何重构《设计模式：可复用面向对象软件的基础（典藏版）》？

Erich: 我们在 2005 年做过尝试。以下是我们会议的一些要点：我们发现面向对象的设计原则和大多数模式都没有改变⋯⋯当我们讨论应该放弃哪些模式时，我们发现所有模式我们都喜欢（只有一个例外：我支持放弃单例模式，它的使用几乎总带有一种设计的异味）。

——15 年后对 Erich Gamma、Richard Helm 及 Ralph Johnson 的一次采访，

2009[InformIT09]

为什么 Erich Gamma 说单例模式是一种不好的设计呢？单例模式有什么问题吗？为了回答这个问题，我们先来看看通过单例可以实现哪些目标？这个设计模式可以满足哪些需求？下面是《设计模式：可复用面向对象软件的基础（典藏版）》中单例模式的任务描述：

确保一个类只有一个实例，并提供对这个实例的全局访问。

——Erich Gamma et.al.[Gamma95]

这句话包含两方面的意思。一方面，这个模式的任务是控制和管理唯一实例的生命周期。根据关注点分离（Separation of Concerns）的原则，对象生命周期的管理应该独立于其领域的业务逻辑之外。而在单例模式中，这两个关注点基本上没有分离。

另一方面，对唯一实例的访问是全局的，应用程序中的所有其他对象都可以使用该实例。在面向对象开发过程中，出现"全局访问"的字眼已经显得可疑了，必须三思。

我们先来看看 C++ 中单例的一般实现风格，即 Meyers 单例，它是以 *Effective C++* 这本书的作者 Scott Meyers 的名字命名的，详见代码清单 9-1 所示。

代码清单 9-1　以现代 C++ 风格实现的 Meyers 单例

```cpp
#pragma once
class Singleton final {
public:
  static Singleton& getInstance() {
    static Singleton theInstance { };
    return theInstance;
  }

  int doSomething() {
    return 42;
  }

  // ...more member functions doing more or less useful things here...

private:
```

```
Singleton() = default;
Singleton(const Singleton&) = delete;
Singleton(Singleton&&) noexcept = delete;
Singleton& operator=(const Singleton&) = delete;
Singleton& operator=(Singleton&&) noexcept = delete;
// ...
};
```

单例的这种实现风格的主要优点之一是，从 C++11 之后，在 getInstance() 中使用静态变量构造实例的过程默认是线程安全的。不过要小心的是，这并不意味着 Singleton 类中的其他成员函数都是线程安全的！后者必须由开发人员保证。

在源代码中，通常单例的用法如代码清单 9-2 所示。

代码清单 9-2　单例的用法示例

```
001  #include "AnySingletonUser.h"
002  #include "Singleton.h"
003  #include <string>
004
...  // ...
024
025  void AnySingletonUser::aMemberFunction() {
...      // ...
040      std::string result = Singleton::getInstance().doThis();
...      // ...
050  }
051
...  // ...
089
090  void AnySingletonUser::anotherMemberFunction() {
...      //...
098      int result = Singleton::getInstance().doThat();
...      //...
104      double value = Singleton::getInstance().doSomethingMore();
...      //...
110  }
111  // ...
```

我认为，到现在为止，单例存在的主要问题已经很清楚了。由于单例的全局可见性和可访问性，其他类内任何地方都可以使用单例，这意味着在软件设计中，对单例对象的所有依赖都隐藏在了代码中，通过检查类的接口（类的属性和方法）无法看到这些依赖关系。

大型代码库中可能有很多地方会用到单例，代码清单 9-2 中 AnySingletonUser 类只是其中的一个典型代表。换句话说，**面向对象编程中单例就像过程式编程中的全局变量一样**，我们可以在任何地方使用这个对象，但是在类的接口中却看不到这种依赖关系，只能在代码实现中看到具体的使用情况。

这对项目中的依赖情况有明显的负面影响，如图 9-1 所示。

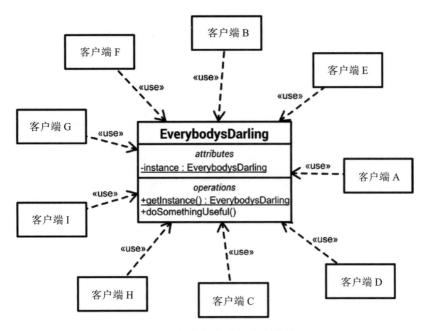

图 9-1 人人都喜欢的单例模式

> **注意** 在查看图 9-1 时，你可能想知道单例类 EverybodysDarling 中有一个私有成员变量 instance，但是在 Meyers 推荐的实现中却无法找到这个私有成员的实例。UML 与编程语言无关，也就是说，作为一种多用途的建模语言，它与 C++、Java 或其他面向对象的语言无关。实际上，Meyers 单例中有保存实例的唯一静态变量[⊖]。但是在 UML 中，没有对应的符号来表示局部的静态变量，因为这是 C++ 所独有的特性。因此，我选择了将这个局部的静态变量表示为私有静态成员的方式，从而与《设计模式：可复用面向对象软件的基础（典藏版）》中提到的单例的实现相兼容。

可想而知，这些依赖关系不利于代码的可重用、可维护和可测试。所有使用 Singleton 的客户端类都与它紧密耦合在一起了（见第 3.7 节中提到的松耦合原则）。

后果是我们失去了利用多态来替换（单例接口）实现的可能性。想想单元测试，如果要测试的类的实现中使用了无法用测试替身（见 2.5.13 节）替换的东西，那么如何实现真正的单元测试呢？

请不要忘记第 2 章中提到的良好单元测试应当遵循的规则，尤其是单元测试的独立性原则。像单例对象这样的全局对象有时会持有可变化的状态，如果代码库中的很多类都依

⊖ 在代码清单 9-1 的 getInstance() 函数内部有一个静态的 singleton 局部变量。——译者注

赖于单个对象，而这个对象的生命周期在程序终止时才结束，且各个测试都依赖于该共享对象的状态，那么我们该如何保证单元测试的独立性呢？

单例的另一个缺点是，如果由于需求变化而不得不更改时，那么这种更改可能会触发所有依赖类的一系列的更改。图 9-1 中可见的所有指向单例的依赖关系都是潜在的需要更改的地方。

最后，在分布式系统中，我们很难保证一个类只有一个实例，这是现在软件架构中的一个常见情况。例如在微服务模式下，复杂的软件系统是由许多小的、独立的分布式进程组成的，在这样的环境中，单例对象很难保证只产生一个实例，并且由它们导致的紧耦合也存在问题。

所以，也许你现在会说："好吧，我知道了单例不好，但是有什么办法可以替代它呢？"答案很简单，当然它可以进一步地解释为**只创建一个实例，并且在需要的地方注入它**！

2. 依赖注入

在上述对 Erich Gamma 等人的采访中，他们提到了可能引入《设计模式：可复用面向对象软件的基础（典藏版）》新版本的一些设计模式，这其中就包括依赖注入。

从根本上讲，依赖注入是一种技术，在这种技术中，客户端对象所需的独立服务（以对象的形式体现）是由外部提供的○。客户端对象不需要维护需要的对象，也不必主动请求服务对象，例如，可以从工厂（见 9.2.8 节）或者定位服务器获取。

依赖注入的任务描述如下：**将组件与其所需要的服务分离，使组件不必知道这些服务的名称，也不必知道如何获取它们。**

我们来看一下上面曾经提到过的日志记录器的例子。它是一个服务类，提供了写日志的功能，这样的日志记录器常常被实现为单例。因此，使用日志记录器的每个客户端都依赖于这个全局对象，如图 9-2 所示。

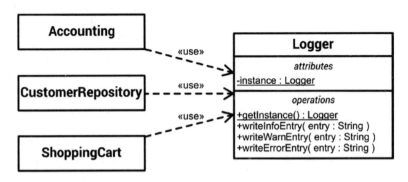

图 9-2　Web 商店的三个领域类都依赖于 Logger 单例

○ 除了文中提到的构造函数注入，其他方式如注册给客户端的、由外界定义的回调函数也属于依赖注入。——译者注

代码清单 9-3 展示了 Logger 单例类在源代码中的样子（只显示了部分代码）。

代码清单 9-3 使用单例模式实现的 Logger 类

```cpp
#include <string_view>

class Logger final {
public:
  static Logger& getInstance() {
    static Logger theLogger { };
    return theLogger;
  }
  void writeInfoEntry(std::string_view entry) {
    // ...
  }
  void writeWarnEntry(std::string_view entry) {
    // ...
  }
  void writeErrorEntry(std::string_view entry) {
    // ...
  }
};
```

std::string_view（C++17）

自 C++17 以来，C++ 语言标准中有了一个新类 std::string_view（定义在 <string_view> 头文件中），该类的对象是一个性能很高的字符串代理（代理也是一种设计模式），构造起来很廉价（无须为原始字符串数据分配内存），因此复制起来也很廉价。

另一个不错的特性是 std::string_view 还可以作为 C 风格字符串（char*）、字符数组的适配器，甚至可以作为来自不同框架的 CString（MFC 中的字符串类）或 QString（QT 中的字符串类）的适配器：

```cpp
CString aString("I'm a string object of the MFC type CString");
std::string_view viewOnCString { (LPCTSTR)aString };
```

因此，在字符串数据已经被其他对象拥有的情况下，如果需要只读访问字符串（如在函数执行期间），那么它是表示字符串最理想的类。例如，在函数传递字符串常量参数时，不应该再广泛地使用 std::string 的常量引用，而应该使用 std::string_view 替换 std::string 的常量引用。

可能有很多类都使用 Logger 来写日志，为了演示方便，我们以 CustomerRepository 类为例，详见代码清单 9-4。

代码清单 9-4　CustomerRepository 类摘录

```cpp
#include "Customer.h"
#include "Identifier.h"
#include "Logger.h"

class CustomerRepository {
public:
  //...
  Customer findCustomerById(const Identifier& customerId) {
    Logger::getInstance().writeInfoEntry("Starting to search for a customer
    specified by a
      given unique identifier...");
    // ...
  }
  // ...
};
```

为了摆脱单例对象，并且能够在单元测试期间用测试替身替换 Logger 对象，我们必须遵守依赖倒置原则（详见第 6 章），这意味着我们必须首先引入一个抽象类（一个接口），并使 CustomerRepository 和具体的 Logger 都依赖于该接口，如图 9-3 所示。

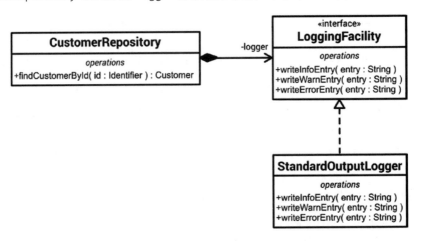

图 9-3　通过依赖倒置原则解耦

代码清单 9-5 展示了新引入的接口 LoggingFacility 在源代码中的样子。

代码清单 9-5　LoggingFacility 接口

```cpp
#include <memory>
#include <string_view>

class LoggingFacility {
public:
  virtual ~LoggingFacility() = default;
```

```cpp
virtual void writeInfoEntry(std::string_view entry) = 0;
virtual void writeWarnEntry(std::string_view entry) = 0;
virtual void writeErrorEntry(std::string_view entry) = 0;
};

using Logger = std::shared_ptr<LoggingFacility>;
```

StandardOutputLogger 类是实现了 LoggingFacility 接口的一个类，这个类可以把日志写到标准输出上，正如它的名字一样，详见代码清单 9-6。

代码清单 9-6　StandardOutputLogger 类是 LoggingFacility 接口的一个实现类

```cpp
#include "LoggingFacility.h"
#include <iostream>

class StandardOutputLogger : public LoggingFacility {
public:
  void writeInfoEntry(std::string_view entry) override {
    std::cout << "[INFO] " << entry << std::endl;
  }

  void writeWarnEntry(std::string_view entry) override {
    std::cout << "[WARNING] " << entry << std::endl;
  }

  void writeErrorEntry(std::string_view entry) override {
    std::cout << "[ERROR] " << entry << std::endl;
  }
};
```

接下来，我们需要修改 CustomerRepository 类。首先，在 CustomerRepository 类中添加一个 Logger 类型的成员变量 Logger，这个指针实例通过一个初始化构造函数传递到这个类中。换句话说，我们允许在创建期间把实现 LoggingFacility 接口的类的实例注入 CustomerRepository 对象中。我们还删除了默认构造函数，因为我们不希望在没有 Logger 的情况下创建 CustomerRepository 实例。另外，我们删除了实现中对单例对象的直接依赖关系，转而使用智能指针 Logger 来写日志，详见代码清单 9-7。

代码清单 9-7　修改后的 CustomerRepository 类

```cpp
#include "Customer.h"
#include "Identifier.h"
#include "LoggingFacility.h"

class CustomerRepository {
public:
  CustomerRepository() = delete;
  explicit CustomerRepository(const Logger& loggingService) : logger {
loggingService } { }
```

```
//...

Customer findCustomerById(const Identifier& customerId) {
  logger->writeInfoEntry("Starting to search for a customer specified by
  a given unique identifier...");
  // ...

}
  // ...

private:
  // ...
  Logger logger;
};
```

重构后，CustomerRepository 类不再依赖于特定的日志记录器。相反，CustomerRepository 类只依赖于抽象（接口），这种抽象在类及其接口中是显式可见的，因为它由成员变量和构造函数的参数表示。这意味着现在 CustomerRepository 类接受从外部传入的用于记录日志的服务对象，如代码清单 9-8 所示。

代码清单 9-8　把 Logger 对象注入 CustomerRepository 类的实例

```
Logger logger = std::make_shared<StandardOutputLogger>();
CustomerRepository customerRepository { logger };
```

这种设计改动有着积极的影响，能够促进松耦合，客户端对象 CustomerRepository 现在可以配置各种提供日志功能的服务对象，如下面的 UML 类图（见图 9-4 ）所示。

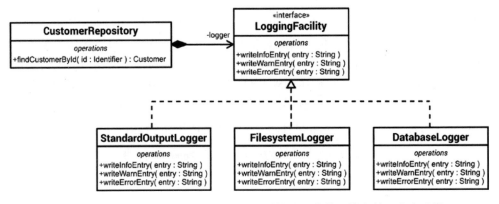

图 9-4　CustomerRepository 类可以通过其构造函数传入特定的日志实现类

此外，CustomerRepository 类的可测试性也得到了显著改进，不再对单例有隐藏的依赖。现在，我们可以很容易地用模拟对象（Mock Object）替换真正的日志服务（见 2.5 节）。例如，我们可以用 spy 方法装备模拟对象，以检查单元测试中 CustomerRepository 对象通过 LoggingFacility 接口输出了哪些数据，见代码清单 9-9。

代码清单 9-9 一个测试替身（模拟对象），用于对依赖于 LoggingFacility 的类进行单元测试

```cpp
namespace test {

#include "../src/LoggingFacility.h"
#include <string>
#include <string_view>

class LoggingFacilityMock : public LoggingFacility {
public:
  void writeInfoEntry(std::string_view entry) override {
    recentlyWrittenLogEntry = entry;
  }

  void writeWarnEntry(std::string_view entry) override {
    recentlyWrittenLogEntry = entry;
  }

  void writeErrorEntry(std::string_view entry) override {
    recentlyWrittenLogEntry = entry;
  }

  std::string_view getRecentlyWrittenLogEntry() const {
    return recentlyWrittenLogEntry;
  }
private:
  std::string recentlyWrittenLogEntry;
};

using MockLogger = std::shared_ptr<LoggingFacilityMock>;

}
```

在代码清单 9-10 的单元测试示例中，我们可以看到真实的模拟对象。

代码清单 9-10 使用模拟对象进行单元测试的示例

```cpp
#include "../src/CustomerRepository.h"
#include "LoggingFacilityMock.h"
#include <gtest/gtest.h>

namespace test {

TEST(CustomerTestCase, WrittenLogEntryIsAsExpected) {
  MockLogger logger = std::make_shared<LoggingFacilityMock>();
  CustomerRepository customerRepositoryToTest { logger };
  Identifier customerId { 1234 };

  customerRepositoryToTest.findCustomerById(customerId);

  ASSERT_EQ("Starting to search for a customer specified by a given unique
  identifier...",
```

```
    logger->getRecentlyWrittenLogEntry());}
}
```

在上面的示例中，我使用依赖注入模式替代笨拙的单例模式，这只是其中一个示例。基本上，好的面向对象软件设计应该尽可能地保证所涉及的模块或组件是松耦合的，而依赖注入是实现这一目标的关键。使用这种设计模式，软件设计将具有非常灵活的插件架构。一个积极的影响是，这种技术会产生高度可测试的对象。

同时，创建和组装相关对象的工作被分离了出去[⊖]，转而由单独的组装者（Assembler）或注入者（Injector）来完成。该组件（见图 9-5）通常在程序启动时运行，并引导整个软件系统的构建流程（如读取配置文件等），也就是说，它按照正确的顺序实例化对象和服务，并将服务注入需要服务的对象中。

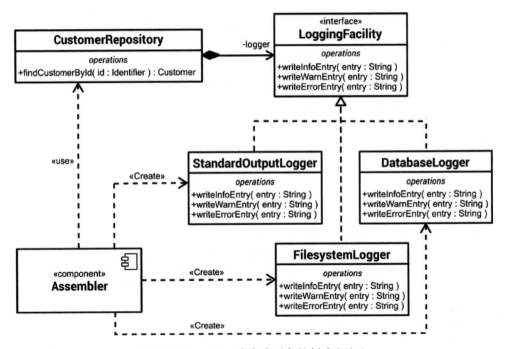

图 9-5 Assembler 类负责对象的创建和注入

请注意图 9-5 的依赖情况，创建依赖关系的方向（带有 «Create» 的虚线箭头）将 Assembler 引导到其他模块（类）。换句话说，在设计期间，没有类"知道"Assembler 类的存在（这并不完全正确，软件系统中至少有一个其他元素知道 Assembler 组件的存在，因为组装过程通常在程序启动时由某组件执行）。

在 Assembler 组件的某个地方，可能会存在类似代码清单 9-11 的代码行。

⊖ 不再与本地静态变量的创建耦合在一起。——译者注

代码清单 9-11 Assembler 程序的部分实现

```
// ...
Logger loggingServiceToInject = std::make_shared<StandardOutputLogger>();
auto customerRepository = std::make_shared<CustomerRepository>
(loggingServiceToInject);
// ...
```

这种依赖注入称为"构造函数注入",即提供服务的对象(Service Object)作为构造函数的参数传递给客户端对象(Client Object)。构造函数注入的优点是客户端对象在构造过程中完成初始化,然后就可以立即使用了。但是,如果在程序运行时将服务对象注入客户端对象(例如在程序执行时偶尔创建一个客户端对象,或者在运行时更换日志记录器),那么应该怎么办呢?客户端对象必须提供注入服务对象的 setter,如代码清单 9-12 所示。

代码清单 9-12 为 Logger 注入提供 setter 方法的 Customer 类

```
#include "Address.h"
#include "LoggingFacility.h"

class Customer {
public:
  Customer() = default;

  void setLoggingService(const Logger& loggingService) {
    logger = loggingService;
  }

  //...

private:
  Address address;
  Logger logger;
};
```

这种依赖注入技术称为 setter 注入,当然,我们可以将构造函数注入和 setter 注入结合起来使用。

依赖注入是一种设计模式,它能够使软件松耦合并具有很好的可配置性,可以根据不同客户端或产品的配置文件创建不同的对象。它极大地提高了软件系统的可测试性,因为通过依赖注入技术可以很容易地注入模拟对象。因此,在设计软件系统时不要忽略这种模式。如果你想深入了解这种模式,建议阅读 Martin Fowler[Fowler04] 撰写的博客文章"Inversion of Control Containers and the Dependency Injection pattern"。

在实践中,依赖注入在商业和开源项目中均有出现。

9.2.2 适配器模式

我相信适配器（Adapter）——又称包装器（Wrapper）是最常用的设计模式之一。原因在于，不同接口的适配一定是软件开发中经常遇到的情况，例如集成由另一个团队开发的模块，或者使用第三方库。

适配器模式的任务描述如下：

把一个类的接口转换为客户端期望的另一个接口。适配器可以让因接口不兼容而无法一起工作的类一起工作。

——Erich Gamma et.al.[Gamma95]

现在，我们来进一步改造 9.2.1 节关于依赖注入的例子。假设我们希望使用 BoostLog v2（见 http://www.boost.org）进行日志记录，但是，我们也希望能够使用其他的日志库替换 BoostLog v2。

解决方案很简单：只需要提供 LoggingFacility 接口的另一个实现，将 BoostLog 的接口适配到我们要使用的接口即可，如图 9-6 所示。

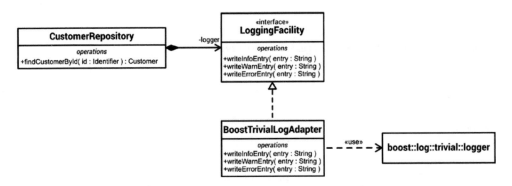

图 9-6　用适配器模式解决日志记录问题

用 BoostTrivialLogAdapter 类实现接口 LoggingFacility 的代码如代码清单 9-13 所示。

代码清单 9-13　BoostLog 的适配器只是 LoggingFacility 的另一个实现

```cpp
#include "LoggingFacility.h"
#include <boost/log/trivial.hpp>

class BoostTrivialLogAdapter : public LoggingFacility {
public:
  void writeInfoEntry(std::string_view entry) override {
    BOOST_LOG_TRIVIAL(info) << entry;
  }

  void writeWarnEntry(std::string_view entry) override {
```

```
    BOOST_LOG_TRIVIAL(warn) << entry;
  }

  void writeErrorEntry(std::string_view entry) override {
    BOOST_LOG_TRIVIAL(error) << entry;
  }
};
```

优势是显而易见的，通过适配器模式，整个软件系统中只有一个类依赖于第三方日志记录系统。这也意味着，我们的代码不会受到日志所有者特有语句，例如 BOOST_LOG_TRIVIAL() 的污染。因为 Adapter 类只是 LoggingFacility 接口的另一个实现，所以我们也可以使用依赖注入（见 9.2.1 节）将不同实例（或者同一个实例）注入想要使用它的所有客户端对象中。

适配器可以为不兼容的接口提供广泛适配和转换的可能性。它的适用范围从简单的适配，如名称和数据类型的转换，到不同的操作方法集合的适配。在上面的例子中，我们把带有一个字符串参数的成员函数的调用转换成了流插入操作符的调用形式。

如果要适配的接口很相似，那么接口适配当然更容易。但如果接口之间相差很大，那么适配器⊖的代码实现可能会非常复杂。

9.2.3　策略模式

如第 6 章所述，开闭原则（OCP）可作为可扩展的面向对象设计的指导原则，而策略（Strategy）模式是该原则的范例。该模式的任务描述如下：

> 定义一组算法并逐个封装，使封装之间可以相互替换，从而使客户端代码可以自由地选择想用的封装。

> ——Erich Gamma et.al.[Gamma95]

在软件设计中，以不同的方式做同一件事情是很常见的需求，如针对列表使用不同的排序算法。不同的排序算法，例如冒泡排序、快速排序、归并排序、插入排序和堆排序，有不同的时间复杂度和空间复杂度。

冒泡排序是复杂度最低的，也是消耗内存最少的，但也是最慢的排序算法之一。相比之下，快速排序是一种快速、高效的排序算法，通过递归很容易实现，不需要额外的内存，但在预先排好序的或倒序的列表上效率非常低。借助策略模式，在使用时可以动态地选择不同的排序算法，例如，根据要排序的列表的不同特性选择不同的排序算法。

我们来看另一个例子，假设我们希望在某业务的 IT 系统中使用 Customer 类实例的文本

⊖ 适配器一般分为类适配器和对象适配器，类适配器通过继承达到接口适配的目的，对象适配器通过组合的方式达到接口适配的目的。——译者注

表示，需求指出，文本表示需要被格式化成纯文本、XML 和 JSON 等多种格式。

首先，我们为格式化策略引入一个抽象类 Formatter，见代码清单 9-14。

代码清单 9-14　Formatter 抽象类包含了所有格式化类的公共属性

```cpp
#include <memory>
#include <string>
#include <string_view>

class Formatter {
public:
  virtual ~Formatter() = default;

  Formatter& withCustomerId(std::string_view customerId) {
    this->customerId = customerId;
    return *this;
  }

  Formatter& withForename(std::string_view forename) {
    this->forename = forename;
    return *this;
  }

  Formatter& withSurname(std::string_view surname) {
    this->surname = surname;
    return *this;
  }

  Formatter& withStreet(std::string_view street) {
    this->street = street;
    return *this;
  }

  Formatter& withZipCode(std::string_view zipCode) {
    this->zipCode = zipCode;
    return *this;
  }

  Formatter& withCity(std::string_view city) {
    this->city = city;
    return *this;
  }
  virtual std::string format() const = 0;
protected:
  std::string customerId { "000000" };
  std::string forename { "n/a" };
  std::string surname { "n/a" };
  std::string street { "n/a" };
  std::string zipCode { "n/a" };
  std::string city { "n/a" };
```

```
};

using FormatterPtr = std::unique_ptr<Formatter>;
```

三个具体的格式化程序如代码清单 9-15 所示。

代码清单 9-15　三个具体的格式化程序，它们重写了 Formatter 类的 format() 纯虚函数

```cpp
#include "Formatter.h"
#include <sstream>
class PlainTextFormatter : public Formatter {
public:
  std::string format() const override {
    std::stringstream formattedString { };
    formattedString << "[" << customerId << "]: "
      << forename << " " << surname << ", "
      << street << ", " << zipCode << " "
      << city << ".";
    return formattedString.str();
  }
};
class XmlFormatter : public Formatter {
public:
  std::string format() const override {
    std::stringstream formattedString { };
    formattedString <<
      "<customer id=\"" << customerId << "\">\n" <<

      "  <forename>" << forename << "</forename>\n" <<
      "  <surname>" << surname << "</surname>\n" <<
      "  <street>" << street << "</street>\n" <<
      "  <zipcode>" << zipCode << "</zipcode>\n" <<
      "  <city>"  << city << "</city>\n" <<
      "</customer>\n";
    return formattedString.str();
  }
};

class JsonFormatter : public Formatter {
public:
  std::string format() const override {
    std::stringstream formattedString { };
    formattedString <<
      "{\n" <<
      "  \"CustomerId : \"" << customerId << END_OF_PROPERTY <<
      "  \"Forename: \"" << forename << END_OF_PROPERTY <<
      "  \"Surname: \"" << surname << END_OF_PROPERTY <<
      "  \"Street: \"" << street << END_OF_PROPERTY <<
```

```
       "  \"ZIP code: \"" << zipCode << END_OF_PROPERTY <<
       "  \"City: \"" << city << "\"\n" <<
       "}\n";
    return formattedString.str();
  }

private:
  static constexpr const char* const END_OF_PROPERTY { "\",\n" };
};
```

在这里可以清楚地看到，开闭原则（OCP）得到了非常好的支持。当需要一种新的格式化输出时，只需要实现一个特殊的 Formatter 抽象类即可，不需要修改现有的格式化程序，详见代码清单 9-16。

代码清单 9-16　在 getAsFormattedString() 成员函数中使用传入的格式化对象

```
#include "Address.h"
#include "CustomerId.h"
#include "Formatter.h"

class Customer {
public:
  // ...
  std::string getAsFormattedString(Formatter& formatter) const {
    return formatter.
    withCustomerId(customerId.toString()).
    withForename(forename).
    withSurname(surname).
    withStreet(address.getStreet()).
    withZipCode(address.getZipCodeAsString()).
    withCity(address.getCity()).
    format();
  }
  // ...

private:
  CustomerId customerId;
  std::string forename;
  std::string surname;
  Address address;
};
```

Customer::getAsFormattedString() 成员函数接受一个 Formatter 类型的引用参数，这个参数可以控制成员函数返回的字符串的格式。换句话说，Customer::getAs-FormattedString() 成员函数支持格式化策略。

也许你已经注意到了 Formatter 类的公共接口的特殊设计，即它有许多 with...() 成员函数。这里也使用了另一种设计模式，该模式称为 Fluent 接口。在面向对象编程中，Fluent 接口是一种设计 API 的风格，其代码的可读性与普通的文章类似。在 8.2.2 节中，我们曾看到过这样的接口，在那里我们引入自定义断言（请参见"使用自定义断言实现更精巧的测试"一节）来编写更优雅、可读性更好的测试代码。在本例中，关键在于每个 with...() 成员函数都是自引用的，也就是说，Formatter 类的成员函数在调用时产生的新的上下文与前面的上下文是等效的，除非调用了最终的 format() 函数⊖。

下面是本示例代码的类结构的可视化 UML 类图（见图 9-7）。

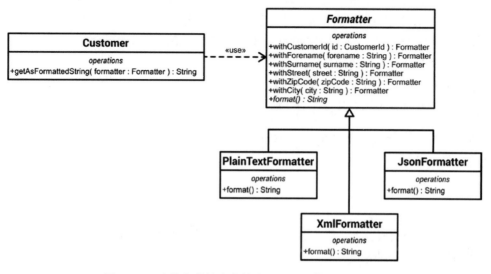

图 9-7　一个抽象的格式化策略和三个具体的格式化类

可以看到，策略模式能够保证本示例中的 Customer::getAsFormattedString() 成员函数的调用者可以根据需要配置输出格式。你想支持另一种输出格式吗？没问题！示例代码遵循了开闭原则，可以很容易地添加另一种具体的格式化策略类。其他的格式化策略或 Customer 类不受这种扩展的影响。

类继承和类型擦除比较

根据 6.2 节可知，多态意味着不同类型的实体对应相同的接口。很多的面向对象设计模式都依赖于由虚函数实现的动态多态。

同样在 6.2 中，提出了实现动态多态的另一种不依赖于类继承的方式：类型擦除习惯用法。这里提醒一下大家：策略模式也可以用此习惯用法实现。

⊖　类似于 std::cout <<std::showbase<< std::hex <<std::uppercase<< integer。——译者注

9.2.4　命令模式

在接收到指令后，软件系统通常需要执行各种各样的操作。例如，文本处理软件的用户通过用户界面发出各种指令，例如打开、保存、打印文档，复制、粘贴文本等。这种通用的模式在其他领域中也存在，例如，在金融领域中，客户可以向证券交易商发出购买股票和出售股票等请求，在制造领域，用户可以用命令控制工业设备和机器。

在实现由命令控制的软件系统时，重要的是要保证操作的请求者与实际执行操作的对象分离。这背后的指导原则是低耦合原则（详见第 3 章）和关注点分离原则。

餐馆是一个很好的例子。在餐馆里，服务员虽然接受顾客点菜，但不负责做饭，做饭是厨师的事情。事实上，对于顾客来说，食物的制作过程是透明的，食物也许是餐厅准备的，也许是从其他地方运送过来的。

在面向对象的软件开发中，有一种名为命令（Command）——又称操作（Action）的行为模式可以实现这种解耦。其任务描述如下：

> 将请求封装为对象，你可以用不同的请求（如排队或记录请求）对客户端进行参数化，并支持可撤销操作。

——Erich Gamma et.al.[Gamma95]

命令模式的一个很好的例子是客户端 / 服务器（Client/Server）架构，其中客户端（作为调用者）发送命令给服务器，服务器（作为接收者）接收并执行命令。

我们先引入一个抽象的 Command 类，它是一个简单的小接口，如代码清单 9-17 所示。

代码清单 9-17　Command 接口

```cpp
#include <memory>

class Command {
public:
  virtual ~Command() = default;
  virtual void execute() = 0;
};

using CommandPtr = std::shared_ptr<Command>;
```

其中，类型别名 CommandPtr 对应指向命令的智能指针。

这个抽象的 Command 接口可以由各种具体的命令实现。我们先看一个非常简单的命令——输出字符串 "Hello World!"，如代码清单 9-18 所示。

代码清单 9-18　非常简单的命令的实现

```cpp
#include <iostream>

class HelloWorldOutputCommand : public Command {
```

```
public:
  void execute() override {
    std::cout << "Hello World!" << "\n";
  }
};
```

接下来，我们需要一个对象来接受并执行命令，在这个设计模式中，这个对象被称为命令接收者，在代码清单 9-19 中，对应于 Server 类：

代码清单 9-19　命令接收者 Server

```
#include "Command.h"

class Server {
public:
  void acceptCommand(const CommandPtr& command) {
    command->execute();
  }
};
```

目前，该类只包含一个可以接受和执行命令的简单公共成员函数 acceptCommand。

最后，我们需要实现调用者，即客户端 / 服务器架构中的 Client 类，详见代码清单 9-20。

代码清单 9-20　给 Server 发送命令的 Client 类

```
class Client {
public:
  void run() {
    Server theServer { };
    CommandPtr helloWorldOutputCommand = std::make_shared<HelloWorldOutput
    Command>();
    theServer.acceptCommand(helloWorldOutputCommand);
  }
};
```

在 main() 函数中，有如代码清单 9-21 所示的代码段。

代码清单 9-21　main() 函数

```
#include "Client.h"

int main() {
  Client client { };
  client.run();
  return 0;
}
```

如果现在编译和执行这个程序，标准输出控制台就会输出 "Hello World!" 字符串。乍一看平淡无奇，但我们通过命令模式使命令的初始化和发送与命令的执行分离。

由于这种设计模式支持开闭原则（详见第 6 章），因此添加新的命令非常容易，只需对现有的代码进行微小的修改即可实现。例如，如果我们想强制让服务器等待一段时间，那么可以添加如代码清单 9-22 所示的命令。

代码清单 9-22　强制让服务器等待一段时间的具体命令

```cpp
#include "Command.h"
#include <chrono>
#include <thread>

class WaitCommand : public Command {
public:
  explicit WaitCommand(const unsigned int durationInMilliseconds) noexcept :
    durationInMilliseconds{durationInMilliseconds} { };

  void execute() override {
    std::chrono::milliseconds timespan(durationInMilliseconds);
    std::this_thread::sleep_for(timespan);
  }

private:
  unsigned int durationInMilliseconds { 1000 };
};
```

现在，可以像代码清单 9-23 这样使用这个新的 WaitCommand 类。

代码清单 9-23　使用新的 WaitCommand 类

```cpp
class Client {
public:
  void run() {
    Server theServer { };
    const unsigned int SERVER_DELAY_TIMESPAN { 3000 };

    CommandPtr waitCommand = std::make_shared<WaitCommand>(SERVER_DELAY_
    TIMESPAN);
    theServer.acceptCommand(waitCommand);

    CommandPtr helloWorldOutputCommand = std::make_shared<HelloWorldOutputC
    ommand>();
    theServer.acceptCommand(helloWorldOutputCommand);
  }
};
```

为了对上述讨论的类结构有一个大致的了解，图 9-8 描述了对应的 UML 类图。

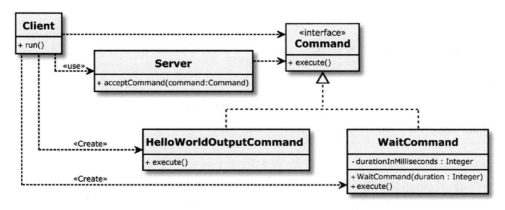

图 9-8　Server 类仅知道 Command 接口，不知道其他任何的具体命令

正如从这个示例中看到的，我们可以给命令传递参数。注意，Command 接口的纯虚函数 execute() 是无参数的，因此命令的参数是由命令的初始化构造函数实现的。此外，我们不需要对 Server 类做任何修改，就可以立即处理和执行新的命令。

命令模式为应用程序提供了灵活多变的特性。例如，命令可以排队，也支持的异步执行：调用者发送命令后立即执行其他操作，发送的命令可以稍后由接收者执行。

然而，还是缺少了一些东西！上面命令模式的任务描述中提到了"……支持可撤销操作"的内容。下面将专门讨论这部分内容。

9.2.5　命令处理模式

在 9.2.4 节的客户端 / 服务器架构示例中，我做了一点简化。实际上，服务器不会像上面所演示的那样执行命令。到达服务器的命令对象将被分配到服务器内部的相应组件来执行。这可以借助职责链模式（本书中没有描述这种设计模式）完成。

我们来考虑另一个稍微复杂一点的示例，假设我们有一个绘图程序，用户可以使用该程序绘制许多不同的形状，如圆形和矩形。为此，可以调用用户界面相应的菜单进行操作。我敢肯定你已经猜到了：技术成熟的软件开发人员通过命令模式来执行这些绘图操作。然而，用户可能要求绘图操作可撤销。

为了满足这个需求，我们首先需要有可撤销的命令，详见代码清单 9-24。

代码清单 9-24　UndoableCommand 接口通过 Command 和 Revertable 组合实现

```cpp
#include <memory>

class Command {
public:
  virtual ~Command() = default;
  virtual void execute() = 0;
};
```

```cpp
class Revertable {
public:
  virtual ~Revertable() = default;
  virtual void undo() = 0;
};

class UndoableCommand : public Command, public Revertable { };

using CommandPtr = std::shared_ptr<UndoableCommand>;
```

根据接口隔离原则（详见第 6 章），我们添加了另一个支持撤销功能的 Revertable 接口。UndoableCommand 类同时继承现有的 Command 接口和新增加的 Revertable 接口。

撤销绘图的命令可能有很多种，这里以画圆的撤销命令为例，详见代码清单 9-25。

代码清单 9-25　一个可以撤销画圆的命令

```cpp
#include "Command.h"
#include "DrawingProcessor.h"
#include "Point.h"

class DrawCircleCommand : public UndoableCommand {
public:
  DrawCircleCommand() = delete;
  DrawCircleCommand(DrawingProcessor& receiver, const Point& centerPoint,
    const double radius) noexcept :
    receiver { receiver }, centerPoint { centerPoint }, radius { radius } {
}

  void execute() override {
    receiver.drawCircle(centerPoint, radius);
  }

  void undo() override {
    receiver.eraseCircle(centerPoint, radius);
  }
private:
  DrawingProcessor& receiver;
  const Point centerPoint;
  const double radius;
};
```

容易想象，绘制矩形和其他形状的命令和绘制圆形的命令看起来非常相似。执行命令的接收者（receiver）是一个名为 DrawingProcessor 的类，用于执行绘图操作。在构造命令对象时，将 receiver 的引用与其他参数一起传递给构造函数（请参考初始化构造函数）。在这里，我们只展示了 DrawingProcessor 类的一小部分摘录，因为其他部分不影响对命令处理模式的理解。详见代码清单 9-26。

代码清单 9-26　DrawingProcessor 类是处理绘图操作的元素

```
class DrawingProcessor {
public:
  void drawCircle(const Point& centerPoint, const double radius) {
    // Instructions to draw a circle on the screen...
  };

  void eraseCircle(const Point& centerPoint, const double radius) {
    // Instructions to erase a circle from the screen...
  };

  // ...
};
```

现在，我们来看这个模式的核心部分——CommandProcessor，详见代码清单 9-27。

代码清单 9-27　CommandProcessor 管理了可撤销命令对象的一个栈

```
#include <stack>

class CommandProcessor {
public:
  void execute(const CommandPtr& command) {
    command->execute();
    commandHistory.push(command);
  }

  void undoLastCommand() {
    if (commandHistory.empty()) {
      return;
    }
    commandHistory.top()->undo();
    commandHistory.pop();
  }

private:
  std::stack<std::shared_ptr<Revertable>> commandHistory;
};
```

CommandProcessor 类（上面的类不是线程安全的）包含了 std::stack<T>（定义在 <stack> 头文件中），它是一种支持 LIFO（Last-In First-Out，后进先出）的抽象数据类型。在执行 CommandProcessor::execute() 成员函数后，相应的命令对象会被存储到 command-History 栈中。当调用 CommandProcessor::undoLastCommand() 成员函数时，存储在栈上的最后一个命令就会被撤销，然后从栈顶删除。

将撤销操作构建为命令对象，此时，命令接收者就是 CommandProcessor，详见代码清单 9-28。

代码清单 9-28　UndoCommand 类为 CommandProcessor 提供撤销操作

```cpp
#include "Command.h"
#include "CommandProcessor.h"

class UndoCommand : public UndoableCommand {
public:
  explicit UndoCommand(CommandProcessor& receiver) noexcept :
    receiver { receiver } { }
  void execute() override {
    receiver.undoLastCommand();
  }

  void undo() override {
    // Intentionally left blank, because an undo should not be undone.
  }

private:
  CommandProcessor& receiver;
};
```

UML 类图如图 9-9 所示。

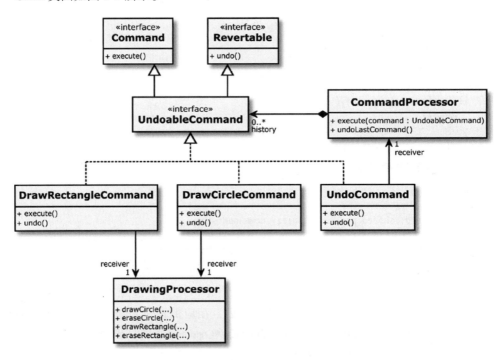

图 9-9　CommandProcessor 执行接收到的命令并管理历史命令

在使用命令模式时，常常需要能够将几个简单的命令组合成更复杂的命令，或者能够记录和回放命令（脚本）。为了能够方便地实现这些需求，可考虑下面的设计模式。

9.2.6 组合模式

"树"是计算机科学中广泛使用的数据结构，它们到处都可以找到。例如，存储设备（如硬盘）上的文件系统，它的分层组织就类似树结构。集成开发环境（IDE）的项目浏览器通常也具有树结构。在编译器设计中，用到了抽象语法树（Abstract Syntax Tree，AST），顾名思义，它是指以树状结构表示源代码的抽象语法结构，抽象语法树通常是编译器在语法分析阶段生成的。

在面向对象的设计中，树状数据结构体现为组合（Composite）模式。该模式的任务描述如下：

将对象组合成树状结构来表示部分－整体的层次结构。组合模式允许客户端代码平等地对待单个对象和对象的组合。

——Erich Gamma et.al. [Gamma95]

在前两节的基础之上，多个命令应当可以组合为复合命令，并且复合命令应当可以记录和重放。所以我们在之前的设计中添加一个新类，即 CompositeCommand，详见代码清单 9-29。

代码清单 9-29 一个新的 UndoableCommand，用于管理命令列表

```cpp
#include "Command.h"
#include <ranges>
#include <vector>

class CompositeCommand : public UndoableCommand {
public:
  void addCommand(CommandPtr& command) {
    commands.push_back(command);
  }

  void execute() override {
    for (const auto& command : commands) {
      command->execute();
    }
  }

  void undo() override {
    const auto& commandsInReverseOrder = std::ranges::reverse_
    view(commands);
    for (const auto& command : commandsInReverseOrder) {
      command->undo();
    }
```

```
    }
private:
    std::vector<CommandPtr> commands;
};
```

CompositeCommand 有一个成员函数 addCommand()，用来将命令添加到 CompositeCommand 实例。由于 CompositeCommand 类也实现了 UndoableCommand 接口，因此可以将其实例视为普通命令。换句话说，我们可以用其他的 CompositeCommand 来有层次地组合出一个新的 CompositeCommand。通过组合模式的递归结构，我们可以生成命令树。

图 9-10 的 UML 类图描述了扩展后的设计。

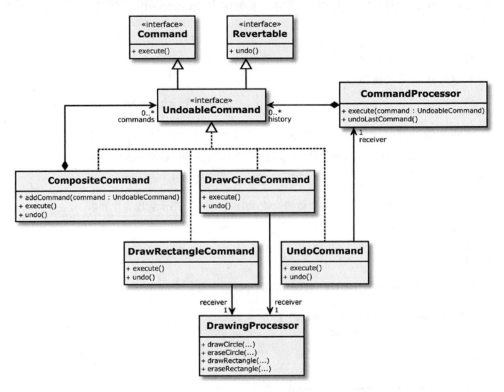

图 9-10　使用添加的 CompositeCommand（左侧），现在可以编写命令脚本了

新类 CompositeCommand 可以用作一个宏记录器，用来记录和重放命令序列，详见代码清单 9-30。

代码清单 9-30　新的 CompositeCommand 用作宏记录器

```
int main() {
    CommandProcessor commandProcessor { };
    DrawingProcessor drawingProcessor { };
```

```
auto macroRecorder = std::make_shared<CompositeCommand>();

Point circleCenterPoint { 20, 20 };
CommandPtr drawCircleCommand = std::make_shared<DrawCircleCommand>
(drawingProcessor, circleCenterPoint, 10);
commandProcessor.execute(drawCircleCommand);
macroRecorder->addCommand(drawCircleCommand);

Point rectangleCenterPoint { 30, 10 };
CommandPtr drawRectangleCommand = std::make_shared<DrawRectangleCommand>
(drawingProcessor, rectangleCenterPoint, 5, 8);
commandProcessor.execute(drawRectangleCommand);
macroRecorder->addCommand(drawRectangleCommand);

commandProcessor.execute(macroRecorder);
commandProcessor. undoLastCommand();

return 0;
}
```

在组合模式下，我们现在很容易把简单的命令（即"叶子"）组装成复杂的命令序列。由于 CompositeCommand 还实现了 UndoableCommand 接口，因此它们可以像简单命令一样被使用。这极大地简化了客户端的代码。

仔细观察，可以发现上述示例还有一个小缺点。注意，addCommand() 只能通过类 CompositeCommand 的实例（如 macroRecorder）调用（见上面的源代码），而通过 UndoableCommand 接口无法使用此成员函数。换句话说，这里的组合类和叶子地位并不平等（记住该模式的意图）！

如果看一下文献 [Gamma95] 中的通用组合模式，就会发现管理子元素的函数是在抽象类中声明的。在本例中，这意味着我们必须在接口 UndoableCommand 中声明 addCommand()（这将违反 ISP）。这一致命的后果是叶子元素必须覆盖 addCommand()，并且必须为这个成员函数提供有意义的实现，但这样做非常不合理！如果我们向 DrawCircleCommand 添加命令⊖，这样并不会违反最少惊讶原则（详见第 3 章），此时对程序设计有何影响？

如果这样做，会违反里氏替换原则⊜（详见第 6 章）。因此，对于本例权衡利弊并且区别对待组合类和叶子⊜是较好的选择。

⊖ 由于 DrawCircleCommand 继承了 UndoableCommand，因此也相当于添加了 addCommand() 方法。——译者注

⊜ 这是因为类的后置条件在派生类中被削弱了，即实际上 addCommand() 方法对子类 DrawCircleCommand 是毫无意义的。——译者注

⊜ 即不要在父类添加，仅在子类添加 addCommand() 方法。——译者注

9.2.7 观察者模式

"模型－视图－控制器"（Model-View-Controller，MVC）是一种众所周知的、用于构建软件系统架构的模式。在这种模式（详见 *Pattern-Oriented Software Architecture*[Busch96]）下，应用程序的视图部分有良好的结构。它背后的原理是关注点分离（Separation of Concerns，SoC）。模型持有数据，视图展示数据，分工清晰、明确。

在 MVC 中，视图和模型之间的耦合应尽可能松散。这种松耦合通常用观察者（Observer）模式实现。观察者模式是 [Gamma95] 中描述的行为模式，其任务描述如下：

定义对象之间一对多的依赖关系，以便在一个对象更改状态时，自动通知并更新其所有依赖项。

——Erich Gamma et.al.[Gamma95]

例如，考虑一个电子表格应用程序，它是许多办公软件套件的组成部分。在这样的应用程序中，工作表中的数据可以显示为饼状图或许多其他表示形式，形成所谓的视图。同一数据可以创建不同的视图，当然视图也可以被关闭。

首先，我们需要为视图构建一个名为 Observer 的抽象元素，详见代码清单 9-31。

代码清单 9-31　抽象的 Observer

```cpp
#include <memory>

class Observer {
public:
  virtual ~Observer() = default;
  virtual int getId() const noexcept = 0;
  virtual void update() = 0;
};

bool operator==(const Observer& lhs, const Observer& rhs) {
  return lhs.getId() == rhs.getId();
}

using ObserverPtr = std::shared_ptr<Observer>;
```

Observer 用于观察 Subject。为此，它们可以在 Subject 上注册，也可以被注销，详见代码清单 9-32。

代码清单 9-32　可以在 Subject 中添加和删除 Observer

```cpp
#include "Observer.h"
#include <algorithm>
#include <vector>

;
```

```cpp
class Subject {
public:
  void addObserver(const ObserverPtr& observerToAdd) {
    if (isNotYetObservingThisSubject(observerToAdd)) {
      observers.push_back(observerToAdd);
    }
  }

  void removeObserver(ObserverPtr& observerToRemove) {
    std::erase(observers, observerToRemove);
  }

protected:
  void notifyAllObservers() const {
    for (const auto& observer : observers) {
      observer->update();
    }
  }

private:
  std::vector<ObserverPtr> observers;
};
```

除了类 Subject 外，我们还定义了一个名为 IsEqualTo 的仿函数（见 7.2.2 节），用于在添加和删除 Observer 时进行比较。仿函数会比较 Observer 的 ID。可想而知，它能用于比较 Observer 实例的内存地址。几个相同类型的 Observer 甚至可以被注册在同一个 Subject 中。

该模式的核心是 notifyAllObservers() 成员函数。该函数由 Subject 的具体子类调用，因此被设置为 protected。此函数迭代所有已注册的 Observer 实例并调用它们的 update() 成员函数。

我们来看一个具体的 Subject 类，即 SpreadsheetModel 类，详见代码清单 9-33。

代码清单 9-33　SpreadsheetModel 是一个具体的 Subject 类

```cpp
#include "Subject.h"
#include <iostream>
#include <string_view>

class SpreadsheetModel : public Subject {
public:
  void changeCellValue(std::string_view column, const int row, const double
  value) {
    std::cout << "Cell [" << column << ", " << row << "] = " << value <<
    std::endl;
    // Change value of a spreadsheet cell, and then...
    notifyAllObservers();
```

```
    }
};
```

当然，这只是 SpreadsheetModel 的最小化实现。它只是用来解释模式的功能和原理。这里我们唯一能做的就是通过调用该类的一个成员函数去调用基类的 notifyAllObservers() 函数。

在本例中，我们用三个具体的视图 TableView、BarChartView 和 PieChartView 实现 Observer 接口的 update() 成员函数，详见代码清单 9-34。

代码清单 9-34　实现了抽象 Observer 接口的三个具体的视图

```cpp
#include "Observer.h"
#include "SpreadsheetModel.h"

class TableView : public Observer {
public:
  explicit TableView(SpreadsheetModel& theModel) :
    model { theModel } { }
  int getId() const noexcept override {
    return 1;
  }

  void update() override {
    std::cout << "Update of TableView." << std::endl;
  }

private:
  SpreadsheetModel& model;
};

class BarChartView : public Observer {
public:
  explicit BarChartView(SpreadsheetModel& theModel) :
    model { theModel } { }
  int getId() const noexcept override {
    return 2;
  }

  void update() override {
    std::cout << "Update of BarChartView." << std::endl;
  }

private:
  SpreadsheetModel& model;
};

class PieChartView : public Observer {
public:
  explicit PieChartView(SpreadsheetModel& theModel) :
```

```
    model { theModel } { }
  int getId() const noexcept override {
    return 3;
  }

  void update() override {
    std::cout << "Update of PieChartView." << std::endl;
  }

private:
  SpreadsheetModel& model;
};
```

图 9-11 描述了上面提到的结构（类和依赖关系）的概要。

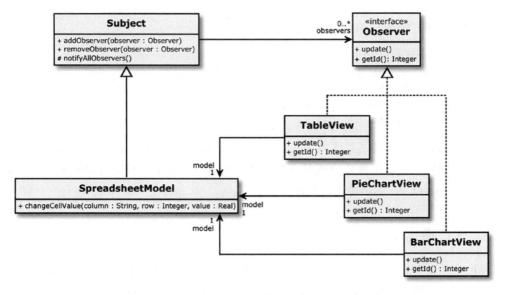

图 9-11　当 SpreadsheetModel 发生变化时，它会通知所有 Observer

在 main() 函数中，我们使用了 SpreadsheetModel 和三个视图，详见代码清单 9-35。

代码清单 9-35　SpreadsheetModel 和三个视图放在一起使用

```
#include "SpreadsheetModel.h"
#include "Views.h"

int main() {
  SpreadsheetModel spreadsheetModel { };

  ObserverPtr observer1 = std::make_shared<TableView>(spreadsheetModel);
  spreadsheetModel.addObserver(observer1);

  ObserverPtr observer2 = std::make_shared<BarChartView>(spreadsheetModel);
  spreadsheetModel.addObserver(observer2);
```

```
spreadsheetModel.changeCellValue("A", 1, 42);

spreadsheetModel.removeObserver(observer1);

spreadsheetModel.changeCellValue("B", 2, 23.1);

ObserverPtr observer3 = std::make_shared<PieChartView>(spreadsheetModel);
spreadsheetModel.addObserver(observer3);

spreadsheetModel.changeCellValue("C", 3, 3.1415926);

return 0;
}
```

在编译并运行程序后，我们可以在标准输出上看到以下内容：

```
Cell [A, 1] = 42
Update of TableView.
Update of BarChartView.
Cell [B, 2] = 23.1
Update of BarChartView.
Cell [C, 3] = 3.14153
Update of BarChartView.
Update of PieChartView.
```

除了低耦合这一特性（具体的 Subject 对 Observer 一无所知）以外，该模式还很好地遵循了开闭原则。在不调整或更改现有类的任何内容的前提下，我们可以非常轻松地添加具体的新 Observer（在本例中为新的视图）。

9.2.8 工厂模式

根据关注点分离（SoC）原则，对象的创建应该独立于对象在领域模型中的任务。上面讨论的依赖注入模式就以最直接的方式遵循了这一原则，因为整个对象创建（及依赖关系解析）过程集中在基础框架中，对象本身不必关心这些。

但是，如果需要在运行时的某个时刻动态创建对象，我们该怎么办？这个任务可以由对象工厂（factory）来接管。

工厂（factory）模式相对简单，并且以很多不同的形式和种类出现在代码库中。除了遵循 SoC 原则之外，它还严格遵循信息隐藏原则（见 3.5 节），因为实例的创建过程对其用户是隐藏的。

正如前面说过的那样，工厂可以有无数的形式和变体。这里只讨论一个简单的变体。

简单工厂

工厂模式的一种最简单的实现看起来像代码清单 9-36 所示的样子（仍采用 9.2.1 节的 Logging 例子）。

代码清单 9-36　最简单且最容易想到的一种对象工厂

```cpp
#include "LoggingFacility.h"
#include "StandardOutputLogger.h"

class LoggerFactory {
public:
  static Logger create() {
    return std::make_shared<StandardOutputLogger>();
  }
};
```

这个非常简单的工厂对象的用法如代码清单 9-37 所示。

代码清单 9-37　使用 LoggerFactory 创建 Logger 实例

```cpp
#include "LoggerFactory.h"

int main() {
  Logger logger = LoggerFactory::create();
  // ...log something...
  return 0;
}
```

也许你现在会问，为这样一个微不足道的任务而额外使用一个类是否值得。答案是可能值得，也可能不值得。如果工厂能够创建各种 logger，并决定它应该是哪种类型，那它就变得更有意义了。例如，我们可以通过读取和处理配置文件内容，或从 Windows 注册表数据库中读取某个键值来完成这一操作。我们还可以想象，生成的对象的类型取决于某个时间点。总之，可能性是无限的。重要的是，这一过程应该对客户端类完全透明。这里有一个更复杂的 LoggerFactory，它读取配置文件（如硬盘文件）内容并根据配置创建特定的 Logger，详见代码清单 9-38。

代码清单 9-38　更复杂的工厂，用于读取和处理配置文件

```cpp
#include "LoggingFacility.h"
#include "StandardOutputLogger.h"
#include "FilesystemLogger.h"

#include <fstream>
#include <string>
#include <string_view>

class LoggerFactory {
private:
  enum class OutputTarget : int {
    STDOUT,
    FILE
  };
```

```cpp
public:
  explicit LoggerFactory(std::string_view configurationFileName) :
    configurationFileName { configurationFileName } { }

  Logger create() const {
    const std::string configurationFileContent = readConfigurationFile();
    OutputTarget outputTarget = evaluateConfiguration(configurationFileContent);
    return createLogger(outputTarget);
  }

private:
  std::string readConfigurationFile() const {
    std::ifstream filestream(configurationFileName);
    return std::string(std::istreambuf_iterator<char>(filestream),
      std::istreambuf_iterator<char>());  }

  OutputTarget evaluateConfiguration(std::string_view
  configurationFileContent) const {
    // Evaluate the content of the configuration file...
    return OutputTarget::STDOUT;
  }

  Logger createLogger(OutputTarget outputTarget) const {
    switch (outputTarget) {
    case OutputTarget::FILE:
      return std::make_shared<FilesystemLogger>();
    case OutputTarget::STDOUT:
    default:
      return std::make_shared<StandardOutputLogger>();
    }
  }

  const std::string configurationFileName;
};
```

图 9-12 中的 UML 类图描述了依赖注入的结构（见图 9-5），这部分我们之前就已经知道了，但现在我们用简单的 LoggerFactory 替换了 Assembler。

图 9-12 与图 9-5 有一个明显的差异：尽管 CustomerRepository 类与 Assembler 没有依赖关系，但 Customer 在使用工厂模式时"知道"工厂类的存在。这种依赖关系并不是一个严重的问题，但它再次清楚地表明，使用依赖注入可以最大限度地实现低耦合。

9.2.9 门面模式

门面（Facade）模式是一种结构型设计模式，它通常被用于架构层面，其任务描述如下：

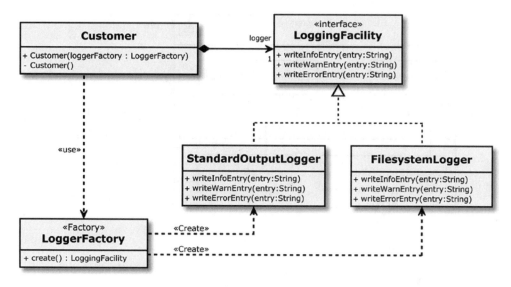

图 9-12　Customer 使用 LoggerFactory 获取具体的 Logger

为子系统提供统一的接口。Facade 定义了一个更高级的接口，使得子系统更容易使用。

——Erich Gamma et.al.[Gamma95]

根据关注点分离原则、单一职责原则（见 6.1.1 节）和信息隐藏原则（见 3.5 节），构建大型软件系统通常会产生一些更大的组件或模块。这些组件或模块有时也称为"子系统"。即使是在分层架构中，我们也可以将各个层视为子系统。

为了增强软件的封装性，软件组件或子系统的内部结构对客户端来说应该是隐藏的（详见第 3 章）。应尽量减少子系统之间的通信，以及它们之间的依赖关系。如果子系统的客户端必须知道其内部结构及各部分间相互作用的详细信息，那么软件系统的设计问题将是致命的。

Facade 模式通过为客户端提供定义明确且简单的接口来规范对复杂子系统的访问。任何对子系统的访问都必须通过 Facade 完成。

图 9-13 所示的 UML 图展示了一个名为 Billing 的子系统，用于处理账单。它的内部结构由几个相互关联的部分组成。子系统的客户端无法直接访问这些部分。它们必须使用名为 BillingService 的 Facade——由子系统边界上的 UML 端口（构造型 «facade»）表示。

在 C++ 及其他语言中，Facade 并不特别。它只是一个简单的类，通常在公共接口上接收请求，并将请求转发到子系统的内部结构中。有时，它只简单地转发调用子系统内部结构元素的请求，但偶尔还会执行数据转换，此时它也是一个适配器（见 9.2.2 节）。

在我们的示例中，Facade 类 BillingService 继承了两个接口，由 UML "棒棒糖"符号表示。根据接口隔离原则（ISP，见 6.2.2 节），Billing 子系统的配置（Configuration 接口）与账单生成（InvoiceCreation 接口）分开了。因此，Facade 必须同时实现两个接口中的纯虚函数。

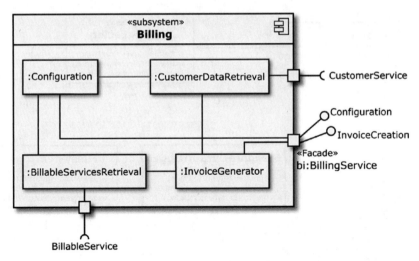

图 9-13　Billing 子系统提供名为 BillingService 的 Facade 作为客户端的访问点

9.2.10　货币类模式

尽管高精度的数值有时候非常重要，但是还是应该避免使用浮点数。float、double 或 long double 类型的浮点变量在简单的加法中都会出问题，正如代码清单 9-39 这个小例子所示。

代码清单 9-39　以下面这种方式将 10 个浮点数相加时，结果可能不够准确

```cpp
#include <assert.h>
#include <iostream>

int main() {
  double sum = 0.0;
  double addend = 0.3;

  for (int i = 0; i < 10; i++) {
    sum = sum + addend;
  };

  assert(sum == 3.0);
  return 0;
}
```

编译并运行这个小程序后，可以看到控制台输出如下结果：

Assertion failed: sum == 3.0, file ..\main.cpp, line 13

我认为造成这种偏差的原因是众所周知的。浮点数在计算机内部是以二进制格式存储的，因此我们不可能将 0.3（或其他的值）精确地存储在 float、double 或 long double 类型

的变量中，因为在二进制中无法用有限长度来精确表示。在十进制中，也有类似的问题。我们不能只使用十进制表示法来表示值 1/3（三分之一），0.333 333 33 又不完全准确。

这一问题有几种解决方案。对于货币，我们可以用合适的方法将货币值存储在具有所需精度的整数中。例如，12.45 美元将存储为 1245。如果要求不是很高，则使用整数来表示可能是可行的解决方案。请注意，C++ 标准没有指定整数类型的大小（以 B 为单位），因此，对非常大的数字你必须格外小心，因为可能发生整数溢出。如果有所顾虑，则可以使用 64 位的整数，因为它可以表示非常大货币面值。

确定算术类型的范围

在头文件 <limits> 中，我们可以找到表示算术类型（整数或浮点）实际范围大小的类模板。例如，可以找到 int 的最大表示范围：

```cpp
#include <limits>
constexpr auto INT_LOWER_BOUND = std::numeric_limits<int>::min();
constexpr auto INT_UPPER_BOUND = std::numeric_limits<int>::max();
```

另一种流行的解决方案是提供一个特殊的类，即货币（Money）类：

提供一个类来表示确切的货币面值。Money 类可以用来处理不同的货币和它们之间的转换。

——Martin Fowler[Fowler02]

货币类模式可以提供一个封装货币值及货币单位的类，而处理货币相关数据只是这类问题中的一个例子。还有许多其他必须被准确表示的属性或量，例如，物理中精确测量的量（时间、电压、电流、距离、质量、频率、物质的量等）。

1991 年：“爱国者”导弹的时间误差

MIM-104 “爱国者”，是由美国雷神公司设计和制造的地对空导弹（Surface-to-Air Missile，SAM）系统。它的典型应用是对抗高空战术弹道导弹、巡航导弹和先进飞机。在第一次波斯湾战争（1990—1991）——也被称为“沙漠风暴”军事行动期间，美军使用“爱国者”击落了来袭的伊拉克 SCUD 或 AI Hussein 短程弹道导弹。

1991 年 2 月 25 日，驻扎在东部沙特阿拉伯达兰市的军队未能成功拦截 SCUD。该导弹击中了一个军营，造成 28 人死亡，98 人受伤。

一份调查报告 [GAOIMTEC92] 显示，造成这一事故的原因是计算机系统启动后时间单位使用不准确而导致的时间计算错误。如果“爱国者”导弹要在发射后探测并击中目标，那么它们必须在空间上接近目标，即目标应处于“射程范围”。为了预测目标下一步出现的位置（偏角），必须计算系统时间和目标飞行速度。系统启动后经过的时间以 1/10 s 为单位，并以整数表示。目标的速度以 mile/s（1 mile=1.609 km）为单位测量，并以十进制值表示。

要计算"射程范围"，系统计时器的值必须乘以 1/10 才能得到以 s 为单位的时间，该计算是通过仅有 24 位长度的寄存器完成的。

问题是十进制的 1/10 值无法在 24 位寄存器中准确表示。在小数点后，该值被截断为 24 位。时间从整数到实数的转换会导致精度的微小损失，导致不太准确的时间计算。作为移动系统，如果系统仅运行几小时，这种误差可能不会成为问题。但在这种情况下，系统已运行超过 100 h。表示系统正常运行时间的数字非常大。这意味着将 1/10 转换为 24 位表示可以导致近半秒的巨大误差！伊拉克 SCUD 导弹在这段时间内大约可以运行 800 m——这已经远远超出了"爱国者"导弹的射程范围。

虽然在许多商业 IT 系统中准确处理货币金额是一种非常常见的情况，但在大多数主流 C++ 基类库中你是找不到货币类的。但也不要重新"造轮子"！已有很多不同的 C++ 货币类的实现方式，只要搜索一下搜索引擎，就能获得数千种方法。通常，一种实现并不能满足所有的要求。关键是要了解问题所在。在选择（或设计）货币类时，可以考虑几个约束和要求。以下是你需要首先弄明白的几个问题：

❑ 要处理的全部值的范围（最小值、最大值）是多少？

❑ 哪些舍入规则是适用的？某些国家或地区有针对舍入的法律或条例。

❑ 是否有准确性方面的法律要求？

❑ 必须考虑哪些标准（如 ISO 4217 国际货币代码标准）？

❑ 如何将值显示给用户？

❑ 转换的频率如何？

我认为，对货币类进行 100% 的单元测试覆盖（见 2.3 节）是绝对必要的，这样可以检查该类是否在所有情况下都按预期工作。当然，与用整数表示纯数字相比，货币类有一个小缺点，即性能会差一些。这在某些系统中可能是问题。但我相信，在大多数情况下，其优势是占主导地位的（注意过早优化是不好的）。

9.2.11 特例模式

在 4.3.5 节，我们了解到返回 nullptr 是不好的，应该避免。在 4.3.5 节，我们还讨论了在现代 C++ 程序中避免使用裸指针的各种策略。在 5.7.2 节，我们了解到异常只应该用于真正的异常情况，而不应该用于控制正常程序流程。

现在，有一个开放而有趣的问题：如何在不使用 nullptr 或其他特殊值的情况下，处理那些并没有真正出现异常（如内存分配失败）的特殊情况？

我们再次使用之前已经多次看到过示例：按名称查找 Customer，详见代码清单 9-40。

代码清单 9-40　按名称查找 Customer 的方法

```cpp
Customer CustomerService::findCustomerByName(const std::string& name) {
```

```
  // Code that searches the customer by name...
  // ...but what shall we do, if a customer with the given name does not
  exist?!
}
```

一种可能的情况是始终返回列表而不是单个实例。如果返回的列表为空，则表示要查询的业务对象不存在。详见代码清单 9-41。

代码清单 9-41　nullptr 的替代方法：如果查找客户失败，则返回空列表

```
#include "Customer.h"
#include <vector>

using CustomerList = std::vector<Customer>;

CustomerList CustomerService::findCustomerByName(const std::string& name) {
  // Code that searches the customer by name...
  // ...and if a customer with the given name does not exist:
  return CustomerList();
}
```

现在，可以在程序序列中查询返回的列表是否为空。但是在什么情况下会产生空列表呢？是否有错误导致列表为空？成员函数 std::vector<T>::empty() 并不能回答这些问题。列表为空是列表的一种状态，但这种状态没有领域相关的语义。

毫无疑问，这个解决方案比返回 nullptr 要好得多，但在某些情况下它可能还不够好。更人性化的设计是让程序返回一个可以查询内部错误以及可以用这一结果做些什么的返回值。这种设计就是特例（Special Case）模式！

这个子类为特定情况提供特殊行为。

——Martin Fowler[Fowler02]

特例模式背后的思想是利用多态的优势，并且提供表示特殊情况的类，而不是返回 nullptr 或其他一些特殊的值。这些特殊类具有与调用者期望的"普通"类相同的接口。图 9-14 所示的类图展示了这一特殊形式。

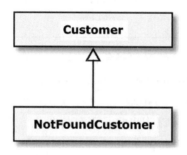

图 9-14　表示特殊情况的类派生自 Customer 类

在 C++ 源代码中，Customer 类的实现和表示特殊情况的 NotFoundCustomer 类如代码清单 9-42 所示（只显示相关部分）。

代码清单 9-42　来自 Customer.h 文件的摘录，其中包含 Customer 和 NotFoundCustomer 类

```cpp
#ifndef CUSTOMER_H_
#define CUSTOMER_H_

#include "Address.h"
#include "CustomerId.h"
#include <memory>
#include <string>

class Customer {
public:
  // ...more member functions here...
  virtual ~Customer() = default;

  virtual bool isPersistable() const noexcept {
    return (customerId.isValid() && ! forename.empty() && ! surname.empty()
    &&
      billingAddress->isValid() && shippingAddress->isValid());
  }

private:
  CustomerId customerId;
  std::string forename;
  std::string surname;
  std::shared_ptr<Address> billingAddress;
  std::shared_ptr<Address> shippingAddress;
};
class NotFoundCustomer final : public Customer {
public:
  bool isPersistable() const noexcept override {
    return false;
  }
};
using CustomerPtr = std::unique_ptr<Customer>;

#endif /* CUSTOMER_H_ */
```

我们现在可以使用表示特殊情况的对象，就好像它们是 Customer 类的普通实例一样。即使在程序的不同部分之间传递对象时，null 检查也是多余的，因为总有有效的对象。NotFoundCustomer 对象就好像是 Customer 的一个实例，使用它可以完成许多事情，例如，在用户接口中使用。对象甚至可以指出它是否可持久化，对于"真正的"Customer，这是通过分析数据字段来完成的。但是，在 NotFoundCustomer 的情况下，此检查始终是否定的结果。

与无意义的空检查相比，像下面这样的语句更有意义：

```
if (customer.isPersistable()) {
  // ...write the customer to a database here...
}
```

std::optional<T>（C++17）

从 C++17 开始，还有另一个有趣的替代方法被用于可能缺少的结果或值：std::optional<T>（在头文件 <optional> 中定义）。此类模板的实例表示"可选的包含值"，即可能存在，也可能不存在的值。

通过引入类型别名，可以使用 std::optional<T> 将 Customer 类用作可选值，如下所示：

```
#include "Customer.h"
#include <optional>
using OptionalCustomer = std::optional<Customer>;
```

现在，搜索函数 CustomerService::findCustomerByName() 可以按如下方式实现：

```
class CustomerRepository {
public:
  OptionalCustomer findCustomerByName(const std::string& name) {
    if ( /* the search was successful */ ) {
      return Customer();
    } else {
      return {};
    }
  }
};
```

在函数被调用的地方，现在有两种方法来处理返回值，如以下示例所示：

```
int main() {
  CustomerRepository repository { };
  auto optionalCustomer = repository.findCustomerByName("John Doe");

  // Option 1: Catch an exception, if 'optionalCustomer' is empty
  try {
    auto customer = optionalCustomer.value();
  } catch (std::bad_optional_access& ex) {
    std::cerr << ex.what() << std::endl;
  }

  // Option 2: Provide a substitute for a possibly missing object
  auto customer = optionalCustomer.value_or(NotFoundCustomer());

  return 0;
}
```

在方法 2 中，如果 optionalCustomer 为空，则可以提供标准（默认）客户对象，或者特殊对象（如本例所示）的实例。如果对象的缺失是非预期的，那么可以选择方法 1，在发生严重错误时提供线索。对于其他情况，如果对象缺失是正常的，那么推荐使用方法 2。

9.3 什么是习惯用法

编程的习惯用法（Idiom）是在特定的编程语言或技术中解决问题的一种特殊模式。也就是说，与一般的设计模式不同，习惯用法的适用性是有限的。通常，它们仅限于特定的编程语言或特定的技术，如框架。

如果必须在较低的抽象级别上解决编程问题，则通常在详细设计和实现阶段使用习惯用法。在 C 和 C++ 领域，有一个众所周知的习惯用法，就是所谓的"包含保护宏"Include Guard Macro——有时也称为 Macro Guard 或 Header Guard，它用于避免重复包含同一头文件：

```
#ifndef FILENAME_H_
#define FILENAME_H_

// ...content of header file...

#endif
```

这个习惯用法的一个缺点是必须确保文件名与 Include-Guard 宏的命名一致。因此，现在大多数 C 和 C++ 编译器都支持非标准的 #pragma once 预处理指令，把这条指令放在头文件的顶部，编译器会确保在预处理阶段只包含一次这个头文件。

另外，我们已经知道了一些习惯用法，如第 4 章中的 RAII 和第 6 章中的类型擦除。

我们可以在互联网上找到近 100 个 C++ 的习惯用法。问题是，并不是所有这些习惯用法都有利于实现整洁的现代 C++ 代码。它们有时非常复杂且难以理解（如代数层级），即使对于成熟的 C++ 开发人员也不友好。此外，随着 C++11 及后续标准的发布，一些习惯用法已经过时了。因此，这里只介绍一小部分仍然有效的习惯用法。

1. 不可变对象

有时候，为那些一旦创建就不能改变状态的对象提供类，也就是不变类（实际上这意味着不可变对象，因为类只能由开发人员修改）是非常有利的。例如，不可变对象可以用作哈希数据结构的键值对中的键，因为键值对中的键一旦被创建就不会再改变。不可变对象的另一个例子是编程语言中的字符串，如 C# 或 Java 中的字符串。

不可变类和不可变对象的好处如下：

❑ 不可变对象默认是线程安全的，所以多个线程或进程以不确定顺序访问这些对象时，不会遇到任何同步问题。因此，不变性使得设计和实现并行软件更加容易，因为对象之间没有任何冲突。

❑ 不变性使编写、使用和理解代码变得更加容易，因为类具有不变性，一组必须始终
为真的约束在对象创建时就建立起来了，并可以确保在对象的整个生命周期都不会
改变。

要在 C++ 中创建不可变的类，必须采取以下措施：

❑ 类的成员变量必须是不可变的，也就是说，它们必须是 const（见 4.3.5 节）的。这
意味着它们只能使用构造函数的初始化列表，在构造函数中初始化一次。

❑ 操作方法不改变调用者的状态，而是返回改变状态后的类的新实例，原始对象没有
发生改变。为了强调这一点，不应该有 setter 方法，因为以 set...() 开头的成员函
数具有误导性，不可变对象没有任何可设置的地方。

❑ 这个类应该被标记为 final。这不是一个严格的规则，但是，如果新类可以从不可
改变的类继承，那么有可能会改变基类的不可变性。

C++ 中不可变类的例子详见代码清单 9-43。

代码清单 9-43　Employee 是一个不可变类

```cpp
#include "Identifier.h"
#include "Money.h"
#include <string>
#include <string_view>

class Employee final {
public:
  Employee(std::string_view forename,
    std::string_view surname,
    const Identifier& staffNumber,
    const Money& salary) noexcept :
    forename { forename },
    surname { surname },
    staffNumber { staffNumber },
    salary { salary } { }

  Identifier getStaffNumber() const noexcept {
    return staffNumber;
  }

  Money getSalary() const noexcept {
    return salary;
  }

  Employee changeSalary(const Money& newSalary) const noexcept {
    return Employee(forename, surname, staffNumber, newSalary);
  }

private:
```

```
const std::string forename;
const std::string surname;
const Identifier  staffNumber;
const Money       salary;
};
```

2. SFINAE

实际上，替换失败不是错误（Substitution Failure Is Not An Error，SFINAE）并非真正的习惯用法，而是 C++ 编译器的一个特性。它已经成为 C++98 标准的一部分，在 C++11 中它又增加了几个新特性，但它经常被以非常惯用的方式使用，特别是在模板库（例如 C++ 标准库或 Boost）中，所以仍被称为习惯用法。

在 C++ 标准文档的 14.8.2 节可以找到关于模板参数推导的定义。在 §8 中我们可以读到以下表述。

> 如果替换导致无效类型或无效表达式，则类型推导失败。无效类型或无效表达式，是指（模板）代入给定参数后形成的不正确的类型或表达式。只有函数类型及其模板参数类型的直接上下文中的无效类型或表达式才可以表现为类型推导失败。
>
> ——C++ 标准 [ISO11]

在 C++ 模板实例化错误的情况（如使用错误的模板参数）下，错误消息可能非常冗长且含糊不清。SFINAE 是一种编程技术，可确保模板参数的替换失败不会产生烦人的编译错误。简单地说，这意味着如果模板参数的替换失败了，编译器将继续搜索合适的模板，而不是报错并退出。

带有两个重载函数模板的 SFINAE 示例见代码清单 9-44。

代码清单 9-44　带有两个重载函数模板的 SFINAE 示例

```cpp
#include <iostream>
template <typename T>
void print(typename T::type) {
  std::cout << "Calling print(typename T::type)" << std::endl;
}

template <typename T>
void print(T) {
  std::cout << "Calling print(T)" << std::endl;
}

struct AStruct {
  using type = int;
};
```

```cpp
int main() {
  print<AStruct>(42);
  print<int>(42);
  print(42);

  return 0;
}
```

这个示例的标准输出结果如下：

```
Calling print(typename T::type)
Calling print(T)
Calling print(T)
```

可以看到，编译器为第一个函数调用使用了第一个版本的 print()，后续两个函数调用则使用了第二个版本。此代码也适用于 C++98。

实际上，SFINAE 在 C++11 之前有几个缺点。上面的简单示例在真实项目中使用时会有一些出入。以这种方式在模板库中应用 SFINAE 会导致非常冗长和棘手的代码，这些代码将很难理解。此外，它的标准化程度很低，有时甚至是针对特定编译器的。

随着 C++11 的出现，C++ 引入了 Type Traits 库（第 7 章中已有所提及），特别是引入了元函数 std::enable_if()（在头文件 <type_traits> 中定义），该元函数在 SFINAE 中发挥着重要作用。使用该函数，我们可以根据类型特性从重载的候选函数中有条件地"筛选函数功能"。C++14 为 std:enable_if 添加了一个语法比较精简的辅助模板 std:enable_if_t。在这个模板及 <type_traits> 头文件的模板类型检查的帮助下，我们可以根据参数的类型选择函数的重载版本，就像代码清单 9-45 这样。

代码清单 9-45　SFINAE 使用函数模板 std::enable_if_t<>

```cpp
#include <iostream>
#include <type_traits>

template <typename T>
void print(T var, std::enable_if_t<std::is_enum_v<T>, T>* = nullptr) {
  std::cout << "Calling overloaded print() for enumerations." << std::endl;
}

template <typename T>
void print(T var, std::enable_if_t<std::is_integral_v<T>, T> = 0) {
  std::cout << "Calling overloaded print() for integral types." <<
  std::endl;
}

template <typename T>
void print(T var, std::enable_if_t<std::is_floating_point_v<T>, T> = 0.0) {
  std::cout << "Calling overloaded print() for floating point types." <<
  std::endl;
```

```
}
template <typename T>
void print(const T& var, std::enable_if_t<std::is_class_v<T>, T>* =
nullptr) {
  std::cout << "Calling overloaded print() for classes." << std::endl;
}
```

我们可以使用不同类型的参数调用重载的函数模板，如代码清单 9-46 所示。

代码清单 9-46　多亏了 SFINAE，我们才有了匹配不同参数类型的 print() 函数

```
enum Enumeration1 {
  Literal1,
  Literal2
};
enum class Enumeration2 : int {
  Literal1,
  Literal2
};

class Clazz { };

int main() {
  Enumeration1 enumVar1 { };
  print(enumVar1);

  Enumeration2 enumVar2 { };
  print(enumVar2);

  print(42);

  Clazz instance { };
  print(instance);

  print(42.0f);

  print(42.0);

  return 0;
}
```

编译和执行后，我们可以在标准输出上看到以下结果：

```
Calling overloaded print() for enumerations.
Calling overloaded print() for enumerations.
Calling overloaded print() for integral types.
Calling overloaded print() for classes.
Calling overloaded print() for floating point types.
Calling overloaded print() for floating point types.
```

3. Copy-and-Swap 习惯用法

在 5.7.1 节中，我们学到了四个"异常安全"保证：无异常安全、基本异常安全、强异常安全和保证不抛出异常。类的成员函数应始终保证满足基本异常安全，因为这种异常安全级别通常比较容易实现。

在 5.2.5 节中，我们已经了解到我们应该总是以某种方式来设计类，以便那些编译器自动生成的特殊成员函数（复制构造函数、复制赋值操作符等）能执行正确的操作。换句话说，当我们被迫提供一个并非默认的析构函数时，一般就是处理一些特殊情况，例如在对象销毁期间对它们进行特殊处理。此时，由编译器生成的特殊成员函数不足以处理这些情况，我们必须自己实现它们。

然而，零原则几乎是不可能实现的，即开发者必须自己实现所有特殊成员函数。在这种情况下，实现重载赋值操作符的异常安全可能是一项非常有挑战的任务。在这种情况下，可以采用 Copy-and-Swap 优雅地解决此问题。

因此，这个习惯用法的任务描述如下：

实现具有强异常安全的复制赋值操作符。

下面将举例解释这一问题并提供解决方案，详见代码清单 9-47。

代码清单 9-47　管理在堆上分配的资源的类

```
#include <cstddef>
class Clazz final {
public:
  explicit Clazz(const std::size_t size) : resourceToManage { new
  char[size] }, size { size } { }
  ~Clazz() {
    delete [] resourceToManage;
  }
private:
  char* resourceToManage;
  std::size_t size;
};
```

当然，本类仅用于演示，不应成为真实类的一部分。

假设我们想要使用 Clazz 类来执行以下操作：

```
int main() {
  Clazz instance1 { 1000 };
  Clazz instance2 { instance1 };
  return 0;
}
```

根据第 5 章的内容，我们知道编译器生成的复制构造函数版本在这里做错了：它只创建了指针 resourceToManage 自身的副本！

因此，我们必须提供我们自己的复制构造函数，就像下面这样：

```cpp
#include <algorithm>

class Clazz final {
public:
  // ...
  Clazz(const Clazz& other) : Clazz { other.size } {
    std::copy(other.resourceToManage, other.resourceToManage + other.size,
    resourceToManage);
  }
  // ...
};
```

到现在为止，一切很好。现在复制构造函数将正常工作。假设我们还需要一个复制赋值操作符。如果你不熟悉 Copy-and-Swap 习惯用法，则可能如下实现赋值操作符：

```cpp
#include <algorithm>

class Clazz final {

public:
  // ...
  Clazz& operator=(const Clazz& other) {
    if (&other == this) {
      return *this;
    }
    delete [] resourceToManage;
    resourceToManage = new char[other.size];
    std::copy(other.resourceToManage, other.resourceToManage + other.size,
      resourceToManage);
    size = other.size;
    return *this;
  }
  // ...
};
```

基本上来说，这个赋值操作符可以工作，但有几个缺点。例如，构造函数和析构函数的代码有重复，这违反了 DRY 原则（见 3.4 节）。此外，在开头有一个自我赋值检查。但最大的缺点是不能保证异常安全。例如，如果 new 语句导致异常，则会将对象置于不可预知的状态。

现在，Copy-and-Swap 习惯用法开始发挥作用，它也被称为 Create-Temporary-and-Swap！

为了更好地理解，我将介绍整个 Clazz 类，详见代码清单 9-48。

代码清单 9-48　使用 Copy-and-Swap 习惯用法更好地实现赋值操作符

```
#include <algorithm>
#include <cstddef>

class Clazz final {
public:
  explicit Clazz(const std::size_t size) : resourceToManage { new
  char[size] },
    size { size } { }
  ~Clazz() {
    delete [] resourceToManage;
  }

  Clazz(const Clazz& other) : Clazz { other.size } {
    std::copy(other.resourceToManage, other.resourceToManage + other.size,
      resourceToManage);
  }

  Clazz& operator=(Clazz other) {
    swap(other);
    return *this;
  }

private:
  void swap(Clazz& other) noexcept {
    using std::swap;
    swap(resourceToManage, other.resourceToManage);
    swap(size, other.size);
  }

  char* resourceToManage{ nullptr };
  std::size_t size{ 0 };
};
```

这里的诀窍是什么呢？我们来看看完全不同的赋值操作符。它不再将 const 引用（const Clazz& other）作为参数，而是将普通值作为参数（Clazz other）。这意味着当调用此赋值操作符时，首先会调用 Clazz 的复制构造函数，然后复制构造函数调用为资源分配内存的默认构造函数。这正是我们想要的：我们需要 other 的一个临时副本！

现在，我们来看这一习惯用法的重点：调用私有成员函数 Clazz::swap()。在这个函数中，other 临时实例的内容（即它的成员变量）与当前类上下文（this）相同的成员变量的内容进行了交换。这是通过不抛异常的 std::swap() 函数（在头 <utility> 中定义）来完成的。在 swap 操作之后，临时对象现在拥有当前对象先前拥有的资源，反之亦然。

另外，Clazz::swap() 成员函数现在可以很容易地实现 move 构造函数：

```
class Clazz {
```

```
public:
  // ...
  Clazz(Clazz&& other) noexcept {
    swap(other);
  }
  // ...
};
```

当然，良好的类设计的主要目标应该是根本不需要显式实现复制构造函数和赋值操作符（零原则）。但是当不得不这样做时，应该记住 Copy-and-Swap 习惯用法。

4. PIMPL

本章结束前，我们专门介绍 PIMPL（Pointer to Implementation）习惯用法。PIMPL 代表指向实现的指针，这个习惯用法也被称为 Handle Body、Compilation Firewall 或 Cheshire Cat technique（Cheshire Cat 是一个虚构的角色，指一只咧嘴笑的猫，来自 Lewis Carroll 的小说《爱丽丝梦游仙境》）。它与文献 [Gamma95] 中描述的桥接（Bridge）模式有一些相似之处。

PIMPL 的任务描述如下：

通过将内部类的实现细节重新定位到隐藏的实现类中，消除对实现的编译依赖，从而提高编译速度。

我们来看看 Customer 类的一个摘录（详见代码清单 9-49），Customer 是我们之前在很多示例中见到过的类。

代码清单 9-49　摘自头文件 Customer.h 的内容

```
#ifndef CUSTOMER_H_
#define CUSTOMER_H_

#include "Address.h"
#include "Identifier.h"
#include <string>

class Customer {
public:
  Customer();
  virtual ~Customer() = default;
  std::string getFullName() const;
  void setShippingAddress(const Address& address);
  // ...

private:
  Identifier customerId;
  std::string forename;
  std::string surname;
```

```
  Address shippingAddress;
};

#endif /* CUSTOMER_H_ */
```

我们假设这是商业软件系统中的一个中心业务实体，并且会被许多其他类使用（#include "Customer.h"）。当此头文件更改时，即使只添加、重命名了一个私有成员变量，也需要重新编译使用该文件的所有文件。

为了减少重新编译文件的工作量，可以使用 PIMPL 习惯用法。

首先，我们重建 Customer 类的类接口，如代码清单 9-50 所示。

代码清单 9-50　更改后的头文件 Customer.h

```
#ifndef CUSTOMER_H_
#define CUSTOMER_H_

#include <memory>
#include <string>

class Address;

class Customer {
public:
  Customer();
  virtual ~Customer();
  std::string getFullName() const;
  void setShippingAddress(const Address& address);
  // ...

private:
  class Impl;
  std::unique_ptr<Impl> impl;
};

#endif /* CUSTOMER_H_ */
```

显而易见的是，所有先前的私有成员变量及与其相关的 include 指令现在已经消失。取而代之的是，存在一个名为 Impl 的类的前置声明，以及一个指向这个前置声明类的 std::unique_ptr<T>。

现在，我们来看一下相应的实现文件，详见代码清单 9-51。

代码清单 9-51　Customer.cpp 文件的内容

```
#include "Customer.h"

#include "Address.h"
#include "Identifier.h"

class Customer::Impl final {
```

```cpp
public:
  std::string getFullName() const;
  void setShippingAddress(const Address& address);

private:
  Identifier customerId;
  std::string forename;
  std::string surname;
  Address shippingAddress;
};

std::string Customer::Impl::getFullName() const {
  return forename + " " + surname;
}

void Customer::Impl::setShippingAddress(const Address& address) {
  shippingAddress = address;
}

// Implementation of class Customer starts here...

Customer::Customer() : impl { std::make_unique<Customer::Impl>() } { }

Customer::~Customer() = default;

std::string Customer::getFullName() const {
  return impl->getFullName();
}

void Customer::setShippingAddress(const Address& address) {
  impl->setShippingAddress(address);
}
```

在实现文件的上半部分，我们可以看到类 Customer::Impl。之前在 Customer 类中实现的（数据 / 方法）都被转移到了 Customer::Impl 类中，在后者中，我们还可以找到（原来的）所有成员变量。

在下半部分（从注释处开始），我们可以找到 Customer 类的实现。构造函数创建 Customer::Impl 的实例并将其保存在智能指针 impl 中。至于其余的，对 Customer 类的 API 的任何调用都被委托给内部实现对象。

如果现在必须在 Customer::Impl 的内部实现中更改某些内容，则编译器只需编译 Customer.h 或 Customer.cpp，然后链接器就可以开始工作了。这种变更对外界没有任何影响，并且避免了几乎整个项目的耗时编译。

UML 简要指南

OMG 统一建模语言（Unified Modeling Language，UML）是一种标准化的图形语言，用于创建软件和其他系统的模型。其主要目的是使开发人员、软件架构师和用户能够设计、表示、可视化、构建和记录软件系统。UML 同时支持软件架构的建模和软件行为的建模（即组件之间的交互过程和关系建模）。良好的 UML 模型有利于不同类型用户之间进行讨论，有助于澄清需求和系统相关的其他问题，并帮助做出设计决策。

UML 用到的词汇范围非常广，有 15 种用途不同的图。不过，和其他语言一样，日常工作中不一定会都用到，会适当地忽略。实际中，能用到的某语言的特性只有有限的几种，能用到的图也只有有限的几种。

本附录简要概述了本书中使用的一些 UML 符号。每个 UML 元素都有插图（语法）和简要解释（语义）。元素简短的定义基于当前的 UML 规范 [OMG15]，你可以从 OMG 的网站免费下载该规范。想深入了解统一建模语言的话，建议阅读某些适当的文献，或通过某个培训机构学习相关的课程。

结构化建模

本节介绍建模时用到的 UML 符号，用于描述软件系统、接口及其依赖关系。其中，最重要的图表是组件（Component）图和类图。

组件

UML 元素组件表示系统的模块化部分，通常处于较高的抽象级别（如软件架构层面），组件用作一组共同实现某些功能的类的包装（或封装）器。

组件
组件代表系统的一个模块的封装。定义了相同接口的组件是可以相互替代的。

组件的 UML 符号（语法）如附图 1 所示。组件名称 Billing 上方用法语双尖括号表示的 «component» 表示这是一个组件，右上角的图标是可选的。

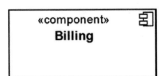

附图 1　组件的 UML 表示法

组件封装了内容，它提供的服务被称为接口，外部环境使用的正是这些接口。这意味着只要定义了相同的接口和功能，组件是可以相互替代的。

类和对象

在各种应用程序中，类图通常用于描述面向对象的软件设计的结构。相对于组件来说，类图处于更低的抽象级别（即更具体）。类图中的中心元素是**类**。

类
同一个类对应的不同对象具有相同的特征、约束和语义。

类的 UML 符号是矩形，如附图 2 所示。

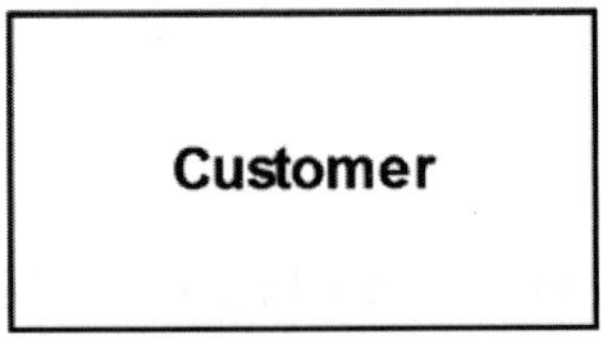

Customer

附图 2　名为 Customer 的类的 UML 表示法

类的实例通常称为**对象**。因此，可以将类视为对象的蓝图。因此 UML 图中的这种对象也被称为**实例说明**[⊖]。实例说明的表示法很像类的表示法，不同之处仅在于其名称有下划线。附图 3 展示了由同一个类创建的三个实例说明（peter、mary、sheila）。

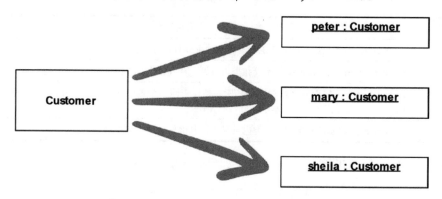

附图 3　由 Customer 类创建的三个实例说明

通常，类同时具有结构和行为特性，它们称为属性（attribute）和操作[⊖]（operation）。属性通常显示在第二个"隔层"中，操作显示在第三个"隔层"中，如附图 4 所示。

Customer
attributes
-identifier : GUID -name : String -billingAddress : Address -shippingAddress : Address -isRegular : Boolean
operations
«Create» +Customer(idProvider : UniqueIdentifierFactory, name : String, isRegular : Boolean) +setShippingAddress(address : Address) +setBillingAddress(address : Address) +getShippingAddress() : Address {query} +getBillingAddress() : Address {query} +isRegular() : Boolean {query} +getIdentifierAsString() : String {query} +getIdentifier() : GUID {query}

附图 4　类及其属性和操作

属性的类型跟在属性的名称后面，由冒号（:）分隔。对于操作，冒号前面是操作的名称，后面是返回值的类型，后面括号中是操作的参数。如果操作有多个参数，则参数之间用逗号分隔。静态属性和静态操作加下划线表示。

类的属性和操作有不同的访问方式，在 UML 中称为可见性（visibility）。**可见性类型**放

⊖　语言上的微妙之处：这个非常特殊的术语"实例说明"的背景是，实例（对象）在 UML 图上的图形表示根本不是真正的对象，它只是模型中的一个规范。真正的对象可以在运行的软件系统的内存中找到。

⊖　在 C++ 中，类的属性有时被称为"成员"，操作有时被称为"方法"或"成员函数"，其中最后一个术语确切地说不太正确，因为它们通常不是真正的纯函数。

在属性名称或操作名称的前面，它可以是附表 1 中描述的字符。

附表 1 可见性类型

字符	可见性类型
+	**public:** 对于可以访问该类的所有元素，此属性或操作都是可见的
#	**protected:** 该属性或操作不仅在类内可见，在其派生类中也可见（见"泛化"部分）
~	**package:** 该属性或操作对于与其所在类位于同一个包中的元素都是可见的。这种可见性在 C++ 中没有适当的表示，本书中并没有使用
-	**private:** 此属性或操作仅在类内可见，在其他任何地方都不可见

附图 4 中所示的 UML 类的 C++ 类定义如代码清单 1 所示。

代码清单 1 C++ 中的 Customer 类

```cpp
#include <string>
#include <string_view>
#include "Address.h"
#include "UniqueIdentifierFactory.h"

class Customer {
public:
  Customer() = delete;
  Customer(const UniqueIdentifierFactory& idProvider,
    std::string_view name, const bool isRegular);
  virtual ~Customer() = default;
  void setShippingAddress(const Address& address);
  void setBillingAddress(const Address& address);
  Address getShippingAddress() const;
  Address getBillingAddress() const;
  bool isRegular() const;
  GUID getIdentifier() const;
  std::string getIdentifierAsString() const;

private:
  void requestUniqueIdentifier(const UniqueIdentifierFactory&
    identifierFactory);

  GUID identifier;
  std::string name;
  Address billingAddress;
  Address shippingAddress;
  bool isRegular;
};
```

 注意 大多数时候，UML 模型仅作为一个抽象表示，因此 UML 图中常常不会画出元素的所有属性，即仅仅是缩略图。

抽象类是不可以实例化的，在 UML 图中以斜体的方式表示，如附图 5 所示。抽象类是继承层次结构中的基类（见"泛化"部分）。

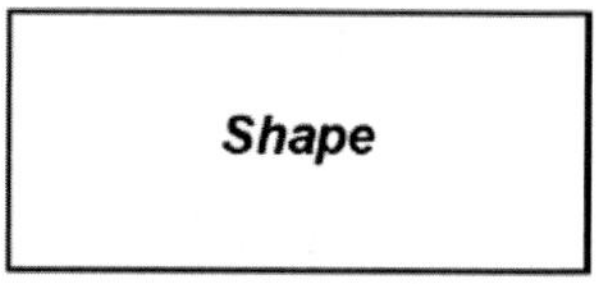

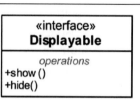

附图 5　名为 Shape 的抽象类

接口

接口定义了一种契约：实现接口的类或组件必须履行该契约。使用该接口的组件或类期望它实现了该契约。

接口
接口是一系列相关的公共契约的声明。

接口始终是抽象的，也就是说，默认情况下它们无法被实例化。接口的 UML 符号与类的非常相似，只不过名称前面有关键字 «interface»，如附图 6 所示。

例如，如果一个类实现了一个接口，那么在 UML 中表示为**实现关系**，由虚线和空心箭头表示，箭头方向是从类指向接口，如附图 7 所示。

附图 6　接口 Displayable 及它的两个相关操作

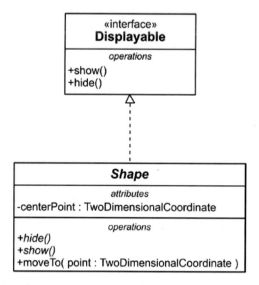

附图 7　Shape 类实现了 Displayable 接口

当然，允许一个类实现多个接口。

不同于其他面向对象的语言（如 Java 或 C#），C++ 中没有 interface 关键字。因此，我们通常在抽象类的帮助下模拟接口，这些抽象类仅由纯虚成员函数组成，如代码清单 2

所示。

代码清单 2 C++ 中的 Displayable 接口

```cpp
class Displayable {
public:
  virtual ~Displayable() = default;
  virtual void show() = 0;
  virtual void hide() = 0;
};
```

要显示类或组件提供或需要的接口，可以使用"棒棒糖"符号。使用 ball（一个圆形，也称为"棒棒糖"）描绘已提供的接口，socket（一个开口的半圆形）描绘所需的接口。严格来说，这是一种可选符号，如附图 8 所示（Customer 和 Owner 之间的关联关系见下一节）。

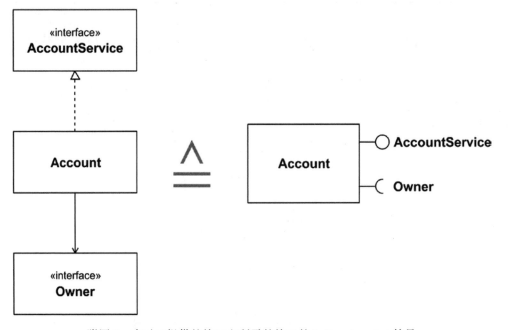

附图 8　表示已提供的接口和所需的接口的 ball-and-socket 符号

关联

类通常与其他类具有静态关系。UML 的关联（Association）可以指定这种关系。

关联
关联关系允许某一类别（如类或组件）的一个实例访问另一个实例。

UML 中关联语法最简单的形式是连接两个类的一条实线，如附图 9 所示。

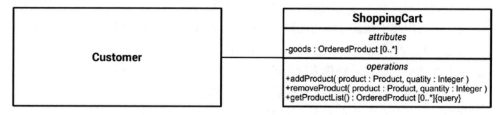

附图 9　两个类之间的简单关联关系

这种简单的关联通常不足以正确指定两个类之间的关系。例如，这种简单关联的访问方向（Navigation Direction）——谁能够访问谁，并未指出。但是，这种关联方向通常按惯例解释为双向，即 Customer 能够访问 ShoppingCart 的属性，同时 ShoppingCart 也能访问 Customer 的属性。因此，可以为关联关系附加更多的信息。附图 10 展示了不同的关联关系。

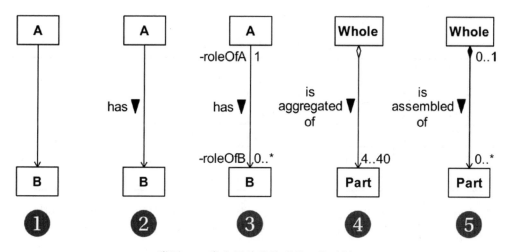

附图 10　类之间关联关系的一些示例

❑ 在示例❶中，一端可访问（由箭头描绘），另一端未指定（是否可访问）。语义：类 A 能够访问类 B。类 B 可能可以（也可能不可以）访问类 A。

> **注意**　强烈建议在你的项目中明确指明此类未指定关联端的访问属性。我的建议是将它们视为不可访问的。本书中就采用了这种解释方式。

❑ 在示例❷中，此可访问关联是 has 关系⊖，实心的三角形表示访问方向。除此之外，该关联的语义与示例❶完全相同。

⊖　即"包含"的关系，对应 C++ 的 has-a 关系。——译者注

- ❑ 在示例❸中，两个关联端都具有标签（名称）和数量关系。标签通常用于指定关联中类的角色。数字指定关联中涉及的类的实例的允许数量，它是一个非负整数区间，由下限和上限（可能是无限的）组成。在本例中，任何 A 都"包含"零到某一数量的 B，而任何 B 只"包含"一个 A。附表 2 展示了数量关系的一些示例。

- ❑ 在示例❹中，存在一种称为**聚合**的特殊关联。它代表了部分和整体的关系，也就是说，一个类（部分）在层次上从属于另一个类（整体）。空心的菱形用来表示整体。此外，聚合也具有关联关系的其他特性。

- ❑ 在示例❺中，存在一种表示**组合**的关联关系，它是一种更强的聚合形式。它表示"整体"是"部分"的所有者，因此对"部分"负责。如果"整体"被删除，通常"部分"也会跟着被删除。

> **注意** 在删除整体之前可以把部分从整体中移出，这样在删除整体的时候就不会删除部分了。这可以通过在整体端用 0..1 来表现。整体端（实心菱形端）允许的数量关系只能是 1 或 0..1。

附表 2　数量关系示例

数量关系	意　义
1	只一个。如果关联端没有显示数量关系，则这是默认值
1..10	闭区间 [1, 10]
0..*	0 到任意数字的闭区间。星号（*）用于表示无上限
*	0..* 的缩写形式
1..*	1 到任意数字的闭区间

在编程语言中，可以以各种方式实现从一个类到另一个类的关联关系和访问机制。在 C++ 中，关联关系通常表现为成员变量的关系。例如，成员为其他类类型的引用或指针，如代码清单 3 所示。

代码清单 3　类 A 和类 B 之间单向关联的示例实现

```cpp
class B; // Forward declaration

class A {
private:
  B* b;
  // ...
};

class B {
  // No pointer or any other reference to class A here!
};
```

泛化

面向对象软件开发的核心概念就是继承。UML 中和继承对应的概念是**泛化**（Generalization），即表示类或者组件的泛化。

泛化
泛化是一般类和具体类之间的一种分类关系。

泛化关系用于表示继承的概念：具体类（子类）继承了一般类（基类）的属性和操作。泛化关系的 UML 表示方法是实心线加空心箭头，如附图 11 所示。

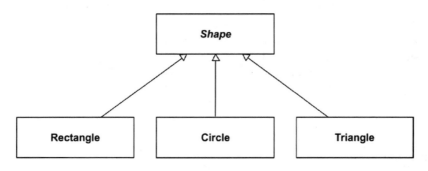

附图 11　一个抽象基类 Shape 和三个具体类

箭头的方向表示关系的方向，可解释为 <Subclass> 是一种 <Baseclass>，例如，Rectangle 是一种 Shape。

依赖

除了已经提到的关联关系之外，类（和组件）还可以与其他类（和组件）建立进一步的关系。例如，如果一个类被用作成员函数的参数类型，那么这不是一种关联关系，而是对使用的类的一种依赖关系（Dependency）。

依赖关系
依赖关系意味着单个或一组元素必须依赖于其他元素才能实现。

如附图 12 所示，依赖关系在两个元素（例如，两个类或两个组件）之间显示为虚线箭头。这意味着箭头尾部的元素依赖箭头指向的元素才能实现自己的功能。换句话说，如果没有被依赖的元素，依赖元素是不完整的。

除了简单的形式（参见附图 12 中的第一个示例），还有两种特殊类型的依赖关系：

❑ 使用性依赖（«use»），其中一个元素的实现或正常运作依赖另一个元素（或一组元素）。

❏ 创建性依赖（«Create»）是一种特殊的使用性依赖关系，表示箭头尾部的元素（依赖者）负责创建箭头处的元素（被依赖者）。

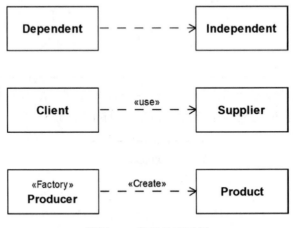

附图 12　依赖关系示例

模板和模板绑定

在 C++ 中，模板被认为是泛型编程的基础技术。不过，它在 UML 中的表示方法很多人可能并不知道。同样，模板参数的具体参数替换的表示方法也鲜为人知。

附图 13 展示了类模板 std::vector 及两个模板参数 T 和 Allocator 的表示法。模板参数在类图的右上角，用虚线框表示。本例还给出了模板参数的默认参数（Allocator = std::allocator<T>）。

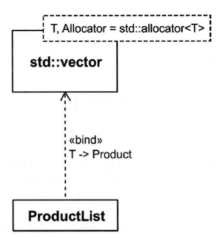

附图 13　类模板 std::vector 及绑定的类 ProductList

附图 13 展示了一个（模板参数已经被）绑定的类（ProductList），其模板参数 T 绑定为类型 Product（Product 类在图中并没有画出）。模板绑定显示为虚线箭头（«bind»），表示将模板参数 T 用 Product 替换。

行为建模

除了表示静态模型，UML 还提供了表示软件动态行为（即软件运行时的处理过程）的表示方法。在这方面，一共有三种较为常用的图：活动图、序列图和状态图。

由于 UML 语法很丰富，因此这里仅介绍一些基础性元素，以方便建立初步的理解。

活动图

活动图（Activity Diagram）适合描述复杂的流程（或操作）。通过活动图描述的流程的路径可以重新进行划分和组合，可以做出决策，也可以存在并行区域，即支持描述并发处理。

一般来说，活动图由节点（node）和边（edge）组成，"节点"和"边"共同表示程序执行过程发生了哪些事件，以及事件的执行顺序。

附图 14 是活动图的一个简单示例。其中有两个流程，分别针对新客户和老客户，不同之处在于老客户已经有账户，而新客户必须提供信息才可以刷卡消费。同时图中显示在老客户的处理流程中，扣款和积分可以并行运行。

动作

活动图中非常核心的节点是动作（Action）。

动作
动作是组成一项可执行功能的基本单元。

动作用来描述系统中正在发生的事情，例如某种功能或者过程。动作的符号是带有圆角的矩形，如附图 15 所示。其名称往往描述正在执行的操作。通俗易懂的动作名称建议由一个动词加一个名词组成。

UML 中有多种特殊类型的动作。就我们要用到的功能而言，简单的标准动作（也称为不透明动作）就足够了，其名称描述了系统中发生的事情。

控制流程的边

在附图 16 中，动作 Fill shopping cart 和 Identify customer 之间由实线箭头连接，该连接箭头表示一个"控制流程的边"（Control Flow Edge），其含义是当 Fill shopping cart 动作

完成后，控制流程传递给下一个动作 Identify customer。

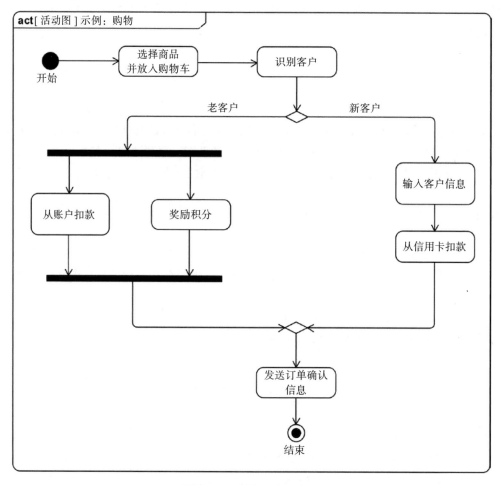

附图 14 购买流程活动图

附图 15　简单的动作表示法　　　　　　附图 16　连接两个动作的控制流程的边

控制流程的边也可以有一个所谓的保护，例如，可以使用 guard 来定义活动中的流程如何继续，保护是由布尔表达式的条件描述的，可以计算为真或伪，用方括号括起来，例如 [是常规则客户]。

其他活动节点

附表 3 给出了活动图（附图 14）中其他节点的描述。

附表 3　其他常用的活动节点

表示法	名称和语义
	初始节点：代表控制流程开始的点。活动图可能包含多个初始节点，这时"活动"将同时开启多个流（flow）。
	活动终点：这类节点表示活动流程的停止。活动图可能包含多个终点，第一个达到终点的流将停止其他所有的流，整个活动停止
	决策点：带有一个入射边和多个出射边。根据条件（guards）选择到底流往哪边走
	合并节点：具有多个入射边汇合的节点，表示多个流汇合成单个流
	分叉节点：表示一个流分成并行执行的多个流
	汇合节点：表示多个并行的流在某一个同步点汇合

序列图

不同于活动图，序列图（Sequence Diagram）表示系统的模块之间的交互（通信），是系统的另一个角度的描述。

附图 17 展示了一个序列图，它描述了交互的顺序，即创建一条新的账户记录所涉及的所有消息交互的顺序。

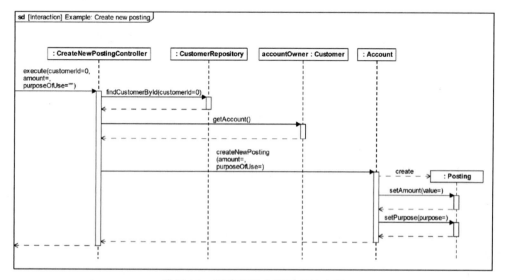

附图 17　创建新账户记录时的交互

生命线

序列图中最核心的元素是生命线（Lifeline）。

生命线
生命线代表了交互中的某个参与者。

生命线的符号如附图 18 所示，矩形作为头部，下方的垂直虚线表示交互参与者的生命线。生命线的头部包含交互参与者的信息，格式为"元素名称：元素类型"，其中"元素名称"是可选的。

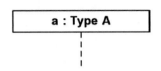

附图 18　类型为 A 的元素 a 的生命线

消息

消息（Message）是一种通信机制，消息发送方可以通过调用消息接收方的操作或向其发送信号来传递消息。附图 19 描述了不同的消息类型。

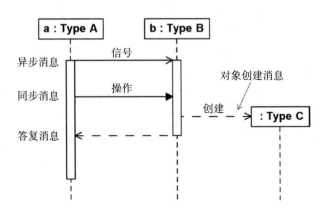

附图 19　不同的消息类型

同步消息和异步消息的区别在于：对于异步消息，发送方发送消息后，可以立马去做别的事情；对于同步消息，发送方发送消息后便处于阻塞状态，必须等待接受方处理完消息并给出答复后，才可以恢复执行。

对象创建消息（由带有指向生命线头部的开放箭头的虚线表示）指定了另一个生命线对象的创建。

状态图

除了流程（由活动图体现）、交互（由序列图体现）之外，第三种（程序的）行为是状态和状态的转变，即系统中由事件驱动的行为。在 UML 中，这些状态和状态的转变通常借助状态机描述。UML 状态机是 Harel 状态图 [Harel87] 的一个面向对象的变体，由 UML 进行了修改和扩展，比传统的有限状态机（Finite State Machine，FSM）更富表达性。

附图 20 给出了一个由常用元素组成的状态图示例，图边框代表状态机的上下文环境。

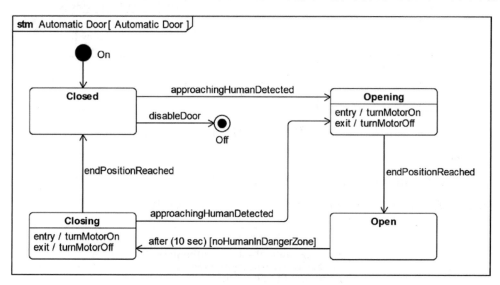

附图 20　状态图示例

状态

状态图的核心是状态（state）。

状态

状态代表了由某些固定条件组成的情景。

状态由圆角矩形表示。不同于简单状态，复合状态由子状态组成，即子状态按层次嵌套在一起，如附图 21 所示。

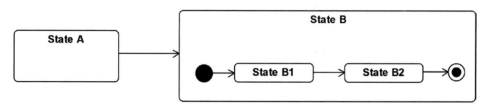

附图 21　简单状态 A 和复合状态 B（由子状态 B1 和 B2 组成）

（状态）转移

转移（Transition）有内、外两种。

外转移

外转移（External Transition）往往伴随状态转变，从一个状态变换到另一个状态称为状态转移。注意，外转移开始和结束时可能处于同一个状态。外转移的符号是实线箭头，如附图 22 所示。

event [condition] / effect
State A
event [condition] / effect
State B

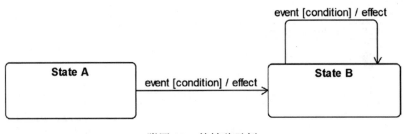

附图 22　外转移示例

内转移

有时，事件会引发状态内某动作的执行，但是状态本身并不转变，这种情况称为内转移（Internal Transition）。内转移表示在状态框图的内部，如附图 23 所示。

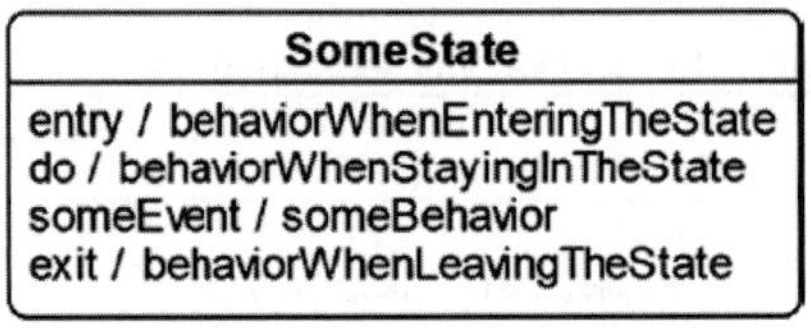

SomeState
entry / behaviorWhenEnteringTheState
do / behaviorWhenStayingInTheState
someEvent / someBehavior
exit / behaviorWhenLeavingTheState

附图 23　带有内转移的状态

除用户自定义的事件外，下面几个预定义的事件也可以用来描述内转移的某些特定行为：

- entry（入口）：对应状态开始时执行的行为。
- do（执行）：只要在此状态中，就一直执行的行为。
- exit（出口）：对应状态结束时执行的行为。

触发

转移可以包含一系列的“触发”（Trigger）[1]。“触发”表示导致状态发生转移的条件，由下面的模板记法表示：

```
[event1, event2, ...][condition][/behavior]
```

其中事件（event）、条件（condition）和行为（behavior）都是可选的。即使“转移”不标

[1] 即写在转移实线上面的触发条件。——译者注

注"触发"，也暗含了触发条件，此暗含的触发条件称为**完成事件**（completion event），它表示源状态的所有行为（例如，由 entry-、do- 指定的行为）均已完成。

构造型

除其他方式之外，UML 还可以借助于构造型（Stereotype）来扩展。这种轻量级机制可以实现标准 UML 元素在特定平台或领域中的扩展。例如，通过在标准 UML 元素（如 Class 类）上应用 «Factory»，设计者可以表示该元素是工厂类。

用到的构造型的名称被显示在一对法语双尖括号中，位于模型元素名称的上方或者前面。一些构造型还引入了新的图形符号。附表 4 列出了本书中使用的构造型。

附表 4　本书中使用的构造型

构造型	意　义
«Factory»	一个创建对象而不将实例化逻辑暴露给客户端的类
«Facade»	为复杂组件或子系统中的一组接口提供统一接口的类
«Include»	用来表示直接将另一个源文件的内容包括进来
«ModuleImport»	表明一段 C++ 源代码导入一个 C++ 模块（即预编译好的另一段独立代码）
«Subsystem»	表示一个组件系统中的一个大规模模块，有可能自成系统
«SUT»	被测试系统（System Under Test）。例如单元测试通常以这种方式来表示
«System»	可以应用到 UML 组件和类，标记代表"感兴趣系统"的元素，也就是整个软件系统
«TestContext»	测试上下文，例如，作为一组测试用例的（环境）类（参见下面的 «TestCase»）
«TestCase»	测试用例，是与 «SUT» 交互以验证其正确性的操作，测试用例在 «TestContext» 中可以分成多个组

参考文献

[Abrahams98] David Abrahams. "Exception-Safety in Generic Components." Appeared in "Selected Papers from the International Seminar on Generic Programming' (pp 69–79), Proceedings of the ACM. Springer, 1998.

[Beck01] Kent Beck, Mike Beedle, Arie van Bennekum, et al. "Manifesto for Agile Software Development." 2001. `http://agilemanifesto.org`, retrieved 3-21-2021.

[Beck02] Kent Beck. *Test-Driven Development: By Example*. Addison-Wesley Professional, 2002.

[Beizer90] Boris Beizer. *Software Testing Techniques (2nd Edition)*. Itp – Media, 1990.

[Busch96] Frank Buschmann, Regine Meunier, Hans Rohnert, and Peter Sommerlad. *Pattern-Oriented Software Architecture Volume 1: A System of Patterns*. Wiley, 1996.

[Cohn09] Mike Cohn. *Succeeding with Agile: Software Development Using Scrum (1st Edition)*. Addison-Wesley, 2009.

[Cppcore21] Bjarne Stroustrup, Herb Sutter. *C++ Core Guidelines*. `https://isocpp.github.io/CppCoreGuidelines/CppCoreGuidelines.html`, retrieved 3-21-2021.

[Evans04] Eric J. Evans. *Domain-Driven Design: Tackling Complexity in the Heart of Software (1st Edition)*. Addison-Wesley, 2004.

[Feathers07] Michael C. Feathers. *Working Effectively with Legacy Code*. Addison-Wesley, 2007.

[Fernandes12] R. Martinho Fernandes. "Rule of Zero." `https://github.com/rmartinho/flamingdangerzone/blob/master/_posts/cxx11/2012-08-15-rule-of-zero.md`, retrieved 3-22-2021.

[Fowler02] Martin Fowler. *Patterns of Enterprise Application Architecture*. Addison-Wesley, 2002.

[Fowler03] Martin Fowler. "Anemic Domain Model." November 2003. `https://martinfowler.com/bliki/AnemicDomainModel.html`, retrieved 5-1-2017.

[Fowler04] Martin Fowler. "Inversion of Control Containers and the Dependency Injection Pattern." January 2004. `https://martinfowler.com/articles/injection.html`, retrieved 7-19-2017.

[Gamma95] Erich Gamma, Richard Helm, Ralph Johnson, and John Vlissides. *Design Patterns: Elements of Reusable, Object-Oriented Software*. Addison-Wesley, 1995.

[GAOIMTEC92] United States General Accounting Office. GAO/IMTEC-92-26: "Patriot Missile Defense: Software Problem Led to System Failure at Dhahran, Saudi Arabia," 1992. `https://www.gao.gov/products/imtec-92-26`, retrieved 3-22-2021.

[Hunt99] Andrew Hunt, David Thomas. *The Pragmatic Programmer: From Journeyman to Master.* Addison-Wesley, 1999.

[InformIT09] Larry O'Brien. "Design Patterns 15 Years Later: An Interview with Erich Gamma, Richard Helm, and Ralph Johnson." InformIT/Pearson Education, 2009. `https://www.informit.com/articles/article.aspx?p=1404056`, retrieved 3-22-2021

[ISO11] International Standardization Organization (ISO), JTC1/SC22/WG21 (The C++ Standards Committee). ISO/IEC 14882:2011, Standard for Programming Language C++.

[ISO14] International Standardization Organization (ISO), JTC1/SC22/WG21 (The C++ Standards Committee). ISO/IEC 14882:2014, Standard for Programming Language C++.

[ISO17] International Standardization Organization (ISO), JTC1/SC22/WG21 (The C++ Standards Committee). ISO/IEC 14882:2017, Standard for Programming Language C++.

[ISO20] International Standardization Organization (ISO), JTC1/SC22/WG21 (The C++ Standards Committee). ISO/IEC 14882:2020, Standard for Programming Language C++.

[Jain15] Naveen Jain. Naveen Jain Blog: "Why You Should Always Bet on Dreams, Not Experts." `http://www.naveenjain.com/why-you-should-always-bet-on-dreams-not-experts/`, retrieved 3-22-2021.

[Jeffries98] Ron Jeffries. "You're NOT Gonna Need It!" `http://ronjeffries.com/xprog/articles/practices/pracnotneed/`, retrieved 3-21-2021.

[JPL99] NASA Jet Propulsion Laboratory (JPL). "Mars Climate Orbiter Team Finds Likely Cause of Loss." September 1999. `https://solarsystem.nasa.gov/news/156/mars-climate-orbiter-team-finds-likely-cause-of-loss/`, retrieved 3-22-2021.

[Knuth74] Donald E. Knuth. "Structured Programming with Go To Statements." *ACM Journal Computing Surveys*, 6 (4), December 1974. `https://dl.acm.org/doi/10.1145/356635.356640`, retrieved 3-22-2021.

[Koenig01] Andrew Koenig and Barbara E. Moo. "C++ Made Easier: The Rule of Three." June 2001. `http://www.drdobbs.com/c-made-easier-the-rule-of-three/184401400`, retrieved 3-22-2021.

[Langr13] Jeff Langr. *Modern C++ Programming with Test-Driven Development: Code Better, Sleep Better.* Pragmatic Bookshelf, 2013.

[Liskov94] Barbara H. Liskov and Jeanette M. Wing. "A Behavioral Notion of Subtyping." *ACM Transactions on Programming Languages and Systems* (TOPLAS), 16 (6): 1811–1841. November 1994. `http://dl.acm.org/citation.cfm?doid=197320.197383`, retrieved 12-30-2014.

[Martin03] Robert C. Martin. *Agile Software Development: Principles, Patterns, and*

Practices. Prentice Hall, 2003.

[Meyers05] Scott Meyers. *Effective C++: 55 Specific Ways to Improve Your Programs and Designs (Third Edition)*. Addison-Wesley, 2005.

[Nygard18] Michael T. Nygard. *Release It!: Design and Deploy Production-Ready Software (2nd Edition)*. O'Reilly UK Ltd., 2018.

[OMG17] Object Management Group. OMG Unified Modeling Language (OMG UML), Version 2.5.1. OMG Document Number: formal/17-12-05. `http://www.omg.org/spec/UML/2.5.1`, retrieved 3-22-2021.

[Parnas07] ACM Special Interest Group on Software Engineering: ACM Fellow Profile of David Lorge Parnas. `http://www.sigsoft.org/SEN/parnas.html`, retrieved 9-24-2016.

[Ram03] Stefan Ram. Dr. Alan Kay on the Meaning of "Object-Oriented Programming." `http://www.purl.org/stefan_ram/pub/doc_kay_oop_en`, retrieved 3-22-2021.

[Rivera19] Rene Rivera. "C++ Tooling Statistics: Are Modules Fast?" February 2019. `https://www.bfgroup.xyz/cpp_tooling_stats/modules/modules_perf_D1441R1.html`, retrieved 3-21-2021.

[Sommerlad13] Peter Sommerlad. "Meeting C++ 2013: Simpler C++ with C++11/14." November 2013. `http://wiki.hsr.ch/PeterSommerlad/files/MeetingCPP2013_SimpleC++.pdf`, retrieved 1-2-2014.

[Stroustrup16] Bjarne Stroustrup. "C++11 – The New ISO C++ Standard." September 2016. `https://www.stroustrup.com/C++11FAQ.html`, retrieved 3-21-2021.

[Sutter04] Herb Sutter. "The Free Lunch Is Over: A Fundamental Turn Toward Concurrency in Software." `http://www.gotw.ca/publications/concurrency-ddj.htm`, retrieved 3-21-2021.

[Thought08] ThoughtWorks, Inc. (multiple authors). *The ThoughtWorks Anthology: Essays on Software Technology and Innovation*. Pragmatic Bookshelf, 2008.

[Wipo1886] World Intellectual Property Organization (WIPO): Berne Convention for the Protection of Literary and Artistic Works. `https://www.wipo.int/treaties/en/ip/berne/index.html`, retrieved 3-22-2021.